普通高等教育智能飞行器系列教材

航天科学与工程教材丛书

航天智能技术应用导论

岳晓奎　汪雪川　朱明珠　岳承磊　编著

科学出版社

北　京

内 容 简 介

本书专注智能技术在航天领域的应用，旨在讨论和分析智能技术对航天技术发展的影响和推动。本书系统介绍航天智能技术的概念、发展历史、技术现状和未来趋势，深入分析智能技术在航天领域中的典型应用，包括智能技术在航天器设计制造、感知、决策、控制和健康管理等方面的应用，并对航天器新型结构的设计与发展趋势进行了预测和展望。通过多层次的框架设计，本书内容涵盖从技术理论到实际应用各个层面，全面系统地构架航天智能技术的知识体系，可为读者提供智能技术在航天领域内从顶层设计到具体应用的全面参考。

本书可作为高等院校航空航天类专业师生的教学用书，也可作为航天知识的高级科普读物。

图书在版编目（CIP）数据

航天智能技术应用导论 / 岳晓奎等编著. --北京：科学出版社，2024. 12. -- （普通高等教育智能飞行器系列教材）（航天科学与工程教材丛书）. -- ISBN 978-7-03-080222-4

Ⅰ. V52

中国国家版本馆 CIP 数据核字第 202401CZ92 号

责任编辑：宋无汗 / 责任校对：崔向琳
责任印制：徐晓晨 / 封面设计：迷底书装

科学出版社 出版
北京东黄城根北街 16 号
邮政编码：100717
http://www.sciencep.com
北京中石油彩色印刷有限责任公司印刷
科学出版社发行　各地新华书店经销

*

2024 年 12 月第 一 版　开本：787×1092　1/16
2024 年 12 月第一次印刷　印张：13 1/4
字数：314 000

定价：80.00 元
（如有印装质量问题，我社负责调换）

序

星河瑰丽，宇宙浩瀚。从辽阔的天空到广袤的宇宙，人类对飞行、对未知的探索从未停歇。一路走来，探索的路上充满了好奇、勇气和创新。航空航天技术广泛融入了人类生活，成为了推动社会发展、提升国家竞争力的关键力量。面向"航空强国""航天强国"的战略需求，如何培养优秀的拔尖人才十分关键。

"普通高等教育智能飞行器系列教材"的编写是一项非常具有前瞻性和战略意义的工作，旨在适应新时代航空航天领域与智能技术融合发展的趋势，发挥教材在人才培养中的关键作用，牵引带动航空航天领域的核心课程、实践项目、高水平教学团队建设，与新兴智能领域接轨，革新传统航空航天专业学科，加快培养航空航天领域新时代卓越工程科技人才。

该系列教材坚持目标导向、问题导向和效果导向，按照"国防军工精神铸魂、智能飞行器领域优势高校共融、校企协同共建、高层次人才最新科研成果进教材"的思路，构建"工程单位提需求创背景、学校筑基础拔创新、协同提升质量"的教材建设新机制，联合国内航空航天领域著名高校和科研院所成体系规划和建设。系列教材建设团队成功入选了教育部"战略性新兴领域'十四五'高等教育教材体系建设团队"。

在教材建设过程中，持续深化国防军工特色文化内涵，建立了智能航空航天专业知识和课程思政育人同向同行的教材体系；以系列教材的校企共建模式为牵引，全面带动校企课程、实践实训基地建设，加大实验实践设计内容，将实际工程案例纳入教材，指导学生解决实际工程问题、增强动手能力，打通"从专业理论知识到工程实际应用问题解决方案、再到产品落地"的卓越工程师人才培养全流程，有力推动了航空航天教育体系的革新与升级。

希望该系列教材的出版，能够全面引领和促进我国智能飞行器领域的人才培养工作，为该领域的发展注入新的动力和活力，为我国国防科技和航空航天事业发展作出重要贡献！

中国工程院院士　侯晓

前　言

随着航天事业的飞速发展，传统航天技术面临成本、效率、技术复杂性等多方面的挑战。对于大规模发射任务、长期在轨运行管理和深空探测等众多场景，智能技术能够极大地提升航天系统的自主智能和动态环境适应能力，为航天领域发展提供了前所未有的机遇。在此背景下，有必要系统地阐述航天智能技术的核心理论、关键方法及其在航天工程实践中的应用和发展趋势，为相关领域的专业人士、工程师、高等院校师生等提供参考。

《航天智能技术应用导论》是一本介绍航天工程与智能技术深度融合发展现状和前景的综合性教学用书，聚焦于航天器设计制造、感知、决策、控制、健康管理、新型结构中智能技术的应用与发展。本书的特点是注重理论与实践相结合，在介绍航天智能技术概念、原理和发展趋势的同时，又通过具体实例，如基于智能优化算法的航天器总体设计、基于数字孪生技术的航天器全生命周期设计制造、空间机器人智能抓捕控制技术与应用等，展示智能技术如何推动航天器和航天系统的革新与升级。此外，书中还详细探讨智能技术在导弹、卫星、空间站、深空探测器等不同航天器上的具体应用，以及在导航、控制、健康监测、决策制定、感知识别等方面的实践效果，从而展示智能技术在航天领域的广泛应用前景。

本书编写团队依据各自的专业领域进行分工。各章由相关领域的团队成员搜集资料并梳理编写而成，在编写过程中尽量保证内容的专业性和准确性。同时，团队成员之间紧密协作，多次研讨，对书稿进行了反复打磨，力求内容的连贯性和完整性，确保读者能够系统全面地理解内容。

最后，衷心感谢所有参与本书编写和书稿校对工作的人员，他们在本书策划、整理、修改时提供的所有想法、建议和其他帮助，对本书的顺利完成起了重要作用，包括西北工业大学航天学院的研究生聂煜媛、张恒懋、杨子煜、张天辰、余卫倬、赵浩宇、柴天成、张溪怡、王翔宇、李聪、邵麒祯等(排名不分先后)。同时，也要感谢科学出版社的编辑团队在书籍出版过程中提供的专业指导和支持。期望本书能够成为航天智能技术领域一份有价值的参考资料，对航天人才培养和技术交流起到促进作用。

目　　录

序

前言

第1章　"航天+智能"概述 ·· 1

　1.1　航天智能技术 ·· 1

　　1.1.1　航天智能技术的概念 ·· 1

　　1.1.2　航天智能技术的现状 ·· 2

　　1.1.3　我国航天智能技术发展趋势 ······································ 2

　1.2　典型的航天器 ·· 3

　　1.2.1　典型的航天运载工具 ·· 3

　　1.2.2　典型的航天智能体 ·· 3

　　1.2.3　深空探测器 ·· 4

　1.3　典型的智能技术 ·· 5

　　1.3.1　人工智能 ·· 5

　　1.3.2　大数据 ·· 5

　　1.3.3　移动网络 ·· 6

　　1.3.4　信号处理 ·· 6

　1.4　"航天+智能"技术发展应用趋势 ·· 6

　　1.4.1　航天智能技术发展应用概述 ······································ 6

　　1.4.2　智能技术在航天领域的应用 ······································ 7

　　1.4.3　未来技术发展趋势 ·· 8

　　1.4.4　面临的机遇与挑战 ·· 9

　1.5　"航天+智能"人才培养体系架构 ······································ 10

　　1.5.1　"航天+智能"能力体系 ··· 10

　　1.5.2　工程应用和问题导向 ··· 11

　　1.5.3　知识体系 ··· 11

　习题 ··· 12

　参考文献 ··· 12

第2章　智能技术在航天器设计制造中的应用 ································· 13

　2.1　基于智能优化算法的航天器总体设计 ··································· 13

　　2.1.1　航天器总体设计概述 ··· 13

　　2.1.2　智能优化算法简介 ··· 15

　　2.1.3　智能优化算法在航天器总体设计中的应用 ······················· 18

　　2.1.4　航天器总体设计方案的评价与决策 ····························· 20

2.2 基于 MBD 技术的卫星数字化协同设计···································· 22

2.2.1 MBD 技术概念及在卫星设计中的应用··························· 22

2.2.2 基于 MBD 技术的卫星数字化协同设计流程和技术··········· 23

2.2.3 MBD 技术在卫星数字化协同设计中的优势和挑战············ 24

2.3 基于数字孪生技术的航天器全生命周期设计制造·················· 26

2.3.1 数字孪生技术的基本原理····································· 27

2.3.2 数字孪生技术在航天器设计中的应用························· 27

2.3.3 基于数字孪生技术的航天器全生命周期设计制造流程········ 29

2.3.4 数字孪生的关键技术··· 29

2.3.5 数字孪生技术在航天器设计制造中的优势和挑战············· 30

2.4 大型航天金属件 3D 打印技术··· 31

2.4.1 3D 打印技术的概念和基本原理······························· 32

2.4.2 大型航天金属件 3D 打印技术的工艺和方法·················· 33

2.4.3 3D 打印技术的应用··· 35

2.4.4 3D 打印技术在大型航天金属件制造中的优势和挑战········· 35

2.5 大型空间结构智能在轨装配技术······································· 36

2.5.1 在轨装配技术的基本概念······································ 36

2.5.2 在轨装配技术的构建方法······································ 37

2.5.3 在轨装配的关键技术··· 37

2.5.4 大型空间结构智能在轨装配技术的优势和挑战··············· 38

习题··· 39

参考文献··· 39

第 3 章　智能技术在航天器感知中的应用·································· 41

3.1 弹载目标智能探测识别定位技术······································· 41

3.1.1 弹载目标智能探测识别定位技术的原理和应用··············· 41

3.1.2 弹载目标智能探测识别定位技术的优势和挑战··············· 47

3.2 火箭智能惯性导航技术··· 48

3.2.1 火箭智能惯性导航技术的原理································· 49

3.2.2 火箭智能惯性导航技术的优势和挑战························· 50

3.3 卫星智能对地遥感技术··· 52

3.3.1 卫星智能对地遥感技术的原理和应用························· 53

3.3.2 智能技术在遥感应用中的发展································· 58

3.4 空间智能态势感知技术··· 60

3.4.1 空间智能态势感知技术内涵···································· 60

3.4.2 地基空间智能态势感知技术和天基空间智能态势感知技术··· 62

3.4.3 空间智能态势感知关键技术···································· 62

3.5 行星探测器自主着陆与巡航感知技术·································· 65

3.5.1 自主着陆与巡航感知技术原理与应用························· 65

　　　3.5.2　着陆区三维场景构建关键技术 ················· 67
　　习题 ··· 68
　　参考文献 ······································ 68
第 4 章　智能技术在航天器决策中的应用 ················· 70
　　4.1　导弹智能导航技术与弹道规划技术 ·············· 70
　　　4.1.1　导弹智能导航技术 ···················· 70
　　　4.1.2　导弹智能导航技术应用 ·················· 73
　　　4.1.3　导弹弹道规划技术 ···················· 74
　　　4.1.4　智能弹道优化算法 ···················· 76
　　4.2　火箭发射安全智能弹道监测技术 ··············· 77
　　　4.2.1　火箭发射安全智能弹道监测技术的基本原理和方法 ·· 79
　　　4.2.2　智能算法应用 ······················ 83
　　4.3　卫星导航技术与轨道规划技术 ················ 86
　　　4.3.1　卫星导航技术 ······················ 86
　　　4.3.2　卫星智能导航技术应用 ·················· 89
　　　4.3.3　卫星轨道规划技术 ···················· 90
　　　4.3.4　卫星智能轨道规划技术应用 ················ 92
　　4.4　行星探测器自主定位技术与轨迹规划技术 ·········· 96
　　　4.4.1　行星探测器自主定位技术 ················· 96
　　　4.4.2　行星探测器轨迹规划技术 ················ 100
　　4.5　飞行器智能博弈决策技术 ·················· 103
　　　4.5.1　飞行器智能博弈决策基本原理 ·············· 103
　　　4.5.2　飞行器智能博弈决策关键技术 ·············· 104
　　习题 ·· 106
　　参考文献 ····································· 106
第 5 章　智能技术在航天器控制中的应用 ················ 108
　　5.1　智能控制系统基本概念 ··················· 108
　　　5.1.1　智能控制系统概述 ··················· 108
　　　5.1.2　智能控制系统原理及特点 ················ 110
　　　5.1.3　智能控制系统的类型 ·················· 111
　　5.2　智能控制在导弹控制系统中的应用 ············· 114
　　　5.2.1　导弹控制系统 ····················· 114
　　　5.2.2　具有 PID 功能的模糊控制器 ·············· 114
　　　5.2.3　基于 BP 神经网络整定的 PID 控制系统 ········ 115
　　　5.2.4　基于遗传算法的 PID 整定 ·············· 115
　　　5.2.5　基于深度强化学习的驾驶仪参数快速整定方法 ····· 116
　　5.3　运载火箭自适应飞行控制技术 ··············· 116
　　　5.3.1　运载火箭控制系统的主要组成和功能 ·········· 116

　　5.3.2　运载火箭控制技术进展 ……………………………………………………………… 117

　　5.3.3　自适应控制技术 ……………………………………………………………………… 117

　　5.3.4　基于强化学习的姿态控制律设计 …………………………………………………… 120

　　5.3.5　基于智能自适应的多执行器协同控制技术 ………………………………………… 120

　　5.3.6　基于自适应动态规划的运载火箭容错控制技术 …………………………………… 121

　5.4　卫星姿轨智能控制技术与应用 ……………………………………………………………… 121

　　5.4.1　模糊控制技术的原理及其在卫星姿轨智能控制中的应用 ………………………… 122

　　5.4.2　神经网络控制技术的原理及其在卫星姿轨智能控制中的应用 …………………… 124

　　5.4.3　基于模型的深度强化学习控制技术的原理及其在卫星姿轨智能控制中的应用 … 125

　　5.4.4　基于粒子群优化算法的控制技术的原理及其在卫星姿轨智能控制中的应用 …… 127

　　5.4.5　模糊神经网络控制技术的原理及其在卫星姿轨智能控制中的应用 ……………… 128

　5.5　空间机器人智能抓捕控制技术与应用 …………………………………………………… 129

　　5.5.1　模糊控制在空间抓捕中的应用 ……………………………………………………… 130

　　5.5.2　神经网络控制在空间抓捕中的应用 ………………………………………………… 130

　　5.5.3　强化学习的原理及其在空间抓捕中的应用 ………………………………………… 131

　　5.5.4　模糊回归神经网络控制的原理及其在空间抓捕中的应用 ………………………… 132

　5.6　多星智能组网编队技术协同控制、队形保持 …………………………………………… 133

　　5.6.1　模糊控制在多星智能组网编队中的应用 …………………………………………… 134

　　5.6.2　神经网络在多星智能组网编队中的应用 …………………………………………… 134

　习题 …………………………………………………………………………………………………… 135

　参考文献 ……………………………………………………………………………………………… 136

第6章　智能技术在航天器健康管理中的应用 ………………………………………………… 138

　6.1　航天器智能健康监测技术 ………………………………………………………………… 138

　　6.1.1　航天器智能健康监测技术的基本原理与方法 ……………………………………… 138

　　6.1.2　航天器智能健康监测的关键技术 …………………………………………………… 139

　　6.1.3　智能健康监测技术应用 ……………………………………………………………… 142

　6.2　航天器智能故障诊断技术 ………………………………………………………………… 146

　　6.2.1　航天器智能故障诊断技术的基本原理与方法 ……………………………………… 146

　　6.2.2　航天器智能故障诊断的关键技术 …………………………………………………… 151

　　6.2.3　智能故障诊断技术应用 ……………………………………………………………… 153

　6.3　空间机器人在轨组装维修技术 …………………………………………………………… 156

　　6.3.1　空间机器人在轨组装维修技术的基本原理与方法 ………………………………… 157

　　6.3.2　空间机器人在轨组装维修的关键技术 ……………………………………………… 159

　　6.3.3　应用前景和发展趋势 ………………………………………………………………… 162

　习题 …………………………………………………………………………………………………… 166

　参考文献 ……………………………………………………………………………………………… 166

第7章　智能技术在航天器新型结构中的应用 ………………………………………………… 169

　7.1　智能蒙皮 ……………………………………………………………………………………… 169

　　7.1.1　智能蒙皮的原理和设计 ································· 169
　　7.1.2　智能蒙皮的关键技术 ····························· 171
　　7.1.3　智能蒙皮在航天器中的应用和优势 ············· 172
7.2　可变形航天器 ··· 174
　　7.2.1　可变形航天器的原理和设计 ······················ 174
　　7.2.2　可变形航天器的关键技术 ························· 175
　　7.2.3　应用前景和发展趋势 ····························· 177
7.3　变结构航天器 ··· 179
　　7.3.1　变结构航天器的原理和设计 ······················ 179
　　7.3.2　变结构航天器的关键技术 ························· 181
　　7.3.3　应用前景和发展趋势 ····························· 182
7.4　空间软体机器人 ··· 184
　　7.4.1　空间软体机器人的原理和设计 ···················· 184
　　7.4.2　空间软体机器人的驱动类型 ······················ 189
　　7.4.3　空间软体机器人在空间环境中的应用 ············· 193
习题 ··· 194
参考文献 ··· 194

第 1 章

"航天+智能" 概述

1.1 航天智能技术

1.1.1 航天智能技术的概念

航天智能技术是航天科学技术与人工智能、机器学习等技术的交叉融合，通过将智能系统的自适应能力、自学习能力和快速响应能力引入传统航天工程，赋予航天系统前所未有的自主智能和环境适应能力[1]。该技术不局限于单一的应用场景，而是涵盖了从航天任务规划、设计、制造、测试到在轨操作、维护、数据分析等全生命周期的各个环节，是提升航天任务效率、安全和可靠性的关键途径，也是提升现有航天工程能力的重要手段。

航天智能技术的构成要素包括如下几方面。①人工智能与机器学习：通过构建复杂的神经网络模型，使航天器能够识别环境变化、学习历史数据中的模式，并据此做出决策或预测，或利用强化学习指导着陆策略的优化，或基于历史故障数据预测航天器部件的健康状态。②自主导航与控制技术：结合全球定位系统(GPS)、视觉传感器、惯性导航系统等多元信息源，利用先进的路径规划算法和自适应控制策略，使航天器能在复杂环境中精准定位并自动调整飞行轨迹，减少对地面指令的依赖。③大数据处理与分析：面对由航天任务产生的海量数据，应用大数据分析技术快速提取有价值信息，支持科学研究和任务优化，同时，云计算平台为数据的即时存储、处理和分发提供了强大的基础设施支持。④智能材料与结构：开发具有感知、响应和自修复能力的新型智能材料，为航天器设计制造提供具有优良力学响应特性，更加耐用且能自我维护的表面与结构组件，进一步提升航天器在恶劣太空环境中的生存能力。

航天智能技术的关键应用领域包括如下场景。①深空探测：在火星车、月球探测器等深空探测设备中融入智能化技术，使其能自主规划路径、避开障碍物、识别科学目标，甚至进行一定程度的科学分析，扩展探索范围和提高探索能力。②卫星星座管理：智能算法用于优化卫星编队布局、自动调整轨道，以及在星座间高效分配通信资源，支撑全球宽带互联网、地球观测、灾害预警等重要应用。③空间站运维：智能机器人与人机协作系统在空间站执行精密维护、物资搬运、紧急救援等任务，保障空间站长期稳定运行。

1.1.2 航天智能技术的现状

航天智能技术正在深刻改变航天领域的面貌，从基础科研到实际应用，一系列创新成果正逐步落地，展现出该领域的蓬勃生机与广阔前景[2]。

在技术应用方面，基于深度学习的视觉导航技术被成功应用于火星车"祝融号"和"好奇号"中，使其能够识别并避开障碍物，自动规划行驶路线。此外，遥操作技术在月球和深空任务中扮演着重要角色，如美国国家航空航天局(NASA)的"灵巧手"(Dexterous Hand)项目，通过高精度运动控制和触觉反馈，地面操作员能够远程精准操控太空中的机械臂，执行复杂的科学实验和维护作业。智能航天器健康管理系统目前也在快速发展，通过集成机器学习算法，航天器的健康管理系统能够实时监测关键部件的状态，预测潜在故障，并提出预防性维护建议。例如，欧洲航天局的"智能故障检测系统"利用历史数据训练模型，准确识别出国际空间站设备的异常情况，大幅提高了系统的可靠性和安全性。大数据与云计算平台在航天领域同样有着广泛应用。随着航天任务产生数据量的爆炸式增长，大数据分析和云计算技术成为处理这些信息的关键。NASA 的"行星数据系统"和欧洲空间天文中心的"科学数据中心"利用分布式计算资源，加速了天文图像处理、气候模型模拟等科学数据分析，促进了新的科学发现。

从全球视角来看，航天智能技术的发展不仅仅局限于单一国家或组织。全球合作项目，如国际空间站(ISS)的智能化升级，以及私营企业，如 SpaceX、Blue Origin 等的加入，极大地加速了技术创新。SpaceX 利用其自研的"星链"(Starlink)星座提供全球宽带互联网服务，同时在"龙"飞船和"星舰"项目中大量采用自主导航和着陆技术，展示了商业航天在智能化领域的巨大潜力。

1.1.3 我国航天智能技术发展趋势

我国在航天智能技术领域的发展势头迅猛，已经成为全球航天技术竞赛中不可忽视的力量[3]。在战略规划方面，我国明确指出要加快航天技术与人工智能、大数据等新一代信息技术的深度融合，推动航天产业的智能化转型。在智能制造的应用方面，我国航空航天企业已广泛采用智能制造技术，包括工业机器人、数字化生产线、增材制造(3D 打印)等，大幅提升了生产效率和产品精度。在智能控制与导航系统方面，我国在航天器的智能控制技术与自主导航技术上取得显著进步，如探月工程、"天问一号"火星探测任务中，航天器均搭载了高度自主的导航与控制系统，能够根据预设指令和实时环境信息自行调整飞行轨迹，减少地面干预。在在轨服务与维护方面，我国积极探索在轨服务技术，在天宫空间站的建设和运营中，应用智能机器人进行空间站的维护、检查，辅助航天员完成任务。此外，我国还规划了对地观测卫星的在轨加注和维修试验，以延长卫星寿命并降低成本。在大数据与云计算平台建设方面，为应对航天任务产生的海量数据，我国建立了相应的航天数据处理中心。例如，中国资源卫星应用中心就致力于提供高效的卫星数据服务。在人工智能研究与应用方面，我国航天科研机构与高校合作，开展了一系列前沿研究，包括航天器智能故障诊断、智能任务规划，以及基于智能算法的深空探测策略等。在商业航天的智能化探索方面，我国商业航天力量也在推动卫星互联网、智能微小卫星星座等项目的智能化发展。

1.2　典型的航天器

1.2.1　典型的航天运载工具

航天运载工具的主要作用是将各种有效载荷(如人造卫星、载人飞船、空间站或空间探测器等)从地面运送到太空预定位置(轨道),或者从太空某位置运回地面,以及运送到太空另一位置。

航天运载工具主要分为运载火箭和航天飞机两类。其中,运载火箭为一次性运输航天器,而航天飞机则具备多次运输航天器的能力。根据轨道的不同,运载火箭可分为亚轨道火箭和轨道火箭,后者包括近地轨道火箭、太阳同步轨道火箭、地球同步轨道火箭和月球轨道火箭等不同类型。

此外,运载火箭还可以按照用途划分为非载人火箭和载人火箭。非载人火箭广泛用于发射人造地球卫星、空间站、行星际探测器和货运飞船等无人航天器。载人火箭则主要用于发射载人飞船,其可靠性更高并且配备了独特的故障检测系统,以应对可能出现的故障情况,从而确保航天员的安全。

20 世纪 80 年代开始,一次性使用的运载火箭面临来自可多次重复使用的航天飞机的挑战。这两种运载工具各有优势,适用于不同的任务需求。例如,航天飞机设计用于将重型航天器送入低轨道,因此在运送低轨道航天器方面具有显著的优势。

航天运载工具通常由多级火箭组成,用于将各种有效载荷送入预定轨道。运载火箭的主要结构包括箭体结构、推进系统、制导和控制系统、安全自毁系统以及外测与遥测系统等组成部分。根据所使用的推进剂不同,常用的运载火箭可以进一步分为固体火箭、液体火箭和固液混合型火箭三类。例如,中国的"长征三号乙"运载火箭是三级液体火箭,而"长征一号"运载火箭为固液混合型的三级火箭,其中第一级和第二级为液体火箭,第三级为固体火箭。

当前,航天运载工具技术正处于快速发展阶段,特别是可重复使用运载火箭技术。SpaceX 的"猎鹰 9 号"火箭已经实现了多次成功回收和再利用,大幅降低了发射成本。我国也在积极发展可重复使用的航天技术,长征系列火箭正在进行相关技术验证,并提出了完整的回收解决方案。

1.2.2　典型的航天智能体

航天智能体是指在航天领域中,利用人工智能技术进行智能化设计和优化的系统。航天智能体可以分为四个等级:无人工智能、分系统程控化、单星系统智能化和体系智能化[1]。其中,无人工智能是指根据任务目标,设计、研发和构建卫星系统,由人工按照既定清单和任务指令完成系统任务。分系统程控化是指在部分模块、产品、分系统层面使用程控化、自动化等技术,完成规律性、重复性的工作,从而减少人工参与造成的失误。单星系统智能化是指单星系统根据卫星系统的功能、性能进行有条件的调整和优化,地面实现全程无人参与,天地自主协同。体系智能化是指在整个航天系统中,通过各种传感器、执行器等设备实现信息采集、处理、传输和应用，从而实现对整个系统的智能化管理和控制。

航天智能体一般具有自主感知、自主决策、自主执行等能力，能够适应复杂环境和任务需求，并且具有较高的可靠性和安全性。航天智能体通过对太空域感知(SDA)，实现对太空中发生活动的认识和理解，进行异常检测和识别，并完成风险预警和协助修复。常见的航天智能体有人造卫星和空间站。

1. 人造卫星

人造卫星是由人类建造并发射到太空中的装置，它们像天然卫星一样环绕地球或其他行星。人造卫星的功能多种多样，人造卫星的用途决定其大小、轨道类型和总体布局。人造卫星可以按照多种方式进行分类。按用途进行分类，人造卫星可分为通信卫星、气象卫星、侦察卫星、导航卫星、测地卫星、地球资源卫星和多用途卫星等。通信卫星用于电视广播、电话通信和互联网接入；气象卫星用于预测天气变化和监测自然灾害；侦察卫星用于军事侦察和情报收集；导航卫星用于航空、航海和车辆导航等。按轨道进行分类，人造卫星可以分为低轨道卫星、中高轨道卫星、地球同步轨道卫星、地球静止轨道卫星和太阳同步轨道卫星等。

人造卫星通常配备灵敏的仪器和照相机，用于研究地球和其他行星、协助通信，甚至观察遥远的宇宙。与地面观测器相比，人造卫星由于其广阔的视野和较高的空间分辨率，能够更快地收集信息。此外，从太空观察不会受到任何类型的大气遮蔽物(如云和灰尘)的阻碍。

2. 空间站

空间站是一种在近地轨道长时间运行的载人航天器，可供多名航天员巡访、长期工作和生活。空间站的概念可以追溯到 20 世纪初，但直到 20 世纪 70 年代，苏联才发射了世界上第一个空间站——"礼炮 1 号"。此后，美国发射了"天空实验室"，并与苏联的空间站计划展开竞争。1998 年，由美国、俄罗斯、日本和加拿大等多国合作的国际空间站开始组装，至今仍在轨运行。我国已经成功发射并运营了"天和"核心舱、"问天"实验舱、"梦天"实验舱，并计划发射"巡天"空间望远镜，从而实现全面建成并运营中国空间站。我国空间站设计寿命为 10 年，长期驻留 3 人，最大可扩展为 180 吨级六舱组合体。

空间站分为单模块空间站和多模块组合空间站两种。单模块空间站是指由运载器一次发射入轨即可运行的空间站，如苏联的"礼炮"号系列空间站和美国的"天空实验室"等。多模块组合空间站是指由运载器将各模块逐个发射入轨，在轨组装而成的空间站，如苏联的"和平"号空间站和我国的天宫空间站等。

1.2.3 深空探测器

深空探测器也被称为"空间探测器"，是用于对月球和月球以外的天体和空间进行探测的无人航天器。这类探测器主要包括月球探测器、行星和行星际探测器、太阳探测器等。随着通信技术、导航技术和航天器设计技术的不断创新和突破，深空探测器的性能得到了显著提升，为人类深入探索宇宙提供了强大的工具。

深空探测器一般具有高度自主性,并且配备先进的自主导航和规划系统,从而确保其在没有人类干预的情况下完成复杂的任务。深空探测的距离遥远,因此深空探测器需要具备长时间工作的能力,以完成其预定的任务。由于面临着各种未知的挑战,如微小的尘埃粒子、宇宙射线等,深空探测器需要具备高度的可靠性。

2020 年,我国的"天问一号"火星探测器成功发射,是我国深空探测的新里程碑。我国已经成功发射多艘"嫦娥"系列月球探测器,2024 年 5 月 3 日发射的"嫦娥六号"探测器成功实施了月球背面软着陆和月球背面取壤返回。美国、欧洲、印度、日本等国家和组织也在积极推进深空探测任务。例如,美国的"新视野号"探测器完成了对冥王星的探测,火星探测器"好奇号"和"毅力号"正在火星表面进行探索。

目前,深空探测器的主要任务是收集关于目标天体的各种数据,如图像、光谱、磁场等。通过对收集到的数据进行分析,科学家可以更深入地了解宇宙的起源、演化和其他相关的科学问题。

1.3 典型的智能技术

1.3.1 人工智能

1956 年,约翰·麦卡锡提出"人工智能(artificial intelligence,AI)"这一概念。在 20 世纪 80 年代和 90 年代,机器学习和神经网络等技术的出现促进了人工智能的发展。21 世纪,随着大数据和云计算的普及,人工智能得到了广泛的应用,如自动驾驶、智能家居、医疗诊断等领域。

人工智能是计算机科学的一个分支,旨在创建能够模拟人类智能的系统。这种模拟包括理解自然语言、识别语音和图像、解决问题和学习等能力。人工智能是一个多领域的交叉学科,它企图理解智能的实质,并生产出一种能以类似于人类智能的方式做出反应的智能机器。人工智能基于计算机科学、认知心理学、神经科学和哲学等多个学科,它使用算法和统计模型来赋予机器学习和推理的能力,从而模拟人类的决策过程。其核心原理包括机器学习、深度学习、自然语言处理和计算机视觉等。

目前,人工智能在图像分类、语音识别、自然语言处理等领域取得了显著进展。随着人工智能技术的广泛应用,相关的法规和伦理问题也日益受到关注,如数据隐私、算法偏见、职业替代等,这些都需要在未来发展中予以重视和解决。

1.3.2 大数据

大数据是指传统数据处理应用软件难以处理的大量、高增长率和多样性的信息资产集合。大数据的特点通常被定义为"五 V":数据量(volume)、数据速度(velocity)、数据多样性(variety)、数据真实性(veracity)和数据价值(value)。

大数据的发展历史可以追溯到 20 世纪 90 年代,当时人们意识到数据的重要性,并开始收集和存储大量的数据。2010 年左右,随着云计算技术和分布式计算技术的发展,大数据技术在多个领域内得到广泛应用。2015 年,国务院印发了《促进大数据发展行动纲要》,全面推进我国大数据发展和应用,标志着中国大数据产业进入了快速发展阶段。

目前，大数据在获取、存储、管理、处理、分析等相关技术领域有显著进展，但其技术体系尚不完善。大数据已广泛应用于政务、工业、金融、交通、电信等行业，促进了经济社会的数字化转型，但仍面临数据安全、隐私保护、技术门槛提高等挑战。

1.3.3 移动网络

移动网络也称为蜂窝网络，是一种允许移动设备之间进行通信的电信网络，是移动体之间的通信，或移动体与固定体之间的通信。

移动网络通过将地理区域划分为多个小区(蜂窝)，每个小区由一个基站提供服务，实现广泛的服务覆盖。为了有效利用有限的无线频谱资源，移动网络采用频率复用技术，允许在不同小区使用相同的频率。移动网络需要处理用户的移动性，包括位置更新、寻呼、切换等，以确保用户在移动过程中通信不中断。另外，移动网络中的通信依赖于无线信号的传播，包括直射、反射、衍射等多种机制。

目前，移动网络从最开始的1G(模拟技术)，主要提供模拟语音服务，到目前的5G，经历了2G(数字技术)、3G、4G。其中，2G引入了数字信号处理，提高了通信质量和安全性，支持短信和基础数据服务；3G支持高速数据传输服务，使得移动互联网应用成为可能；4G进一步提升了数据传输速率和网络容量，支持高清视频和大规模在线服务；5G以其高速度、低延迟和大连接数的特点，支持物联网、自动驾驶等新兴应用。

1.3.4 信号处理

信号处理是现代电子工程和信息科学领域的基石之一，对信号进行分析、处理和推断，提供对信号的深入理解，有助于解决实际工程问题，在许多领域有广泛的应用，如通信、声学、传感、图像处理和控制等。信号可以分为模拟信号(连续时间信号)和数字信号(离散时间信号)，通过对信号的采样、量化、编码、滤波和变换等确定信号处理系统的特性，以便于设计合适有效的处理算法。

数字信号处理技术的发展历史可以追溯到20世纪70年代，然而直到90年代，数字信号处理技术才开始飞速发展，其应用领域也不断拓宽。其中，数字信号处理器(DSP)的出现是一个重要的里程碑，它是主要用于数字信号处理操作的专用芯片器件，能够将数字信号转化为模拟信号。芯片技术的发展也为DSP带来了许多优势，如集成度高、处理能力强等。

目前，信号处理的研究集中在开发新的信号处理算法，如自适应滤波、小波变换等，以提高信号处理的效率和准确性。数字信号处理的研究内容涵盖了快速、高效算法的研究，高处理速率实时硬件实现的研究，以及新的应用的研究等方面。随着技术的不断进步，信号处理技术被广泛应用于通信、医疗成像、语音识别、图像和视频处理等领域，这些领域的进展为信号处理带来了新的方法和工具，特别是在特征提取和模式识别方面。

1.4 "航天+智能"技术发展应用趋势

1.4.1 航天智能技术发展应用概述

近年来，人工智能、大数据、云计算等前沿技术以前所未有的速度渗透到各行各业，航天领域作为高精尖技术的密集应用前沿，也形成了航天与智能技术全方位快速融合的发展趋势[4-8]。其背后的动因主要包括：①航天任务复杂性的增加。随着人类探索太空的范围不断扩展，从近地轨道到深空探测，航天任务变得日益复杂。例如，火星探测、小行星采矿，甚至是未来的载人登月和火星殖民计划，都要求极高的任务规划、执行与管理能力，对现有技术构成挑战。②数据量的爆炸性增长。航天活动产生了海量的数据，包括遥感图像、环境监测数据、航天器状态数据等。这些数据的规模和复杂性已超出传统处理手段的能力范围，迫切需要智能化的数据处理与分析技术，如 AI 和大数据分析，来挖掘数据价值，支持科学发现和决策制定。③提升实时性和精确性的实际需求。无论是对航天器的精确操控、飞行路径的动态调整，还是对航天员生命健康的实时监测，都要求极高的实时响应能力和精准控制能力，而智能技术，尤其是结合机器学习的自动化技术，能够提供快速准确的响应、控制和决策，确保任务的成功执行。④资源优化与效率提升。航天资源有限且稀缺，如发射窗口、轨道位置、能源供给等。使用智能技术进行任务调度和资源配置，可以显著提高效率，降低成本，使航天活动更加经济可行。因此，航天与智能技术的深度融合不仅是为了应对挑战，更是为了把握机遇，开拓人类在太空探索、科学研究、商业应用等方面的无限可能。这一趋势标志着航天事业正迈向一个更加智能、高效和可持续发展的新时代。

1.4.2 智能技术在航天领域的应用

智能技术的引入，为航天领域带来了深刻的变革与创新，不仅重塑了航天任务的执行方式，还极大地增强了现有航天器对复杂太空环境的适应与探索能力。以下四个方面展现了智能技术在航天领域的具体应用，这些应用极大地推动了航天活动的智能化进程。

1. 航天器自主导航

基于人工智能的自主导航系统通过集成深度学习、强化学习等技术，能够实时分析航天器状态、外部环境数据和任务需求，实现从地球轨道到深空探索的全程自主控制。这种能力显著降低了航天器对地面控制中心的依赖，减少了通信延迟带来的风险，提升了任务执行的灵活性与效率。例如，NASA 的火星探测车"毅力号"通过运用先进的自主导航技术，能够在火星表面自行规划路线，避开障碍物，从而更快地抵达探测目标。

2. 遥感图像处理

遥感卫星每天产生数以太字节(TB)计的图像数据，人工智能技术在此领域的应用极大地提高了数据处理的效率与精确度，特别是卷积神经网络(convolutional neural network, CNN)，被广泛应用于自动目标识别，能够从复杂的地表特征中快速识别城市扩张、森林砍伐、灾害区域等信息，为环境保护、灾害应急响应提供了及时的情报支持。此外，结合机器学习的环境监测和灾害评估系统，能够准确预测气候变化趋势、洪水风险区域等，为政策制定者提供科学依据。

3. 故障诊断与预测维护

航天器在轨运行期间的健康状态监测至关重要。利用机器学习算法，尤其是异常检测和模式识别技术，可以持续监控航天器各系统的工作参数，及时发现潜在故障迹象，实现早期预警。这种预测性维护策略不仅能有效预防严重事故的发生，还能合理安排维修任务，延长航天器使用寿命，降低维护成本。例如，通过分析航天器实时数据与历史数据的偏差，系统可以自动触发维护指令或调整操作参数，保证任务的连续性和安全性。

4. 资源管理与优化

在资源稀缺的太空环境中，人工智能技术能够发挥高效资源分配与复杂任务规划的关键作用。对于轨道资源，智能辅助的优化工具能有效安排卫星部署，避免碰撞风险，最大化利用轨道资源。在频谱管理上，智能规划算法通过动态分配频段，确保通信的高效无干扰。能源管理方面，通过预测分析航天器能源需求和太阳光照条件，智能规划算法能够优化能源分配策略，确保关键系统始终有充足的能量供应。此外，智能规划算法能够综合考虑航天器状态、任务优先级和外部约束条件，制定出最优的任务序列，确保整体任务效益的最大化。

上述应用仅仅是冰山一角，展示了人工智能与航天技术结合所迸发的潜力。实际上，智能技术已延伸至航天领域的各个方面。例如，航天器的在轨组装与维护，利用机械臂和智能规划算法实现复杂的航天器构造与修复任务；在深空探测任务中，采用智能规划算法优化信号处理与数据压缩技术，提高通信距离与速率；智能辅助的太空垃圾监测与清理系统也在研发中，以解决日益严峻的太空环境污染问题。

1.4.3 未来技术发展趋势

航天与智能技术的融合正步入一个全新的发展阶段，其核心在于不断突破现有的技术边界，使现有航天技术更加自主、高效、智能，未来的技术发展趋势主要体现在以下几方面。

1. 高度集成化与自主化

未来的航天器设计将趋向于高度集成化与自主化，这意味着航天器将不仅是一个硬件集合体，还是集成了人工智能、自主决策系统、高度灵活的软件架构于一体的智能平台。从发射阶段的飞行控制，到在轨运行乃至返回地球的全过程，都将有智能系统参与自动管理，大幅降低人为干预的必要性。例如，通过集成 AI 的发射系统可以实时分析天气数据、系统状态，自动调整发射窗口，确保最佳发射条件；在空间环境中，智能航天器能够根据自身状态和任务需求，自动规划最优路径，甚至在遇到突发状况时，自主决策采取应对措施，极大提升任务成功率和安全性。

2. 人工智能驱动的太空通信网络

太空通信网络正朝着智能化、自适应的方向发展，AI 在其中发挥着至关重要的作用。智能路由算法，能够根据网络流量、链路质量动态调整数据传输路径，确保信息传递的高效与稳定。此外，动态频谱管理技术利用机器学习预测和分析频谱使用情况，自动分配和优化频谱资源，有效避免干扰，提升频谱利用率。例如，NASA 的 "Cognitive

Communications"项目正探索利用 AI 优化深空网络,以支持人类未来的火星任务和其他深空探索,确保即使在遥远的外太空也能实现高速、可靠的通信连接。

3. 深度学习

随着航天任务产生的数据量呈指数级增长,深度学习成为处理这些海量数据、提取有效信息的关键技术,在遥感图像解析、太空天气预报、宇宙现象研究等领域展现巨大潜力。例如,通过深度学习模型,可以自动识别和分类遥远星系的形态,加速对宇宙结构和演化的理解;在地球观测任务中,能够更精确地监测气候变化、海洋污染、城市扩张等现象,为全球环境治理提供科学支撑。

4. 跨学科融合创新

航天智能技术的发展同时促进了其他学科领域的跨界融合创新。材料科学的进步,如智能材料、自修复材料的研发,为制造更耐久、轻质、自适应的航天器部件提供了可能;生物技术与航天的结合,在生命支持系统、太空农业、太空旅行中人类健康的维护等方面展现出广阔的应用前景。例如,智能生物传感器能够实时监测航天员生理状态,提前预警健康风险。

航天与智能技术的融合发展趋势,预示着一个高度自主、智能互联、数据驱动、跨学科融合的航天新时代的到来。这些趋势不仅将深刻改变人们探索宇宙的方式,还将为地球上的科学研究、环境保护、资源管理等领域带来革命性的影响,推动人类社会的整体进步。

1.4.4 面临的机遇与挑战

"航天+智能"的技术挑战主要体现在计算资源限制、数据安全与隐私、可靠性与容错性等方面。①计算资源限制:在太空环境中计算资源极为受限,而复杂的航天任务需要强大的计算能力来处理大量数据和执行高级算法。由于航天器的空间、载荷、能源供应都极为有限,因此这对搭载的计算设备提出了极高的要求,如何在保证计算性能的同时减轻设备体积、降低能耗,成为一个亟待解决的难题。外太空的极端温度波动、辐射环境等对硬件的稳定性和耐用性提出了更高要求,进一步增加了设计难度。②数据安全与隐私:航天活动中产生的数据可能涉及国家安全或商业机密,其保护工作尤为重要。在实现全球航天数据共享和高效利用的同时,如何确保数据的安全传输、存储和处理,防止未经授权访问或篡改,是目前面临的一个技术难题。特别是在深空通信中,信号延迟大、带宽有限,加密和解密过程中计算负荷和通信效率之间的平衡尤为艰难。同时,跨国际的数据交换还需考虑不同国家和地区的法律法规差异,增加了数据保护的复杂度。③可靠性与容错性:智能系统在太空环境下的运行面临极端条件考验,包括极端温差、辐射、微陨石撞击等,这些都可能对硬件造成损害,影响系统的正常运行。因此,设计具有高可靠性和容错性的智能系统至关重要。这不仅要求软件层面能够实施有效的自我检测、自我修复策略,还需要硬件设计上采用冗余备份、故障隔离等机制,以确保在单一组件失效时系统仍能保持核心功能运行。然而,实现这一目标需要克服技术、成本与系统集成上的重重障碍。

在技术挑战之外，"航天+智能"的技术融合也带来了一系列发展机遇。智能系统在提高任务执行效率、降低成本、增强服务个性化方面能够发挥关键作用，从而促进低成本火箭发射、小型卫星星座等航天模式的兴起和发展。此外，机器学习和深度学习等技术能够用于海量天文数据的挖掘分析，帮助理解太阳风、宇宙射线等现象，为太空天气预报和航天员安全提供重要支撑。现代航天任务产生的数据量呈爆炸式增长，从地球观测、气象监测到深空探测，每秒都有海量数据等待处理。传统方式难以应对如此庞大的数据量，迫切需要智能技术进行高效筛选、分析与决策。随着航天活动向深空探索、大规模星座部署等方向拓展，任务的复杂性和不确定性显著增加。智能技术能够提供自主学习、适应环境变化的能力，减少航天器对地面控制的依赖，提高任务成功率。再者，航天活动历来成本高昂，而智能技术通过优化设计、自主运维、精确资源管理等手段，有效降低了成本，提升了任务执行效率，为商业航天的繁荣创造了条件。最后，在国防、通信、导航、资源开发等多个领域，"航天+智能"技术的应用直接关系到国家的战略安全与经济发展，是未来国际竞争力的关键要素之一。

1.5　"航天+智能"人才培养体系架构

航天事业作为国家综合实力的重要标志，其智能化发展已成为不可逆转的趋势。从遥感卫星的智能图像处理、深空探测器的自主导航，到空间站的自动化管理系统，智能技术不仅极大地提高了航天任务的效率与精度，还拓宽了人类探索宇宙的边界。在此背景下，"航天+智能"不仅是一种技术融合，还是航天事业发展模式和理念的深刻变革。然而，智能技术的飞速进步也对人才培养提出了全新挑战。传统的航天教育侧重于物理原理、航天器设计、轨道动力学等经典知识体系，为航天人才培养奠定了坚实基础。但是，在面对智能技术的广泛应用时，单一学科的知识结构已难以满足当前及未来航天任务的需求。智能技术的融入要求未来的航天人才不仅要具备深厚的航天专业知识，还需掌握机器学习、人工智能、数据分析等跨学科技能，成为能够跨越技术鸿沟、引领行业创新的复合型人才。因此，构建一个既涵盖航天工程核心知识，又融入智能技术精髓的"航天+智能"人才培养体系显得尤为迫切。这一体系旨在传授理论知识的同时，激发学生的创新思维，提升其解决复杂问题的能力。

本节将聚焦于"航天+智能"人才培养体系的构建，从能力体系、工程应用、问题导向、知识体系四个方面进行剖析，旨在描绘出一幅既符合航天智能化发展趋势，又满足未来社会对航天专业人才需求的蓝图。

1.5.1　"航天+智能"能力体系

(1) 基础能力。在"航天+智能"的时代背景下，基础学科知识的掌握是专业能力的基石。这一层次的能力培养强调数学的严谨逻辑、物理的深刻理解和计算机科学的实践应用能力。数学不仅是学习智能算法的基础前提，还是航天任务规划、轨道计算不可或缺的工具；物理为航天器设计、仿真模拟提供了理论依据；计算机科学为智能系统的开发与应用提供了实现手段。通过强化这些基础学科的教学，确保学生能够掌握编程语言、算法基础、数据结构等核心技能，为后续智能技术的深入学习铺平道路。

(2) 专业技能。"航天+智能"能力体系中的专业技能模块，旨在培养学生的专业深度与广度。一方面，它涵盖航天工程的传统核心领域，如航天器总体设计、推进系统原理、轨道力学、航天电子学等，确保学生能够学习和掌握航天器从设计、制造到测试、发射、运行的相关知识。另一方面，该体系着重引入智能技术相关课程，包括但不限于机器学习基础、深度学习算法、神经网络架构、大数据处理与分析、云计算技术等，让学生掌握如何运用智能技术以优化航天任务，提升系统效能，实现自动化与智能化航天技术。

(3) 创新能力。在快速变化的航天智能时代，创新能力的培养是推动技术革新与产业升级的关键。应鼓励学生参与科研项目，通过实际操作解决真实世界的问题，如设计智能导航算法、开发新型航天传感器、研究基于人工智能的故障诊断系统等。同时，通过举办创新竞赛、创业孵化项目等方式，激发学生的创新潜能，促进跨学科的融合创新，使他们能够在理论与实践中不断探索未知，挑战技术难题。

(4) 团队协作与沟通。航天任务的复杂性和规模性要求从业人员具备出色的团队协作与沟通能力。在"航天+智能"能力体系中，这部分能力的培养尤为重要，可通过设置多学科交叉的团队项目，培养学生的团队协作与沟通能力。

1.5.2 工程应用和问题导向

通过分析航天任务中的智能技术应用实例，让学生直观地了解理论知识如何在实际任务中转化为解决问题的有效工具。例如，讲解火星探测器"好奇号"如何利用自主导航算法，在复杂的地形中选择最佳路径前进，展示机器学习在路径规划上的应用，让学生理解算法设计背后的物理原理和工程挑战。再如，通过分析卫星故障智能诊断系统，展示如何利用大数据分析和人工智能技术，实时监测卫星健康状态，及时发现或预测潜在故障。这一过程不仅涉及算法的精准性，还包括数据采集、预处理、特征提取等多方面知识，使学生全面了解智能技术在航天任务保障中的重要作用。

建立高等院校与航天企业、研究机构的紧密合作关系，通过建立实习实训基地，为学生提供直接参与航天项目的机会，让学生能够亲身体验工程项目的全周期流程，从需求分析、系统设计、软硬件集成到测试验证，锻炼学生工程实践能力。此外，与行业专家的密切交流能帮助学生快速掌握行业标准和最新技术趋势，为未来发展奠定坚实基础。

问题导向聚焦于航天领域内具有挑战性的工程问题和科学难题，锻炼学生解决问题的创新思维，重点培养学生如何利用智能技术工具来分析问题、建立模型并优化解决方案。在这一过程中，鼓励学生探索解决方案的多种可能性，培养其解决真实工程问题和复杂科学问题的思维能力。

1.5.3 知识体系

"航天+智能"知识体系围绕航天技术核心知识与智能技术最新进展，设计课程内容，尽可能建立全面且均衡的知识结构，主要涵盖以下内容。①航天工程基础：涵盖航天器设计原理、轨道动力学、航天推进技术、航天器制造等内容，为学生打下坚实的知识基础。②智能技术核心：涵盖机器学习、深度学习、计算机视觉、自然语言处理、大数据处理与分析等内容，使学生了解智能技术的基本原理与应用。③跨学科融合：涵盖智能航天器设计、航天大数据应用、航天任务智能规划与优化、太空环境下的机器学习挑战等特色内容，促进航天与智能技术的知识融合。

习　　题

1.1　试简述航天智能技术的构成要素和关键应用领域。

1.2　试简述航天智能体四个等级的具体内容，并说明人造卫星的分类。

1.3　试简述你所了解的典型人工智能技术，并给出相关的应用说明。

1.4　试简述你所学到的有关人工智能技术在航天领域的应用案例。

1.5　试简述未来人工智能的发展趋势，并查找资料探索最新的人工智能的发展技术与应用案例。

1.6　试简述当前技术条件下"航天+智能"技术的发展瓶颈，并试着提出改进方案。

参 考 文 献

[1] 郝晓龙, 白鹤峰, 熊春晖, 等. 人工智能技术在航天工程领域的应用体系研究[J]. 航天器工程, 2020, 29(5): 26-31.

[2] 王学良. 人工智能技术在航天领域中的应用[J]. 电子技术, 2022(10): 198-199.

[3] 姚保寅, 毛磊, 王智斌. 人工智能技术在航天装备领域应用探讨[J]. 现代防御技术, 2023, 51(2): 33-42.

[4] 唐磊, 马钟, 李申, 等. 天基智能计算技术现状与发展趋势[J]. 微电子学与计算机, 2022, 39(4): 1-8.

[5] KRISHNAKUMAR K. Intelligent systems for aerospace engineering: An overview[C]. Von Karman Institute Lecture Series on Intelligent Systems for Aeronautics, Brussels, 2002: 20020065377.

[6] HASSAN K, THAKUR A K, SINGH G, et al. Application of artificial intelligence in aerospace engineering and its future directions: A systematic quantitative literature review[J]. Archives of Computational Methods in Engineering, 2024: 1-56.

[7] BRUNTON S L, NATHAN KUTZ J, MANOHAR K, et al. Data-driven aerospace engineering: Reframing the industry with machine learning[J]. AIAA Journal, 2021, 59(8): 2820-2847.

[8] RUSSO A, LAX G. Using artificial intelligence for space challenges: A survey[J]. Applied Sciences, 2022, 12(10): 5106.

第 2 章

智能技术在航天器设计制造中的应用

2.1　基于智能优化算法的航天器总体设计

2.1.1　航天器总体设计概述

航天器总体设计[1]包括总体方案设计和总体综合设计两部分。总体方案设计又可分为总体方案设计(预先研究阶段)、总体方案可行性论证和总体方案详细设计三个阶段；总体综合设计又可分为初样设计和正样设计两个阶段。

1. 总体方案设计

航天器总体方案设计一般是指从预先研究阶段到立项以后各个阶段所开展的总体方案性设计技术工作。总体方案设计阶段的内容归纳起来大致如下：航天器任务分析；轨道或星座选择与轨道或星座设计；分系统方案选择和论证；总体方案论证；总体性能指标分析和确定；典型参数预算；航天器构型设计；分系统接口及总体与大系统间接口设计和协调；关键技术分析及攻关；可靠性、安全性分析；航天器研制技术流程制订；研制经费和周期基本估计等。

总体方案设计各阶段的设计内容可参考表 2-1。

表 2-1　总体方案设计各阶段的设计内容

设计内容	总体方案设计阶段 (预先研究阶段)	总体方案可行性论证阶段	总体方案详细 设计阶段
航天器任务分析	完成分析	无	无
轨道或星座选择与轨道或星座设计	选择轨道	初步完成	全面完成
分系统方案选择和论证	初步论证	完成	无
总体方案论证	初步论证	完成	无
总体性能指标分析和确定	初步分析	初步完成	全面完成
典型参数预算	初步预算	初步完成	全面完成
航天器构型设计	构型设想	初步完成	全面完成

续表

设计内容	总体方案设计阶段 (预先研究阶段)	总体方案可行性论证阶段	总体方案详细 设计阶段
分系统接口及总体与大系统间 接口设计和协调	选择各大系统	初步完成	全面完成
关键技术分析及攻关	完成分析	初步完成攻关	全面完成攻关
可靠性、安全性分析	初步分析	初步完成	全面完成
航天器研制技术流程制订	初步制订	初步完成	全面完成
研制经费和周期基本估计	配合完成	无	无
完成标志	提出总体方案设想报告	提出总体方案可行性论证报 告和分系统初步设计任务书	提出总体方案设计报告和 正式设计任务书

(1) 总体方案设计(预先研究阶段)。总体方案设计的重点是对总体方案概念、原理和关键技术进行分析研究，完成标志是提出总体方案设计报告。该阶段主要包括：选择能满足用户使用技术要求的航天器轨道或星座，并做初步分析；提出能满足用户使用技术指标要求的有效载荷方案设计，并提出和分析有效载荷可能实现的技术途径；初步提出组成航天器的分系统的设计，分系统的可行方案和相互间的关系；初步分析航天器总体性能技术指标，对质量、功耗和推进剂等做初步概算；初步提出航天器构型(或称草图)的大致设计，对结构主承力构件方案提出初步设计；若选择现有的公用平台，则要提出适应性修改的设计；初步提出航天器工程大系统(运载火箭、发射场、测控中心等)内各系统的选择意见并分析各系统之间的相互关系；提出航天器系统和分系统在总体方案可行性论证阶段可能要突破的关键技术，分析关键技术突破情况；配合有关部门初步估计航天器的研制经费和产品经费；配合有关部门初步估计航天器的研制周期；对实现总体方案设想的可行性和风险进行初步分析。

(2) 总体方案可行性论证。总体方案可行性论证的主要内容：任务分析，有效载荷相关参数分析，轨道初步设计，航天器公用平台确定论证，分系统方案选择和论证，总体方案论证，航天器基本构型设计，总体性能指标分析，航天器与工程大系统之间的接口设计，关键技术分析，研制技术流程制订，可靠性、安全性初步分析，初步提出分系统设计要求。总体方案可行性论证阶段的完成标志是提出总体方案可行性论证报告和分系统初步设计任务书。

(3) 总体方案详细设计。航天器总体方案详细设计与总体方案可行性论证阶段的内容大致相同，主要内容：轨道或星座设计；分系统组成和分系统方案论证；航天器构型设计；总体方案的制订；技术状态的确定(确定技术状态基线)；总体性能指标确定；总体参数预算；与大系统的接口确定；航天器研制技术流程制订；可靠性、安全性设计；提出分系统研制要求；提出总体方案设计报告和正式设计任务书。

在航天器总体方案详细设计中，总体设计师要全面、细致地完成轨道设计、构型设计、总体及各分系统的功能和性能指标分析与综合、与航天器工程(大)系统中各个系统以及航天器各分系统的接口设计，将设计结果综合并形成总体方案(详细)设计报告，经评审通过后，才能最后完成航天器总体方案设计任务。总体方案设计任务完成的标志是向各个分系统提出初样研制任务书。

2. 总体综合设计

总体综合设计按其任务可分为五个方面：一是通过机械和电气两个方面把各个分系统集成起来，形成有机的航天器系统整体；二是对分系统提出验收测试要求，对航天器系统提出各种测量和综合测试要求；三是对分系统仪器设备和航天器系统提出各种环境试验条件和试验要求；四是提出航天器研制质量保证工程要求；五是向各个大系统提出发射实施技术要求。

(1) 初样设计。总体设计完成航天器初样综合设计，各分系统完成初样详细设计和仪器设备的初样研制。最后，总体在有关部门配合下完成初样系统级的总装、测试和试验。

(2) 正样设计。总体设计师向各分系统提出正式的(正样)设计要求，总体设计完成航天器正样综合设计，各分系统完成正样详细设计和仪器设备的正样研制。最后，总体在有关部门配合下完成正样系统级的总装、测试和试验。

航天器总体设计是一项多学科、多专业交叉与综合的系统工程，在航天器研制和应用中占有重要地位，其技术水平不但对提高航天器总体水平、缩短研制周期、节省研制经费起着重要作用，而且直接关系到航天器总体性能及其总体技术指标的先进性、可靠性、安全性和航天器在轨工作寿命。在航天器总体设计中，设计师的任务是根据航天任务需求和系统的整体性规律，从航天器的整体功能和性能出发，把握各组成部分之间的相互联系和相互协调，开展总体设计，进行系统分解和综合两方面的技术分析。在总体设计中，要防止脱离整体功能和性能而追求局部高性能或迁就局部低性能；要避免把系统分解和综合的技术分析做成简单的加减；要根据其相互联系、相互作用和相互协调的关系，进行科学的分析和计算来分解和综合；要使系统设计和技术协调达到整体优化的要求，即以最少的代价、最有效地利用技术成就、进行最佳组合来达到所要求的系统功能和性能，获得最高的效益[1]。

2.1.2　智能优化算法简介

智能优化算法是一类基于自然界生物进化、群体行为等原理的优化算法，用于解决复杂的优化问题。这些算法通过模拟生物进化、群体行为等过程，不断搜索问题的解空间，以找到最优解或接近最优解。与基于梯度信息和数学推导的经典优化方法不同，智能优化算法基于自然界的生物进化和物理现象，具有控制参数少、搜索空间大、鲁棒性强等特点。现代智能优化算法主要包括：模拟退火算法、遗传算法、人工神经网络优化算法、蚁群优化算法、粒子群优化算法等[2]。这些算法的基本思想是通过不断迭代和更新个体或群体的状态，使其逐渐趋近于最优解。

1. 模拟退火算法

模拟退火(simulated annealing，SA)算法的思想最早是由梅特罗波利斯(Metropolis)等在 1953 年提出的，1983 年 Kirkpatrick 等将其应用于组合最优化问题。该算法是基于蒙特卡洛迭代求解策略的一种启发式随机优化算法，模拟热力学系统中的退火过程，把目标函数作为能量函数，对高温物体进行缓慢降温，使其内部分子的能量状态达到最低。在模拟退火算法中，物体内部原子有离散的多个状态，每个状态有着与之对应的状态能量，经过降温后达到热平衡，原子以某个规则排列，达到高密度、低能量的稳定状态，此时的稳定状态就相当于算法的全局最优解[3]。模拟退火算法流程如图 2-1 所示。SA 算法的基本思想是从给定初始解开始，在邻域中随机产生新解，接受准则允许目标函数在有限范围内变差，以一定概率接受较差的新解。目前，已经证明 SA 算法是一种在局部最优解中能概率性地跳出并最终趋于全局最优，且以概率 1 收敛于全局最优解的算法。

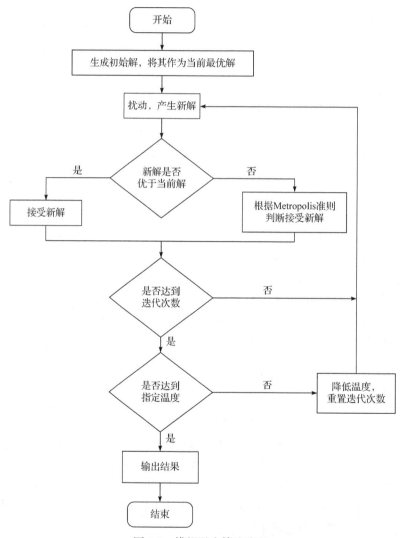

图 2-1　模拟退火算法流程

2. 遗传算法

遗传算法(genetic algorithm，GA)是一类模拟生物界自然选择、自然遗传机制和进化过程而形成的具有自适应能力的、全局性的随机化搜索算法，它是由美国密西根大学的霍兰德(Holland)教授于 1975 年提出的。遗传算法模拟生物进化的基本过程，通过选择、交叉、变异等遗传算子来仿真生物的基本进化过程，通过种群的不断"更新换代"，从而提高每代种群的平均适应度，通过适应度函数引导种群的进化方向，并在此基础上，使得最优个体所代表的问题解逼近问题的全局最优解。该算法是从待求解问题的解空间中的一组解开始搜索的。经过选择、交叉和变异等一系列操作，该组解不断地优化，直至搜索到最优解。算法的整个进化过程依据的是生物学中"优胜劣汰，适者生存"的原理。遗传算法具有隐藏的并行性，不需要借助求导等外部信息，具有自组织、自适应和自学习性等特点。

3. 人工神经网络优化算法

人工神经网络(artificial neural network，ANN)简称神经网络，神经网络是模拟生物神经网络的组织结构和运行机制的一种工程系统。ANN 模拟人脑的思维，利用已知样本对网络进行训练，由于人工神经网络中神经元个数众多以及整个网络存储信息容量巨大，因此它具有很强的处理不确定性信息能力。

神经网络是由多个神经元加权连接而成的网络，具有强大的计算能力。神经元之间的连接形式和连接权值通常由神经网络学习过程决定。因神经元类型、神经元连接方式和学习方式不同，设计形成了各种不同的神经网络模型。神经网络模型最小的信息处理单元是神经元。人工神经元是对生物神经元的一种模拟与简化，它是神经网络的基本处理单元。图 2-2 给出了基本神经元网络结构图，一般由三部分组成：一组连接、一个求和单元和一个非线性激活函数[4]。

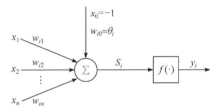

图 2-2　基本神经元网络结构图

以上结构模型可表示为

$$S_i = \sum_{j=1}^{n} (w_{ij}x_j) - \theta_i \tag{2-1}$$

$$y_i = f(S_i) \tag{2-2}$$

其中，$x_1, x_2, \cdots, x_n$ 为输入信号；$w_{i1}, w_{i2}, \cdots, w_{in}$ 为神经元 i 的权值；S_i 为神经元 i 的总输入；θ_i 为阈值；$f(\cdot)$ 为激活函数；y_i 为神经元 i 的输出。

4. 蚁群优化算法

蚁群优化(ant colony optimization，ACO)算法是模拟蚂蚁群体在经过的路径上留下信息素，并通过信息素来协同发现最短觅食路径的行为的优化算法。该算法由 Dorigo 等于 1991 年提出，它是一种基于蚁群的模拟进化算法，属于随机搜索算法。研究学者在研究过程中发现，蚂蚁个体之间通过一种称为信息素(pheromone)的物质进行信息传递，从而能相互协作，完成复杂的任务。

蚁群优化算法的基本原理是通过散播信息素来影响蚂蚁选择路径的概率，经过多次迭代之后，最优路径上经过的蚂蚁数量越多，留下的信息素也越多，使得后期蚂蚁选择最优路径概率越大，达到设定的收敛条件或指定的最大迭代次数之后，求解出最优路径[5]。蚁群优化算法具有较强的鲁棒性，对蚁群优化算法模型进行稍微的修改，就可以求解很多不同类型的问题。作为一种基于群体的随机搜索算法，蚁群优化算法具有并行计算的能力，在求解大规模问题时，可以很明显地减少算法的计算时间。此外，蚁群优化算法很容易和很多不同的启发式算法结合达到算法间的优势互补，提高算法的求解效率和求解能力[6]。

5. 粒子群优化算法

粒子群优化(particle swarm optimization, PSO)算法是一种进化算法，最早是由 Kennedy 与 Eberhart 于 1995 年提出的。最早的 PSO 算法是模拟鸟群觅食行为而发展起来的一种基于群体协作的随机搜索算法。PSO 算法模拟鸟群的捕食行为，让一群鸟在空间里自由飞翔觅食，每个鸟都能记住它曾经飞过最高的位置，然后随机地靠近那个位置，不同的鸟之间可以互相交流，它们都尽量靠近整个鸟群中曾经飞过的最高点，这样，经过一段时间就可以找到近似的最高点。PSO 算法后来经过多次的改进，去除了原来算法中一些无关的或冗余的变量，又加入了一些随机变化的量，使得鸟群的运动更像是空间微粒的运动，因此称之为粒子群优化算法。粒子群优化算法中，粒子群中的每一个粒子都代表一个解，并且每个粒子都会根据目标函数得出对应的适应度值，该适应度值可以根据具体的问题来评估解的优劣。粒子所在的飞行空间是由待优化问题的可行域所决定的，粒子自始至终都会在约束的飞行空间进行移动搜索直至迭代结束[7]。粒子群优化算法流程如图 2-3 所示。

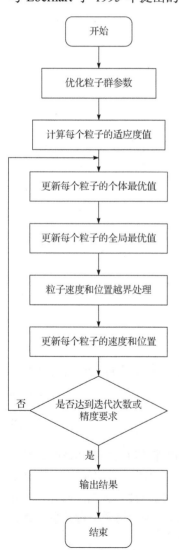

图 2-3　粒子群优化算法流程

2.1.3　智能优化算法在航天器总体设计中的应用

设计优化是航天器总体设计的重要组成部分，为航天器设计提供可靠的设计保证和高的设计效率。航天器结构和功能的复杂性导致设计优化中面临着许多困难：由于航天器设计的复杂性和空间环境的不确定性，无法建立精确的航天器设计优化模型；航天器设计优化模型中优化变量繁多，既包含离散变量又包含连续变量；设计空间非凸并且不连通；优化问题是非线性优化问题，存在着大量的耦合变量。所有这些都给航天器优化模型和优化算法研究方面带来了很大的困难。智能优化算法具有控制参数少、搜索空间大、鲁棒性强等特点，能为航天器总体设计中非线性、多极值的优化问题提供切实可行的解决方案[8]。

　　目前，应用于航天器总体设计的智能优化算法主要有研究卫星总体设计优化问题的遗传算法，研究卫星系统不确定性的多目标模拟退火算法等。此外还有一些与多学科思想相结合的优化方法：动态惩罚因子协同优化算法、多目标遗传算法、协同优化模型的粒子群优化算法等。有学者提出了基于模拟退火算法的多目标多学科设计优化方法，并用于分布式卫星系统的概念设计，包括类地行星发现者(terrestrial planet finder，TPF)、卫星地面运动目标指示的天基雷达系统和宽带卫星通信系统的体系结构多学科设计优化研究[9]。这些算法针对不同的卫星设计问题取得了不错的效果，但由于卫星总体设计优化问题的复杂性，高效的卫星总体设计优化算法的研究仍然任重道远。

　　以下内容将重点以航天器的布局方案设计与轨道设计为例，介绍智能优化算法在航天器总体设计中的应用。

1. 航天器布局方案设计

　　航天器布局方案设计是航天器总体设计的重要内容。布局方案设计[10]研究如何充分利用航天器有限空间，布置尽可能多的组件、仪器和设备，并满足其内部和周围环境的各种约束要求，它需要航天、机械、计算机、数学、力学等各学科知识的综合运用，属于带性能约束的三维布局优化问题。研究航天器布局方案的优化设计对于航天器研制周期的缩短和整体性能的提升有着重要的促进作用。

　　航天器布局方案主要包括总体布局方案、舱布局方案、天线布局方案和其他组件(如航天器帆板、稳定平台、管线接头插座板、转换器等)布局方案。航天器布局方案设计[10]的目的是在选定构型(组件或子系统)基础上将航天器上的仪器设备布置在各舱段的合适位置，对于再入过程中使用的和需要返回地面的仪器设备应当布置在返回舱，仅在再入前使用的设备可以布置在轨道舱或仪器设备舱，以降低航天器的结构质量。早在 1999 年，就有学者提出了一种基于进化算法的自适应三维表示方法，用于航天器组件的布局和总体方案设计[11]。2003 年，又有学者以一简化国际商业通信卫星 INTELSAT-Ⅲ 为背景，采用两阶段布局优化设计方法，第一阶段采用向心平衡法来分配待布组件的安装面；第二阶段采用蚁群优化算法来进行二维面内的详细布局设计，得到了一个可行的工程布局解[12]。

　　航天器舱布局方案设计是研究在满足各种工程技术条件的前提下，如何将各种仪器和设备最优地布置在航天器舱体内(或外)，使得布局评价指标达到最优或工程满意解。它属于带性能约束的三维布局优化问题，具有不确定性、高度非线性、知识不完备性、既需定性分析又需定量计算等特点[10]。有学者提出了人机交互式的遗传算法(human-computer interactive genetic algorithm)来解决航天器舱的布局问题。以卫星舱为例，首先将待布物简化为规则形状的几何体，建立卫星舱布局优化的数学模型和仿真模型的复合模型，然后利用该算法进行布局方案设计。该算法首先将人工设计的个体作为染色体群体的组成部分，然后在遗传运算中，把实时设计的新个体加入到染色体群体中，以代替群体中的较差个体，在基因层面上形成新的群体参与算法的操作(复制、变异、交叉)，从而构成人机交互式的遗传算法和进化协同设计。利用仿真技术给出航天器舱优化布局的"骨架"，再利用三维计算机辅助设计(computer aided design，CAD)软件将模型中待布物还原成实际形状的物体,进行布局模装和动力性能仿真,使用人机交互方法进行布局调整,达到工程满意布局方案为止[13]。此外,粒子群优化算法、模拟退火算法等也用于研究航天器舱的布局设计问题。

2. 航天器轨道设计

轨道设计是航天器总体设计的又一重要内容,轨道设计的优劣程度会直接影响到航天器的使用效率高低。同样以卫星为例,不同的卫星轨道具有不同的特性,运用到的领域也不同[14]。低轨卫星离地高度较小,广泛运用于对地观测领域。圆轨卫星速度恒定,对全球任意地区都可有效观测。太阳同步轨道卫星可以获得稳定的观测资料,回归轨道卫星的星下点轨迹周期性重复。

最初研究人员是凭借相关经验设计卫星轨道,随着智能优化理论的应用,卫星轨道的设计方式有了很大改变。例如,有学者提供了一种椭圆轨道通信卫星星座系统的设计思路,利用粒子群优化算法完成了椭圆轨道通信卫星星座系统的轨道优化方案,并实现了用最少的卫星实现全球通信[15];针对传统方法设计卫星轨道时运算量过大、效率低下等问题,结合遗传算法与灵敏度分析对小卫星轨道进行优化设计[16];以分析软件卫星工具包(satellite tool kit, STK)作为分析工具,基于模拟退火算法,结合卫星轨道数据,研究如何在有约束的情况下快速完成卫星轨道的设计工作[17]等。智能优化算法在小推力转移轨道初始设计和优化设计中也取得了很好的效果。先是有学者研究遗传算法在轨道优化中的应用,并证明了其可行性。此后更多研究将遗传算法与其他优化算法相结合。例如,将遗传算法和Q-law算法结合,使卫星轨道同时满足时间最优和能量最优[18];将引力搜索算法和遗传算法结合,达到将两者优势共同发挥的目的,避免了算法早熟的问题;结合遗传算法和粒子群优化算法,在利用遗传算法全局寻优优势的同时,通过粒子群优化算法的局部寻优能力对其弥补,得到更精确的优化结果[19-20]。

2.1.4 航天器总体设计方案的评价与决策

航天器总体设计作为复杂工程系统,其性能和成本往往在方案设计阶段就已经决定,因此对设计方案进行科学合理客观的评价至关重要。设计方案的评价与决策[21]是对设计产生的方案进行分析和评定,评定它们的优劣程度,为最终设计方案的可接受性或再设计方案提供决策的依据和支持。航天器总体设计方案的评价与决策,是关系到航天器性能包括动力学性能、寿命、可靠性、设计周期、成本、成败的大问题。航天器总体设计方案各系统或学科之间的耦合现象非常普遍,优化模型的建立也比较模糊,其中大量的专家知识和经验无法准确地用数学模型来描述。单纯从航天器的某一个方面或某几个方面来考察其总体设计方案,显然是不够的。一般来讲,除了因设计师经验不足或考虑不周使方案存在原则性错误或明显不合理而不满足需求之外,提供的设计方案都可在不同程度上满足任务提出方的需求。显然,这种满足需求的程度和方案的优劣程度,只有在不同待评价方案之间的相互比较中才能予以确定,即航天器总体设计方案的评价。

近几十年来,一些先进的评价方法被应用到设计评价与决策中,一般可分为定性评价法、定量评价法和定性与定量相结合的综合评价法三类[22],如图2-4所示。

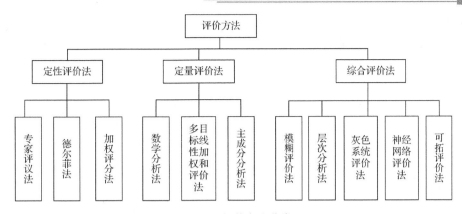

图 2-4　评价方法分类

定性评价法受随机因素影响较多，无法定量化，易带有个人偏见和片面性。相比而言，定量评价法完全以客观定量数据为依据，消除了个人主观意识的片面性影响，但在评价内容和表现情况比较复杂时，一些评价内容很难用确切的数量表示。对于航天器这种复杂的工程系统，单纯依靠定性评价法和定量评价法已远远不能满足工程实际的需求，定性与定量相结合的综合评价法已成为研究的热点问题。

与前两类评价方法相比，采用定性与定量相结合的综合评价法，在处理定性的、模糊的和不完整的信息方面有其独特的优势，可以提高评价结果的准确度，更精确地为复杂工程系统的设计质量评价提供依据。国内外目前常用的复杂工程系统质量评价方法的理论主要有层次分析法、模糊评价法、灰色系统评价法、可拓评价法和神经网络评价法等。

1. 层次分析法

20 世纪 70 年代，美国运筹学家 Saaty 提出了层次分析法。此方法的特点是将数据、专家意见和分析人员的判断有效综合，实现定性和定量分析相结合，目前在处理多目标、多准则、多因素、多层次的复杂问题方面已得到了普遍应用。

2. 模糊评价法

模糊集合的概念被美国学者 Zadeh 提出以来，模糊集合与系统理论已有五十多年的发展历史。基于模糊集合论的模糊评价法是一种比较经典的评价方法，能综合考虑各种因素的影响，突破"是"与"不是"的界限，适合复杂工程系统的评估。在理论和实践运用中取得了很多的科研成果，基于该方法的实用模型也取得了良好的经济效益和社会效益。

3. 灰色系统评价法

20 世纪 80 年代，邓聚龙提出了灰色系统理论，从信息的非完备性出发研究和处理复杂系统，注重外延明确、内涵不明确的对象，是一种内涵外延化的方法。灰色系统评价法通常包括数据的序列分析、建模、参数估计、模型验证和预测等步骤，旨在从有限的、不完全的数据中获得对系统特性和行为的合理评价。这种方法在处理少量数据或不完整数据时具有一定的优势，并在许多领域，如经济、环境、管理等方面得到广泛应用。

4. 可拓评价法

20世纪80年代，蔡文提出了可拓论，从而为可拓评价法奠定了理论基础，被学术界称为数学的一个重大进步。可拓评价法描述事物的可变性，其研究对象是现实中的矛盾(不相容)问题，不仅能从数量上反映被评价对象本身存在性态的所属程度，而且能从数量上刻画何时为此性态与彼性态的分界，有效保障评价的效率和质量，并且易于采用计算机辅助技术实现。

5. 神经网络评价法

神经网络评价法通过建立神经网络，学习已知样本来寻找规律，从而降低评价过程中的人为因素影响，保证评价结果的客观性。此方法运算速度快、容错和自学能力强，但其针对性较强，只能对某一确定对象进行学习训练，不具有通用性。

在航天器总体设计的方案评价中，目前得到应用的评价方法主要有专家评议法、层次分析法、模糊评价法等。例如，应用包括意见调查法和评审会法的专家组评价方式以及加权评分法、层次分析法、模糊评价法对卫星总体设计方案进行评价[23]；应用模糊评价法对卫星总体设计方案进行评价[24]；应用模糊多目标优选法进行卫星总体设计方案优选，并在此基础上采用多目标多学科优化的方法建立卫星总体设计的成本优化模型、性能优化模型、费效比优化模型、可靠性优化模型；建立以卫星电源系统的质量功率比最小为目标函数的优化模型，对四种典型的直接能量传输方式的电源配置方案进行评价；应用系统模糊优选理论与基于数理统计正交表的设计法相结合来处理飞行器布局方案的优选问题[25]等。

2.2　基于 MBD 技术的卫星数字化协同设计

2.2.1　MBD 技术概念及在卫星设计中的应用

随着三维计算机辅助设计(CAD)技术的深化应用，基于模型的定义(model based definition, MBD)的数字化设计与制造技术已经成为制造业信息化的发展趋势。MBD[26]的概念是1997年美国机械工程师协会在波音公司协助下开展的标准研究工作中提出的，MBD采用全三维模型设计，将产品模型的几何、非几何信息按照一定规范用统一的模型进行定义表达。MBD技术是产品数字化定义的先进技术，它将产品定义的各类信息按照模型的方式组织，其核心内容是产品的几何模型，所有相关的工艺描述信息、属性信息、管理信息等都附着在产品的三维模型中。MBD的设计和制造特点能更加利于计算机和工作人员的解读，可以有效解决设计和制造一体化的相关问题。同时，MBD将三维数模作为生产制造过程中的唯一依据，改变了传统的以工程图纸为主、以三维实体模型为辅的制造方法[27]。

国外 MBD 技术的应用已经比较成熟,如波音公司研究并制订了应用规范(BDS-600系列),并在 2004 年开始的波音 787 客机项目中全面推广应用,从而建立了基于网络关联的 MBD 单一数据源核心流程和系统框架,使产品的定义与数据管理、研制流程以及生产、检验、技术服务体系有了质的飞跃。2009 年,波音公司在新一代"战神"航天运载工具的研制过程中,采用 MBD 技术的作业指导书,实现设计制造一体化,装配工期缩短57%。在国内,学者和航空航天企业已经充分认识到 MBD 技术是今后数字化制造的发展趋势,都在大力开展以 MBD 为代表的数字化技术的研究与应用。2009 年,全国技术产品文件标准化技术委员会借鉴 MBD 先进经验,结合我国制造业实际情况制订了 GB/T 24734系列《数字化产品定义数据通则》,对产品的三维设计制造进行了规定。目前,航空航天企业正在积极探索与应用以三维模型为主、二维图纸为辅的工作方式,建立统一的三维数字化协同研制平台,并对三维装配标准进行了研究,着力实现从以二维图纸为主、三维模型为辅到以三维模型为主、二维图纸为辅的转变。

航天器产品 MBD[28]将传统二维图样上的尺寸公差、技术要求、材料属性等信息通过标准规范集成到三维模型文件中。MBD 数据集包括几何模型、三维注释、装配定义等信息,满足完整定义产品的所有要求,典型 MBD 数据结构如图 2-5 所示。

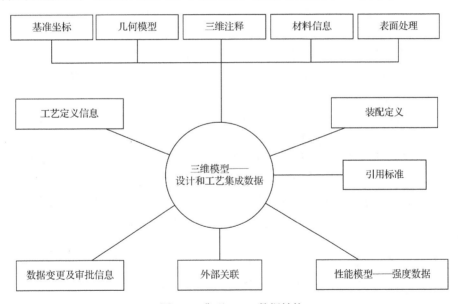

图 2-5　典型 MBD 数据结构

2.2.2　基于 MBD 技术的卫星数字化协同设计流程和技术

MBD 技术的核心思想是要充分利用三维模型,实现产品的特征描述和共享,以及数字化制造信息直接传递,满足产品研制周期内的人员、计算机、设备等更方便、更直接、更有效率的使用需求。同时,使得 MBD 模型在设计、工艺、生产和检验等环节中保持一致性和可追溯性。传统"三维设计、二维出图"的设计制造模式,设计与设计、设计与制造的数据不关联,通过层层二维图纸或文件的形式传递到下一级,造成数据重复录入、设计,更改工作量大、效率低。国内航天器的设计制造正在经历着"全三维数字化设计"

阶段的转变。基于 MBD 技术的卫星总体设计，现阶段主要开展基于 MBD 技术的主结构、管路、电缆网、直属件、热控部件的数字样机设计，打通总体设计、制造和集成装配环节，提高研制效率和质量[29]。

在基于 MBD 技术的全三维数字化协同设计过程中，各个专业、各个部门单位必须集成研制过程中所涉及的 CAx(CAD、CAE(computer aided engineering)、CAPP(computer aided process planning)等计算机辅助设计软件的统称)软件和产品数据管理(product data management，PDM)系统，分析明确接口数据参数，制订标准参数集，开发与三维设计软件集成的接口，打通数据软、硬件传递路径，实现数据源的统一，通过 PDM 系统进行模型的管理和受控传递，实现设计环境的统一。目前，国内卫星研制已经形成了"跨域收集、协同设计、三维下厂"的数字化研制模式，初步实现了基于三维模型的设计制造一体化。卫星数字化协同设计制造实现流程见图 2-6。具体实现过程如下：

(1) 单机三维模型设计标准化接口数据建立。建立标准的设备和标准件三维模型，定义统一的设备接口参数。

(2) 总体布局。突破传统二维纸质数据的传递方式，基于同一设计环境，建立顶层总体布局，采用自顶向下的设计模式，发布各部分三维下厂所需的接口数据信息。

(3) 主结构三维设计下厂。利用顶层发布的设备接口数据，对主结构零部件进行详细设计，基于同一个数据平台，完成三维下厂模型标注、三维零件工艺审查、三维零部件受控发布、传递，由制造厂完成相应零部件生产制造。

(4) 热控件三维设计下厂。利用顶层发布的设备热控接口数据，对整个卫星的热控件进行详细设计，并完成相应热控零部件的三维下厂。

(5) 整星电缆网三维设计下厂。通过发布的电连接器接口、位置和节点数据，进行整星电缆网的详细设计，生成电缆分支长度，进行电缆网生产。

(6) 总装直属件三维设计下厂。根据顶层发布的直属件接口数据和位置关系，进行总装直属件的详细设计，通过全三维下厂，完成相应零部件的生产。

(7) 推进管路三维设计下厂。根据顶层发布的管路布局接口数据，进行管路详细设计，完成管路组件工艺审查，由制造厂通过数控弯管机完成管路自动弯管预制，最终完成管路焊装。

(8) 卫星总装。更新总体模型，形成并发布完整的型号数字样机，生成产品物料清单(bill of material，BOM)，通过总装现场三维看板和工艺，完成卫星总装。

2.2.3 MBD 技术在卫星数字化协同设计中的优势和挑战

MBD 技术可解决传统航天制造业中二维图纸或者三维模型设计的典型问题，大幅度提高研制效率，提升数字化制造能力。MBD 技术在卫星数字化协同设计中的优势可概括为以下几个方面[28]：

(1) MBD 技术实现了设计、工艺信息数据源的统一，消除了设计制造过程中信息版本不一致引起的不协调问题，可显著提升质量管控水平。

(2) MBD 技术采取基于数字量传递的制造技术，将几何信息集中在模型，基本不用标注尺寸，只需要标注重要公差、关键尺寸和部分非几何信息，极大地降低了设计人员

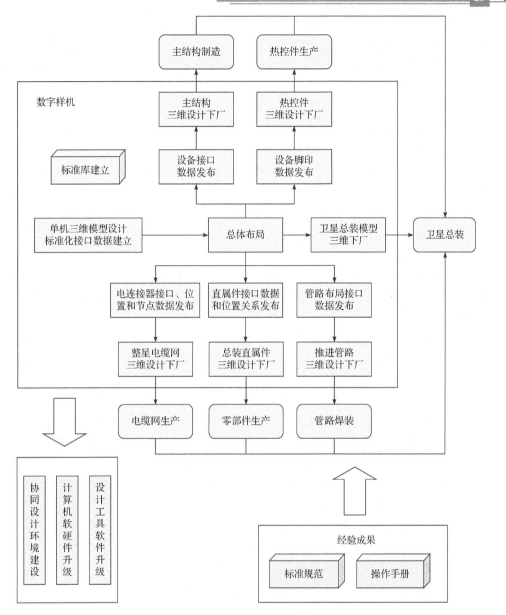

图 2-6　卫星数字化协同设计制造实现流程

标注的工作量，并且增强了三维模型在制造过程中的可读性。

(3) 大量知识工程的应用，使三维模型中的信息表达进一步得到简化和规范，如技术条件中"三维模型建模规范按照 QQA31-11"等，只需要简短文字即可向下游所有人员准确传递他们看到的三维模型各类信息代表的意义。

(4) 包含产品、工装、厂房、工具等全过程三维模型的应用，使得三维虚拟工厂仿真技术得以实现，设计人员可以将三维模型通过动画的方式，形成具有作业指导的电子书，用于指导生产工人作业。相对传统的文件传递和人工经验解说，更易于理解并且不受人为因素影响，可将生产阶段的大量不协调问题提前暴露解决，显著降低研制成本。

综合分析国内外 MBD 技术相关研究现状，结合实际研制工程，卫星在数字化协同研制过程中主要存在以下技术挑战[26]：

(1) 协同环境与应用软件。目前，各协作部门的软件平台、版本并不一致，而且软件平台在深度融合方面仍有不少问题，这影响 MBD 模式的推广应用，急需加强顶层规划，建立统一的协同运行环境、应用系统与工具交换标准和接口。而后，各业务部门可根据自身需求，建立、开发相应软件平台(如企业资源规划(enterprise resource planning，ERP)、制造执行系统(manufacturing execution system，MES))，与协同运行环境对接，实现企业各种信息化平台间的数据共享和交互，根据需要提取、修改和利用 MBD 数据包。

(2) 标准规范。基于 MBD 技术的航天器研制模式，必须建立一系列的标准规范。需要从顶层着手，考虑协同环境、应用软件类型，并结合航天器研制流程，建立一套基于 MBD 技术的设计、应用与管理规范体系(包括应用系统与工具)。再通过航天器试点，按 MBD 技术模式开展协同设计、制造，对产品建模、研制流程等进行总结、归纳和提炼，不断完善规章制度和标准规范。例如，MBD 技术特征的建模方法，任何一类零件的设计、制造特征形成方法都不是唯一的，需要在实践中摸索，建立便于信息系统处理的面向制造特征的建模规范。

(3) 设备数字化。受国内数字化加工、测量和装配技术的应用深度和广度所限，将 MBD 技术的数据直接转换为数控程序来驱动数字化加工和测量设备难度较大，如设备不具备数字化集成的接口，或设备具备接口但与软件集成能力不匹配，无法利用 MBD 技术将数据自动转换为设备控制程序。这使得 MBD 技术特征传递受阻，难以发挥整体效益。因此，制造阶段的数字化应用还需改进和提高，可按 MBD 技术应用规范和要求，有计划地分步引进、改造和提升设备，使之具备面向 MBD 技术的数字化加工和检测能力。

(4) 卫星机械产品精益化智能设计程度低，设计信息传承和复用率低[30]。卫星顶层需求的频繁迭代直接反映到整星构型和设备布局上的迭代，而构型布局设计迭代和需求响应之间存在严重滞后的矛盾，基于历史设计数据的智能复用缺乏手段。卫星产品设计(结构桁架和蜂窝板、电缆网、热控涂层等)受制于空间紧凑、数量繁多、形式多样、关系复杂等约束，其流程繁琐、更改困难且模型再生容易失败，规范性、精益化、智能化程度不高。针对这些问题，需突破卫星机械产品精益化智能设计关键技术。

(5) 智能设计面向工艺、制造、检测的一体化集成应用存在困难[30]。卫星在数字化协同研制过程中，工艺、制造与设计之间存在模型多次转换，设计模型与技术说明输入多源、关联应用不强，难以满足工艺、制造要求的设计输入唯一、信息完备和提取应用的需求；需要进行海量检测信息与设计信息匹配校验，难以快速准确给出产品合格性判定，缺少检测信息的逆向建模、多源信息的快速匹配与自动评估的手段；总装集成过程复杂、切换频繁，基于文档的设计模式过程状态定义不清，结构化表达欠缺，设计要素分散。针对这些问题，需突破卫星多维度设计制造一体化集成应用关键技术。

2.3 基于数字孪生技术的航天器全生命周期设计制造

近年来，数字孪生作为一种创新技术在航空航天结构领域引起了广泛关注。数字孪生是将物理实体与其虚拟仿真模型相结合，通过不断收集、整合和分析数据，实现对实体的精确复制和真实预测。基于数字孪生技术的航天器全生命周期设计制造是一个高度综合和跨学科的研究领域，涉及从概念设计、仿真验证、装配工艺、试验测试到在轨运行等多个阶段[31]。本节首先介绍数字孪生技术的基本原理及其应用，其次介绍利用数字孪生技术实现航天器全生命周期设计制造的流程和关键技术方法，最后总结数字孪生技术在航天器设计制造中的特有优势并针对数字孪生技术存在的问题提出相应的解决方案。

2.3.1　数字孪生技术的基本原理

数字孪生技术是一种将物理实体的数字化表示与现实世界中的物理实体相对应的技术，它通过物理反馈数据、人工智能、机器学习和软件分析，在信息化平台内建立一个随着物理实体变化而做出相应变化的数字孪生体，理想状态下，数字孪生体几乎可以实时地呈现物理实体的真实状况。其本质是通过整合传感器数据和信息融合技术，构建物理实体的虚拟副本，以提高虚拟副本的准确性和功能。其核心是建立虚拟数字孪生体，进而反哺优化物理实体。

数字孪生体的本质是能够全生命跟踪、实时反映特定物理实体的状态。因此，构成数字孪生体的第一个要素是需要建立物理实体的数字模型。传统的建模方式包括：基于物理机制建模、数据驱动建模以及基于物理机制和数据驱动的混合建模。但由于环境不确定性大，系统动态特性强，基于传统建模方式得到的数字模型难以实时反映物理实体状态。因此，数字孪生体的第二个要素是通过布置在物理实体上的传感器网络，获取系统运行中的真实数据，用于消除模型中的不确定性因素，进而提升模型预测能力。数字孪生体的第三个要素是实现数字模型和物理实体系统的互动，将基于数字孪生体实时分析得到的结果用于优化物理实体运行。伴随数字孪生概念，美国空军同时提出了数字主线的概念[32]。数字主线可以看作覆盖系统全生命周期与全价值链的数据流，从设计、制造到使用、维护，全部环节的关键数据都能够实现双向同步与及时沟通。

航天器全生命周期管理是并行工作流、高效设计的关键技术，是数字孪生技术重要的特点之一。数字孪生模型数据覆盖性强，不仅全面覆盖结构、材料、尺寸、接口关系、功能、环境等信息，还覆盖到产品设计、计算分析、制造、验证、运维全生命周期中。数字孪生模型库是航天器全生命周期管理的数据中心，数据中心在航天器设计、计算分析、制造、验证、运维全生命周期中实现虚拟分析数据、现实数据等数据的记录反馈，全面记录虚拟数据和实际数据，数字孪生模型库蓄藏着巨大价值的数字资产。

2.3.2　数字孪生技术在航天器设计中的应用

数字孪生技术在航天器设计中的应用广泛且深入，实现了航天器设计制造的智能化、高效化和安全性提升。

在航天器设计的数字孪生技术中[33]，物理模型与孪生模型的虚实映射关系如图 2-7所示，实际产品的生产过程包含“操作人员、制造设备、物料、环境”4个部分。每个部分的因素有很多，如操作人员的经验、设备的故障、环境温度等，使得产品质量得不到保障。孪生模型是根据实际生产过程构建的一个虚拟模型，可实现对实际生产的映射。孪生模型能够根据实际生产过程中的数据，不断修改模型的参数，以达到与实际生产过程交互映射的目的。同时孪生模型能够根据生产的数据，利用其构建的预测算法模型，对实际生产进行预测，指导实际生产过程，保障产品的质量与生产可靠性。

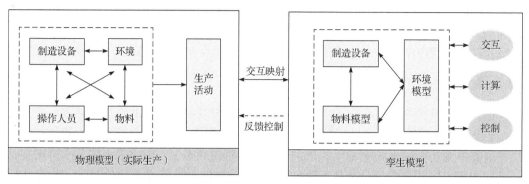

图 2-7　物理模型与孪生模型的虚实映射

在卫星装备设计智能化设计[34]中，数字孪生技术将卫星装备按尺寸、载荷、特点分类为卫星载荷模块、卫星装备功能模块、生产检测试验模块、运维模块等数据库。依据卫星尺寸、接口、载荷等条件，通过计算规则孪生出卫星装备数字功能等模块，并自动装配成孪生模型。根据载荷的一些特殊条件对数字孪生模型功能模块进行智能联动调整，将孪生模型的计算结果与装备实物验证结果进行对比迭代和修正，不断提高数字孪生模型准确性。

以卫星保持架设计为例，建立孪生设计模型主要包括 4 个阶段：

(1) 输入要素自动拾取阶段，自动读取卫星尺寸、载荷等输入条件，根据卫星载荷要素特点分析卫星装备需求，选择合适算法公式，自动驱动识别读取卫星装备设计的卫星模型信息，实现卫星装备设计要素数据信息的传递；

(2) 保持架模型自动孪生阶段，根据自动读取的卫星装备设计要素数据，并通过运维管理不断修正耦合关系数据库，选择基于知识和经验归纳的图谱公式库，自动驱动孪生出卫星装备数字模型，包括构型、材料、生产工艺、性能等，对数字模型进行全工况数字模拟环境计算分析，对孪生出的卫星装备数字模型进行优化迭代；

(3) 保持架孪生模型实时映射阶段，根据计算、实际生产和试验结果，孪生数据实时修正公式，通过修正公式调整单个零件尺寸或位置，通过关联公式实现模块中关联零件尺寸或位置的智能联动，该阶段跨越卫星装备设计分析生产验证周期，密集工作主要集中在计算分析预测阶段；

(4) 保持架模型数据全周期管理阶段，建立统一数据库，通过软件数据孪生纽带实时持续保证保持架在需求分析、设计、生产、运维全阶段的映射，记录设计、计算、生产、试验、维护升级全生命流程信息，不断迭代。对现有孪生公式进行修正优化，将实体实际情况全方位全流程记录在数据库中，以总结规律，这有利于设计经验积累和继承，以及卫星装备改造重复利用。

综上所述，这些案例研究验证了数字孪生在航空航天器设计中的有效性。数字孪生模型能够帮助工程师进行结构分析和优化、预测性维护等方面的工作，为航空航天行业提供了重要的基础和支持。

2.3.3 基于数字孪生技术的航天器全生命周期设计制造流程

基于数字孪生技术的航天器全生命周期设计制造流程和方法涉及多个阶段，每个阶段都充分利用数字化手段，以提高设计精度、制造效率和产品质量[35]。以下是该流程的主要阶段及其方法。

(1) 需求分析与概念设计阶段：在这个阶段，通过数字孪生技术建立需求模型、功能模型和应用框架，明确航天器的任务需求和功能性能指标，以实现信息世界与物理世界的双向动态实时交互共融与协同。

(2) 详细设计与仿真验证阶段：用三维数字化设计工具，创建航天器的详细设计模型。同时，通过数字孪生技术，建立与物理实体对应的虚拟模型，进行仿真验证，以预测和解决潜在的设计问题。

(3) 制造与装配阶段：在制造过程中，数字孪生技术可以用于优化制造工艺流程，通过实时数据监控和分析，提高制造质量和效率。在装配阶段，利用数字孪生模型指导实际装配过程，确保装配精度和质量。

(4) 测试与验证阶段：通过数字孪生模型进行各种测试场景的模拟，如环境测试、性能测试等，以验证航天器在实际应用中的表现。这些测试可以在虚拟环境中进行，减少了对物理模型的依赖。

(5) 发射与在轨运行阶段：在航天器发射和在轨运行期间，数字孪生模型可以实时接收来自航天器的运行数据，进行状态监控和健康评估。这有助于提前发现潜在问题并进行维护决策。

(6) 维护与升级阶段：数字孪生技术在航天器的维护和升级过程中发挥重要作用。通过对数字孪生模型的分析，可以制订更加精确的维护计划和升级方案，实现预测性维护和持续改进。

(7) 退役与回收阶段：在航天器退役阶段，数字孪生模型可以用于评估退役过程的环境影响，并规划航天器的回收和再利用。这一阶段的数字孪生技术有助于实现可持续发展和资源的有效利用。

通过上述流程，数字孪生技术实现了航天器全生命周期的数字化管理，提高了设计制造的效率，降低了成本，并增强了航天器的性能和可靠性。

2.3.4 数字孪生的关键技术

数字孪生强调用实时监测的数据消除模型的不确定性，用精确的模拟代替真实场景，从而优化实际系统的操作和运维，其关键技术如图 2-8 所示。

数字孪生实现需要依赖的关键技术包括：

(1) 复杂系统建模技术。建立高精度的复杂系统模型是数字孪生体首要前提，目前建模依然面临着环境、载荷、材料性能等众多不确定因素，力、热、电等不同物理场之间的强耦合作用等各类问题，因此需要借助于多物理场耦合建模、多尺度损伤分析等方法提升模型精度。

(2) 传感与监测技术。数字孪生体要实现实时感知物理实体状态需要借助传感与监测技术。通过安装在系统结构表面或嵌入结构内部的分布式传感器网络，获取结构状态与载荷变化、操作和服役环境等信息[36]，实时监测系统的生产、制造、服役和维护过程。

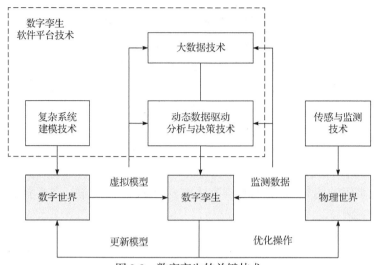

图 2-8　数字孪生的关键技术

(3) 大数据技术。对于一个大型复杂系统，其基本几何和组件装配本身就已经囊括了海量的数据，而服役过程中不断加入的载荷、环境、维修等数据，最终将生成现有数据分析技术无法处理的大数据[37]。这就需要利用数字主线技术对所有数据进行统一管理，同时借助大数据分析技术，从这些规模巨大、种类繁多、生成迅速、不断变化的数据集中挖掘价值并更好地诊断、预报和指导决策。

(4) 动态数据驱动分析与决策技术。实时交互性与动态演化性是数字孪生体的两个重要特性，而动态数据驱动应用系统(dynamic data driven application system，DDDAS)能结合数字模型与物理实体，利用实时监测的数据动态更新模型，更新后的模型可以得到许多无法直接测量的数据，从而更准确地分析与预测物理实体的状态。

通过上述技术，数字孪生技术不仅提高了航天器设计和制造的效率和质量，还为运行和维护阶段提供了强大的支持，使得航天器能够以更高的性能和更长的寿命服务于空间探索和应用。

2.3.5　数字孪生技术在航天器设计制造中的优势和挑战

数字孪生体具有如下特点：集中性——物理实体生命周期内的所有数据都存储在数字孪生体中，进行集中统一管理，使数据的双向传输更高效；动态性——描述物理实体状态的传感器测量的数据用于数字孪生体的动态更新，更新后的数字孪生体可以指导实际操作，物理系统和数字孪生体的实时交互使得数字孪生体能够不断更新演化。将数字孪生技术用在航天器设计制造中，其优势主要体现在以下几个方面：

(1) 提高设计与制造效率。数字孪生技术通过创建物理实体的虚拟副本，使得设计师和工程师能够在虚拟环境中进行产品开发、设计优化和性能改进，从而提高设计与制造的效率。这种技术能够实现航天器研制全生命周期信息世界与物理世界的双向动态实时交互共融与协同。

(2) 降低试验成本与周期。通过数字孪生技术，可以在虚拟环境中模拟航天器的运行状态，减少对物理试验的依赖，从而降低试验成本和缩短试验周期。例如，基于数字孪生技术和多智能体的智能试验体系架构设计方法能够使产品试验设计与实施总周期缩短 20%。

(3) 提升装配质量监控与预测能力。数字孪生技术可以用于航天器装配质量的在线监控与预测，通过分析装配过程中的数据，预测并评估航天器的实际性能，从而提高装配效率和产品质量。

(4) 增强在轨服务与健康管理能力。数字孪生技术为航天器提供了在整个服务生命周期内的数据和模型基础系统方法，支持自主认知、自主操作维护和集群协作等智能应用。这有助于提高航天器在轨服务与健康管理的能力，确保长期稳定工作。

(5) 促进智能化研制发展。数字孪生技术结合信息技术，如物联网、大数据和人工智能，能够实现航天控制系统的设计仿真、智慧设计仿真和智能化方案设计[38]。这种技术不仅涵盖了信息技术在航天领域的智能化应用，还强调面向知识、推动创新的发展理念。

(6) 优化设计与制造流程。数字孪生技术能够实现航天器系统工程的整体模型和应用框架的建立，以及从设计、工艺、制造/装配、试验/测试到在轨运行等典型阶段模型和应用框架的演化。这有助于优化整个设计制造流程，提高生产效率和产品质量。

数字孪生技术在航天器设计制造中具有显著的优势，包括提高设计与制造效率、降低试验成本与周期、提升装配质量监控与预测能力、增强在轨服务与健康管理能力、促进智能化研制发展和优化设计与制造流程等方面。这些优势共同推动了航天工业向更高效、更智能的方向发展。

在航天器设计中应用数字孪生技术存在一些与数据流程处理和信息安全保障相关的问题，具体包括以下几点：

(1) 数据采集和处理。数字孪生技术需要获取大量结构数据，包括传感器数据、实验数据、历史数据等。确保数据的准确性、完整性和实时性是一个挑战。此外，数据的清除、校准和集成也是需要解决的问题。

(2) 数据存储和传输。在数字孪生过程中，需要存储和传输大规模的结构数据。为了确保数据的安全和可靠性，需要使用合适的数据库和网络传输协议，并采取加密和身份验证等安全措施。

(3) 数据分析和建模。数字孪生技术需要对大量数据进行分析和建模，并生成真实可信的结构模型。这涉及高性能计算和数据处理的挑战，以及算法开发和优化的需求。

(4) 实时性和可靠性要求。数字孪生技术在航空航天结构领域的应用需要具备实时性和可靠性。对于实时监测和预测，数据流程的实时处理和分析是必要的，同时需要确保算法和模型的可靠性和准确性。

解决这些问题的关键在于合理规划数据流程，采用高效的数据处理和传输技术，并制定严格的信息安全策略和措施。同时，要加强行业合作和技术创新，推动数字孪生技术在航空航天结构领域的应用。随着技术的不断创新和进步，数字孪生技术有望提供更准确、高效和可靠的工程分析和决策支持，推动航天器设计领域的发展。

2.4　大型航天金属件 3D 打印技术

航天制造工业是一个大国高精尖的制造技术的体现，是一个国家探索太空领域的技术与产能的基石。20 世纪 70 年代以来，我国航天制造事业迅速发展，科研投入不断增加，各项航天技术壁垒不断被突破，我国航天制造技术走向了新的高度[39]。其中，3D 打印技术就被广泛应用于工业制造和航空航天制造领域。

3D 打印技术指将计算机技术生成的三维物体进行二维化，结合数控技术，利用层端口法将二维图像转换为三维模型，再逐层制造。3D 打印制造技术是一门新兴的制造技术，与其他制造技术相比，具有加工时间短、成型速度快、加工精度高、节省原材料等优点[40]。随着科技的快速发展，3D 打印技术不断被应用于工业制造和航空航天制造领域，并取得了显著的成果[41]。本节首先介绍 3D 打印技术的概念和基本原理，其次介绍 3D 打印技术的工艺和方法，再次介绍了 3D 打印技术的应用，最后总结 3D 打印技术在大型航天金属件制造中的特有优势，并针对 3D 打印技术存在的问题提出相应的解决方法。

2.4.1　3D 打印技术的概念和基本原理

3D 打印技术，通常被称为"增材制造"(additive manufacturing)，是一种基于数字模型的制造技术，通过逐层构造的方法来生成实体物品。3D 打印的打印材料不同于日常打印机，其使用的是专用材料，如陶瓷、金属、印刷砂和塑料等。简单来说，3D 打印机是一种可以以逼真的三维状态"打印"物体的机器。常用的印刷材料有铝合金、镀银、尼龙玻璃纤维、不锈钢、石膏材料、钛合金、耐用尼龙材料、镀金、橡胶材料等。根据成型工艺的不同，3D 打印类型可分为挤压、线控、粒状等[42]，3D 打印技术具体分类如表 2-2 所示。

表 2-2　3D 打印技术分类

类型	3D 打印技术	基本材料
挤压	熔融沉积法	热塑性塑料、金属、陶瓷
线控	电子束自由成型制造	热塑性塑料、共晶系统金属、可食用材料
	直接金属激光烧结	几乎任何合金
	电子束选区熔化	钛合金
粒状	选择性激光熔化	钛合金、铝、热塑性塑料
	选择性热烧结	热塑性塑料
	选择性激光烧结	金属粉末、陶瓷粉末
粉末层喷头	石膏 3D 打印	石膏
层压	分层实体制造	纸、金属膜、塑料薄膜
光聚合	立体平版印刷	光硬化树脂
	数字光处理	光硬化树脂

金属 3D 打印技术是以金属粉末、金属丝材等为原材料，通过逐层沉积进行构件成型的先进制造技术。与传统的金属减材制造工艺相比，增材制造能够一体化快速成型具有复杂结构的零部件，且制造周期更短，近年来成为金属材料加工领域的研究热点，已被广泛应用于航空、汽车、医疗等行业，特别是在高端复杂结构件的定制化制造上发挥了

重要作用。

2.4.2　大型航天金属件 3D 打印技术的工艺和方法

国内外已经有十几种不同的 3D 打印技术，其中比较成熟的有选择性激光烧结技术、熔积成型法、分层实体制造法、微喷射黏结技术、立体光固化成型法等方法。目前，市场上主流的直接用于制造金属零件的金属 3D 打印技术有选择性激光烧结(selective laser sintering，SLS)技术、选择性激光熔化(selective laser melting，SLM)技术、电子束选区熔化(electron beam selective melting，EBSM)技术和直接金属激光烧结(direct metal laser sintering，DMLS)技术等[43-44]。

1. 选择性激光烧结技术

选择性激光烧结技术是出现最早的金属 3D 打印技术之一，所采用的冶金机制为液相烧结机制，所使用的材料为高熔点金属与低熔点金属或者高分子材料的混合粉末。在熔融的过程中低熔点的金属粉末或者高分子材料粉末熔化，而高熔点的金属粉末不会熔化，并且作为结构金属保留其固相核心，而被熔化的材料作为黏结金属在熔融过程中生成液相将固相金属进行包覆、润湿和黏结以此使烧结致密化。整个工艺装置包括粉末缸和成型缸两个部分，工作时左面的粉末缸上升一层，然后通过铺粉辊将粉末在成型缸中均匀地铺一层，再由计算机控制的激光束根据切片后的模型在粉末上进行扫描，使金属粉末达到熔点并进行烧结来完成零件的一层截面，完成后成型缸下降一层高度，铺粉辊会在成型缸中重新铺上一层均匀的粉末，进行下一层的烧结，如此往复来完成整个零件的制作。

选择性激光烧结技术有较多优势，该技术可以使用多种材料，包括高分子材料、金属粉末、陶瓷粉末、尼龙粉末等，选择性强；在打印过程中未经烧结的粉末即可支撑生成的悬空层，不需要额外支撑，材料价格低且利用率高。然而，选择性激光烧结技术也有其缺点。由于选择性激光烧结工艺制造原型的表面是粉末进行熔融黏结的，为粉粒状，所以表面质量不高。此外，高分子材料或者粉粒在烧结时会散发异味。

2. 选择性激光熔化技术

选择性激光熔化技术是在选择性激光烧结技术的基础上发展起来的，其基本原理与选择性激光烧结技术相似。首先由计算机三维建模软件建立模型，其次由切片软件调整参数并得出每一层的数据，最后由计算机控制激光束进行逐层扫描熔化，层层堆积成型。需要注意的是，选择性激光熔化工艺过程中为了防止金属在高温下与其他气体反应，需要在惰性气体下进行。与选择性激光烧结工艺不同的是，因为选择性激光熔化工艺中必须要求金属粉末完全熔化再冷却成型，所以需要高功率密度的激光器对粉末进行扫描。

选择性激光熔化技术的优势：加工过程中粉末完全熔化且不需要黏结材料，因此加工所形成零件的精度和力学性能都要比 SLS 成型的好；致密度高；激光束光斑直径细微，致密度接近 100%，几乎等于冶金；可以简单并且直接制造出复杂形状的金属件。其劣势：设备昂贵，操作复杂，需要专业人员来操作；后处理复杂，选择性激光熔化工艺需要添加支撑,并需要对成型件进行后处理来去掉支撑。

3. 电子束选区熔化技术

电子束选区熔化设备主要部件为电子枪、真空室。电子枪包括阳极、阴极、栅级、灯丝、偏转线圈和聚焦线圈。真空室包括铺粉器、活塞和储粉箱等。工作原理是电子枪最上面的灯丝(一般为钨丝)在高温条件下其表面产生大量的热电子,并通过阴极进行发射,栅级顶端开有小孔,通过与阴极的相对位置可以控制电子束的通过量,在阳极的加速作用下获得很高的动能,可加速到光速的三分之一至一半。在聚焦线圈的作用下对电子束进行聚焦,随即进入偏转线圈,在偏转线圈的作用下可以对电子束进行偏转,在计算机的控制下对粉末进行选择性扫描。粉末放置在储粉箱内,工作时通过铺粉器在粉床上均匀地铺上一层粉末,利用低能量、低扫描速度的电子束对粉床进行预热,使得温度在金属粉末熔点温度以下,随即采用更高的能量和扫描速度对粉末进行熔化,在电子束与金属粉末撞击时,其动能转化为热能,使金属粉末熔化。在完成一层的扫描之后,活塞下降一层,铺粉器重新铺粉,对新的粉末层进行预热和熔化,如此往复,直到金属零件完全成型。需要注意的是,电子束选区熔化过程需在真空条件下进行,零件制作完成后,需要将装置移入后处理设备中,通过吹压缩气体来去除周围粉末,得到最终的打印件,同时剩余的粉末可以重新进行利用[45]。

电子束选区熔化技术的特点和优势:电子束选区熔化技术在真空条件下的预热温度很高,可以熔解高熔点金属,减小了热应力集中,避免了成型件产生弯曲变形的现象;成型过程中可用未烧结的粉末作为支撑,制作完成后只需吹去粉末即可。其劣势:铺粉器铺在粉床上的粉末在电子束的作用下离开预先的铺设位置,原因是电子束使导电性差的粉末带上静电,静电的排斥力导致粉末产生溃散;金属未完全熔化而形成了一群彼此分开的金属球;设备需要在真空条件下完成,维护成本高,且电子束沉积过程中会产生伽马射线,可能会导致泄漏、污染环境等。

4. 直接金属激光烧结技术

直接金属激光烧结技术是选择性激光烧结技术的一个分支,于 20 世纪 90 年代开始出现。直接金属激光烧结技术直接采用金属粉末进行烧结,与选择性激光熔化技术的区别是,选择性激光熔化技术要求金属粉末完全熔化,而直接金属激光烧结技术只需要达到烧结就可以。

直接金属激光烧结技术的优势:可以直接对金属件进行烧结;可以使用多种材料,如不锈钢、钴基、镍基等;加工形成的工件组织致密,结合强度高。其劣势:金属未完全熔化而形成了一群彼此分开的金属球;容易烧结变形,致密度不高。

除了上述技术外,还有原子扩散 3D 打印技术(原子扩散增材制造(atomic diffusion additive manufacturing,ADAM)技术)、纳米颗粒喷射(nanoparticle jetting,NPJ)技术和大面积光刻(direct area manufacturing,DiAM)技术等新型工艺方法在研究和发展。这些技术各有特点,适用于不同的应用场景和材料类型。总之,大型航天金属件的 3D 打印技术涵盖了从传统到先进的多种技术,每种技术都有其独特的优势和适用范围。随着技术的不断进步和创新，未来有望开发出更多高效、经济且环保的 3D 打印解决方案。

2.4.3 3D 打印技术的应用

3D 打印技术快速发展，已成为提高航天器设计制造能力的一项关键技术，在航空航天领域的应用范围不断扩展。国内外企业和研究机构利用 3D 打印技术不仅打印出了飞机、导弹、卫星的零部件，还打印出了发动机、无人机整机，在成本、周期、质量等方面取得了显著效益，充分显示了 3D 打印技术在该领域的应用前景。

欧洲航天局(ESA)和瑞士 SWISSto12 公司联合开发出专门为未来空间卫星设计的首个 3D 打印双反射面天线原型。通过采用 3D 打印技术，不仅显著增加天线的精度，还可降低成本，缩短交付时间，增加射频设计的灵活性，最重要的是减轻部件质量。

美国航空喷气发动机洛克达因公司完成首批"猎户座"载人飞船 12 个喷管扩张段的 3D 打印任务，使为期 3 周的制造时间比传统制造工艺技术缩短了约 40%。法国泰雷兹·阿莱尼亚航天公司将欧洲最大的 3D 打印零件(遥测和指挥天线支撑结构，尺寸约为 45cm × 40cm × 21cm)用于 Koreasat-5A 和 Koreasat-7 远程通信卫星，通过 3D 打印技术实现了质量减轻 22%，成本节约 30%，生产周期缩短 1~2 个月。

俄罗斯托木斯克理工大学设计并制造的首枚外壳由 3D 打印机打印的 CubeSat 纳米卫星 Tomsk-TPU-120 于 2016 年 3 月底搭载进步 MS-02 太空货运飞船被送往国际空间站。美国轨道 ATK 公司在 NASA 兰利研究中心成功试验 3D 打印高发动机燃烧室，试验结果表明这些 3D 打印零件具有足够的鲁棒性，能够满足任务需求。

2.4.4 3D 打印技术在大型航天金属件制造中的优势和挑战

与传统的减材制造等方式相比，3D 打印技术不仅可降低生产成本，还可以实现复杂形状的制造，它是生产加工观念的革命性转变，强有力地推动航空航天领域的发展。

3D 打印技术在大型航天金属件制造中的优势如下：

(1) 设计自由度高，3D 打印技术允许设计师创造出传统制造方法难以实现的复杂结构，这对于航天领域中对零件性能要求极高的应用场景尤为重要；

(2) 生产周期短，与传统制造方法相比，3D 打印可以显著缩短生产周期，减少材料浪费，从而降低生产成本，这对于需要快速迭代设计的航天项目来说是一个巨大的优势；

(3) 轻量化，通过优化零件结构，3D 打印技术可以帮助航天器实现更轻的质量，这对于提高航天器的性能和效率至关重要；

(4) 可被定制，3D 打印技术能够根据具体的设计需求生产出完全定制化的零件，这为满足航天器特殊功能需求提供了可能。

虽然 3D 打印技术具备快捷、方便、低成本等显著优势，但仍面临着许多挑战，如材料的限制、质量控制和知识产权等问题。为此，可采取引入更高精度的 3D 打印技术和更优质的打印材料，进一步提高打印零件的质量和性能；也可以利用人工智能技术对 3D 打印过程进行优化，帮助控制更多的变量，提高打印质量和一致性；同时建立严格的质量控制流程并进行充分的测试验证，可以确保 3D 打印出的零件满足航天领域的高标准要求。

2.5　大型空间结构智能在轨装配技术

20 世纪 60 年代，NASA 就已经开始考虑这样一种空间结构——它本身的体积(直径大于 15m)比运载工具所能提供的可用装载体积更大。早期的研究有大型空间反射镜和大型通信卫星，以及现在许多科学研究计划，如空间科学计划、地球科学计划和人类宇宙探索计划都要求大型的空间结构[46]。一些具有潜在应用价值的空间任务，如陆地行星成像系统、大孔径红外空间望远镜、空间太阳能电站平台等，则需要直径大于 10m 的望远镜、千米级尺寸的太阳电池阵平台等。这些大型空间结构的特点是体积巨大，现有的运载工具都无法满足其装载体积要求，这样就排除了从地球上以独立单元发射的可能，只能在太空中构建。从 20 世纪 70 年代起，国际上许多科研机构就开始研究在轨装配技术。本节首先介绍在轨装配技术的基本概念和构建方法，其次介绍在轨装配的关键技术，最后总结大型空间结构智能在轨装配技术的特有优势并针对在轨装配技术存在的问题提出相应的解决方法。

2.5.1　在轨装配技术的基本概念

空间在轨装配技术是指在空间借助于宇航员或空间机器人将不同部件组装起来构建成复杂空间结构的在轨装配技术。按照装配过程中所处的地位不同，可将空间在轨装配主体分为装配体和装配对象两个部分[47]，如图 2-9 所示。

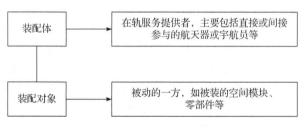

图 2-9　空间在轨装配主体

按照装配过程是否有宇航员参与，空间在轨装配技术又可分为借助于装配辅助的宇航员手动装配和具有高度自主的空间机器人装配。

在轨装配的主要任务是在空间对航天设施进行连接、构建和组装，为完成相关重要航天任务搭建基础平台。在轨装配技术，作为空间在轨服务的功能衔接技术，有着重要的经济和科技意义。空间在轨装配技术，是保证航天器稳定、高效、高质运行的重要技术，它不但有着重要的技术意义，还有更加直观的经济意义。随着科学技术的发展，航天器上的某些零部件和仪器必定会落后于当前"地面"上的科技，这时再次发射势必造成经济的损失与资源的浪费，此时在轨装配的重要经济意义便凸显出来。同时，新提出的航天科研或者航天制造任务也不必另行发射航天器，只需在轨组装新模块从而升级航天器的在轨服务能力，这在一定范围内完全可以解决新的在轨服务科研要求。

2.5.2　在轨装配技术的构建方法

对于大型空间结构的在轨装配,通过对已有项目的归纳可以得出三类构建方法:可展开结构构建、太空成型结构构建和可直立结构构建[48]。三类构建方法各有优缺点,其主要区别在于发射火箭的外包络体积、可靠性、经济性和装配完整结构的功能效果。

1. 可展开结构构建

可展开结构构建是将在地面上装配好的可展开部件运载到轨道上后自动在轨展开,如直线型可展开支撑桁杆、天线杆、铰链面板、天线网表面、简单的膨胀形体、大型平面桁架和大型多环孔径反射镜等均属于此类型。

其优点是可运载比运载工具更大的部件;可以根据运载工具载荷舱的尺寸和体积来设计可展开结构的载荷、存储质量。其缺点是风险大,面临可展开的部件在轨没有完全展开的风险;可展开结构构建通常在运载包装上效率较低。

2. 太空成型结构构建

太空成型结构构建是指飞行器的主要结构部件由未加工的材料(主要是指液态材料)在具有成型和连接托盘的构建设备上加工(凝结)而成。这种装配是一种自动过程,它将未加工的材料成型为桁架部件。这些部件成型之后,被装配进更大的在建结构中。

其优点是未加工的材料具有很高的运载包装密度。其缺点是制作难度高;在轨成型期间的热量梯度变化不可控,特别是在低地球轨道上杆可能会弯曲,而不是直线形。

3. 可直立结构构建

可直立结构构建是指在轨道上将直立部件依次装配起来形成可直立的结构,部件在地面上包装起来放入运载工具的载荷舱。一旦发射至轨道,就从运载工具的载荷舱中取出这些部件,将其连接在一起形成空间飞行器结构。这些部件可以通过宇航员舱外活动、遥控或自主机器人及宇航员与机器人协同来装配。

其优点是具有紧凑的包装能力,小单元独立发射能力;多功能性,系统升级性强、可维护和修理性强;结构相对简单且结构效率高,结构复杂度不随尺寸增大而增加;具有构建超大型结构(>100m)的能力。其缺点是宇航员或机器人装配操作具有一定风险。

NASA 大型空间结构计划(20 世纪 70 年代～80 年代)先后调查论证了上述 3 种构建方法。其中,可直立结构构建方法具有结构简单、结构性能良好、包装效率高以及利用宇航员和机器人作为装配工具的内在机动性等优点,成为目前各在轨装配演示验证项目采用的主流方法。

2.5.3　在轨装配的关键技术

在轨装配要求高精度、高可靠性,装配方式要求具有自主性、智能性、安全性。在轨装配流程主要涉及方案设计和在轨操作,其中,方案设计需要模块化技术,而在轨操作需要机器人技术、机器视觉和自主定位技术。

1. 模块化技术

大型空间结构的模块化设计可以降低制造成本和发射成本，也可以降低在轨装配总体规划难度。利用拓扑优化技术进行结构设计，同时减少发射质量并加强结构强度。优化并尽量统一设计模块单元构型，使其方便装配，同时应当从方便机器人操作的角度对单元的抓持点、安装方式和安装接口等进行优化设计。合理的装配序列对提高装配效率、降低装配成本有重要作用，应当充分利用优化技术，既考虑结构本身安装顺序的合理性，又考虑安装机器人的能耗，对大型桁架中模块和零部件的安装给出最优的装配序列。

2. 机器人技术

机器人技术是实现在轨服务的关键技术，其自主化、智能化直接影响在轨装配的成功率。因此，为完成复杂的装配任务，装配机器人需要进行精细且柔顺的操作，需要质量轻但工作范围大的机器人完成对大型空间结构的装配。由于空间状况比较复杂，不一定时刻有良好的视觉条件，因此需要机器人能够具备多样的测量和感知方式，在恶劣空间环境下进行精确的装配。机器人在执行安装任务时，提高机器人移动精度，以避免模块单元之间的碰撞从而导致装配任务失败。

3. 机器视觉和自主定位技术

在对接装配过程前，首先需要获得装配舱段在世界坐标系中的位置和姿态信息，然后将舱段调整至指定位置，完成舱段间的对接工作。高精度的对接装配依赖于准确的位置和姿态信息。利用视觉手段对目标进行识别和测量是获得准确位置和姿态信息的常用手段。使用单目相机、双目相机或者多目相机对目标物体进行实时的图像采集，对采集的图像进行处理，通过检测算法得到待检测的目标点。基于相机的成像模型计算出目标点在世界坐标系下的坐标。根据坐标建立舱段坐标系，解算出舱段在世界坐标系下的位置和姿态信息。机器视觉测量系统能达到较高的精度要求，并且成本一般较低，常用于空间测量任务[49]。

自主定位技术是指机器人能够根据预设的目标位置，自行调整其姿态和位置，以完成装配任务。这通常依赖于机器视觉系统提供的信息，以及基于这些信息的路径规划算法。例如，一种无标定视觉伺服对准方法能够在没有复杂"手眼"关系标定的情况下，通过深度估计器在线估计目标特征的深度值，并实时控制机器人关节运动，完成对准跟踪[50]。

2.5.4　大型空间结构智能在轨装配技术的优势和挑战

大型空间结构智能在轨装配技术的优势主要体现在能够提高空间任务的效率和可靠性，同时降低发射成本和提升组装精度。

大型空间结构智能在轨装配技术的优势主要体现在以下几个方面。

(1) 提高建造效率和可靠性：航天任务需求的增加，如发射应急卫星和商业通信卫星等，对大型飞行器的快速组装和发射能力提出了更高要求[51]。智能在轨装配技术能够提升大型飞行器的组装效率和可靠性，满足快速响应的需求。

(2) 突破运载工具尺寸和推力限制：传统的展开式结构会增加机构的复杂度并降低系统的可靠性，同时需要更大推力和尺寸的运载火箭[52]。智能在轨装配技术通过机器人或航天员在太空中直接组装的方式,可以突破这些限制,构建更大尺寸的空间结构。

(3) 降低建造成本:模块化可重构航天器、大尺寸天线和光学载荷等在轨组装技术已得到广泛研究,其重点在于提高组装效率和降低组装成本。智能在轨装配技术通过优化装配流程和提高装配精度,有助于进一步降低成本。

(4) 支持多样化和灵活的空间结构设计:智能在轨装配技术支持无展开桁架的模块化组装方案,使得拼接模块种类少,易于工程实践。这种灵活性和支持多样化的设计能力,为实现复杂和创新的空间结构设计提供了可能。

虽然在轨装配具有许多优势,但目前这种技术仍面临许多挑战。例如,低轨操作时频繁进出阴影导致的温度交变;远程操作受时间延迟的影响,尤其是对于深空任务(如在月球和火星上的任务);机器人系统必须具有高的可靠性,以及良好的人机交互能力。为了解决这些挑战,研究者提出了多种解决方案。例如,通过采用先进的机器人技术和优化装配策略来提高装配精度和效率。利用地面模拟装配技术进行预测试验,以验证装配方案的可行性和可靠性。此外,开发新型的对接接口和自适应锁紧技术,以提高装配过程的稳定性和安全性。还有研究者提出,在轨增材制造技术作为补充手段,可以在太空中直接制造或修复大型空间结构,进一步降低发射成本并提高组装灵活性。

习　　题

2.1　试简述航天器的设计过程以及各阶段航天器总体设计的主要工作内容。

2.2　试简述现代智能优化算法包含哪些具体方法,并给出算法的基本运行流程。

2.3　常用的复杂工程系统质量评价方法有哪些? 分别有哪些特点?

2.4　试简述 MBD 技术的概念和典型 MBD 数据结构的基本组成。

2.5　试简述卫星数字化协同设计的实现流程。

2.6　试简述数字孪生技术的概念和将其用于航天器设计制造中的优势。

2.7　常用的 3D 打印技术有哪些? 它们分别有什么优缺点?

2.8　试简述在轨装配的构建方法与关键技术,并总结各类方法的优劣势。

参 考 文 献

[1] 谷良贤, 龚春林. 航天飞行器设计[M]. 西安: 西北工业大学出版社, 2016.

[2] 吴春梅. 现代智能优化算法的研究综述[J]. 科技信息, 2012(8): 31-33.

[3] 孙晨辉. 基于改进模拟退火算法的云任务调度策略研究[D]. 南京: 南京邮电大学, 2022.

[4] 黄志辉. 人工神经网络优化算法研究[D]. 长沙: 中南大学, 2009.

[5] 杨林峰. 基于蚁群优化算法的 SDN 负载均衡研究[D]. 哈尔滨: 哈尔滨工程大学, 2019.

[6] 吴虎发. 蚁群优化算法在求解最短路径问题中的研究与应用[D]. 合肥: 安徽大学, 2012.

[7] 何嘉威. 粒子群优化算法改进及其在智能电网经济优化调度应用[D]. 南京: 南京邮电大学, 2022.

[8] 陈长春. 基于云模型的小卫星总体优化设计[D]. 哈尔滨: 哈尔滨工业大学, 2012.

[9] 徐福祥. 卫星工程概论[M]. 北京: 中国宇航出版社, 2003.

[10] 滕弘飞, 张宝, 刘峻, 等. 航天器布局方案设计[J]. 大连理工大学学报, 2003(1): 86-92.

[11] TAURA T, NAGASAKA I. Adaptive-growth-type 3D representation for configuration design[J]. Artificial Intelligence for

Engineering Design Analysis & Manufacturing, 1999, 13(3): 171-184.

[12] SUN Z, TENG H. Optimal layout design of a satellite module[J]. Engineering Optimization, 2003, 35(5): 513-529.

[13] 钱志勤, 滕弘飞, 孙治国. 人机交互的遗传算法及其在约束布局优化中的应用[J]. 计算机学报, 2001(5): 553-559.

[14] 郭丞. 卫星通信系统轨道类型研究[J]. 中国高新技术企业, 2015(18): 10-11.

[15] 陈锋, 邓武东, 成飞. 基于粒子群算法的通信卫星星座设计[J]. 制导与引信, 2016, 37(1): 40-43.

[16] 井文博, 高永明, 吴止锾, 等. 面向观测任务的小卫星轨道仿真优化设计[J]. 计算机仿真, 2015, 32(2): 43-47.

[17] ZHANG S L. Satellite orbit design and analysis based on STK[J]. Journal of Physics: Conference Series, 2022, 2228(1): 012037.

[18] CHENG Y H, JIANG B, SUN J, et al. Low-thrust orbit transfer by combining genetic algorithm with refined Q-law method[J]. Transactions of Nanjing University of Aeronautics and Astronautics, 2010, 27(4): 313-320.

[19] GARG H. A hybrid GSA-GA algorithm for constrained optimization problems[J]. Information Science, 2019, 478: 499-523.

[20] GARG H. A hybrid PSO-GA algorithm for constrained optimization problems[J]. Applied Mathematics and Computation, 2016, 274: 292-305.

[21] 王磊. 卫星总体设计方案的人机结合的 AHP-FCE 评价方法[D]. 大连: 大连理工大学, 2004.

[22] 隋秀蔚. 卫星天线双轴驱动机构设计质量评价方法的研究[D]. 哈尔滨: 哈尔滨工业大学, 2011.

[23] 王希季, 李大耀. 卫星设计学[M]. 上海: 上海科学技术出版社, 1997.

[24] 王力, 刘家琦. 梯形模糊 AHP 及其在卫星方案优选中的应用[J]. 哈尔滨工业大学学报, 2002(3): 315-319.

[25] 王书河, 何麟书, 任艳荣, 等. 一种快速的飞行器布局方案优选方法[J]. 宇航学报, 2001, 22(4): 76-80.

[26] 何德华, 肖鹏飞, 蔡亚宁. MBD 技术在航天器研制中的应用探讨[J]. 航天器工程, 2015, 24(1): 126-132.

[27] 何雨烛. MBD 技术在协同设计制造中的运用[J]. 科技创新与应用, 2016(25): 142.

[28] 邓云飞, 顾春辉, 徐喆, 等. 新型航天器基于模型定义(MBD)方法研究与应用[J]. 航天工业管理, 2022(8): 39-41.

[29] 刘江, 刘庆加, 辛强, 等. 基于 MBD 的小卫星数字化应用[J]. 航空制造技术, 2015(21): 68-72.

[30] 姚骏, 袁金如, 杨金军, 等. MBD 在卫星数字化协同研制中的技术研究与应用[J]. 模具技术, 2023(4): 28-37.

[31] 王建军, 向永清, 何正文. 基于数字孪生的航天器系统工程模型与实现[J]. 计算机集成制造系统, 2019, 25(6): 1348-1360.

[32] KRAFT E M. The US Air Force digital thread/digital twin-life cycle integration and use of computational and experimental knowledge[C]. 54th Aerospace Sciences Meeting Reston: AIAA, San Diego, USA, 2016: 1-22.

[33] 张在房, 周亮. 基于数字孪生的火箭框环拉弯回弹预测[J]. 航空制造技术, 2022, 65(19): 66-73.

[34] 戴璐, 邵一夫, 郭宇元, 等. 基于数字孪生的卫星装备智能设计系统[J]. 兵工学报, 2022, 43(S2): 139-145.

[35] 张柏楠, 戚发轫, 邢涛, 等. 基于模型的载人航天器研制方法研究与实践[J]. 航空学报, 2020, 41(7): 78-86.

[36] 孙侠生, 肖迎春. 飞机结构健康监测技术的机遇与挑战[J]. 航空学报, 2014, 35(12): 3199-3212.

[37] 孔祥芬, 蔡峻青, 张利寒. 大数据在航空系统的研究现状与发展趋势[J]. 航空学报, 2018, 39(12): 8-23.

[38] 刘潇翔, 汤亮, 曾海波, 等. 航天控制系统基于数字孪生的智慧设计仿真[J]. 系统仿真学报, 2019, 31(3): 377-384.

[39] 朱锡川, 陈宁, 杨光伟, 等. 航天工业中铝合金焊接工艺的研究[J]. 科技与创新, 2018(11): 72-73.

[40] HENRY H, BO G. Special section guest editorial: 3-D printing and manufacturing[J]. Optical Engineering, 2018, 57(4): 041401.1-041401.2.

[41] 陈尤旭, 王德山, 张伟, 等. 面向软体机器人的3D打印硅胶软材料实验研究[J]. 中国机械工程, 2020, 31(5): 603-609, 629.

[42] 周贺, 李淳, 毕轩, 等. 航天制造中的3D打印技术综述[J]. 南方农机, 2023, 54(5): 151-153.

[43] 张赛博, 赵俊淞, 李小海, 等. 金属3D打印技术的应用与发展前景[J]. 装备制造技术, 2022(11): 207-210.

[44] 李晶, 闾峰, 王锦, 等. 航天领域3D打印材料及工艺技术研究现状[J]. 粉末冶金工业, 2024, 34(2): 116-126.

[45] 郭超, 张平平, 林峰. 电子束选区熔化增材制造技术研究进展[J]. 工业技术创新, 2017, 4(4): 6-14.

[46] 郭继峰, 王平, 崔乃刚. 大型空间结构在轨装配技术的发展[J]. 导弹与航天运载技术, 2006(3): 28-35.

[47] 芦瑶. 空间在轨装配技术发展历程研究[D]. 哈尔滨: 哈尔滨工业大学, 2011.

[48] 王明, 罗建军, 袁建平, 等. 空间在轨装配技术综述[J]. 航空学报, 2021, 42(1): 47-61.

[49] 李洋. 基于机器视觉的大尺寸舱段位姿辨识方法研究[D]. 廊坊: 北华航天工业学院, 2022.

[50] 贾庆轩, 段嘉琪, 陈钢. 机器人在轨装配无标定视觉伺服对准方法[J]. 航空学报, 2021, 42(6): 628-637.

[51] 赵欢, 葛东升, 罗来臻, 等. 大型构件自动化柔性对接装配技术综述[J]. 机械工程学报, 2023, 59(14): 277-297.

[52] 刘洁, 时云, 崔宇涛, 等. 空间在轨增材制造技术的研究进展与展望[J]. 中国空间科学技术, 2022, 42(6): 23-34.

第 3 章

智能技术在航天器感知中的应用

3.1　弹载目标智能探测识别定位技术

3.1.1　弹载目标智能探测识别定位技术的原理和应用

传统弹载目标探测识别技术是利用装载于导弹上的导引头探测目标辐射或反射的能量(如无线电波、红外线、激光、可见光等)引导导弹飞行的方式[1]。无论采用何种介质进行导引，自动导引系统的共同特点是对目标进行探测和形成指令的装置都位于导弹上，从而绝大多数导弹可以实现发射后不管，而且探测和导引精度不会随着射程的增加而降低，是目前制导精度最高的方式。

1. 光电探测技术

光电探测是一种利用光电效应来探测物体的技术。它基于光电效应的基本原理，通过光电传感器将光信号转换为电信号，实现对物体的探测和测量。光电探测主要通过可见光和红外波段成像设备进行侦察，用于辅助雷达探测，以及目标的进一步识别，其作用距离可超过 2km。随着人工智能的广泛应用，光电探测技术在智能目标识别方面的应用主要体现在成像校正、盲元补偿、多传感器信息融合等方面[2-4]。

1) 成像校正

红外焦平面阵列探测器具有灵敏度高、帧率高、结构简单等优点，已经成为当前红外成像系统中使用的主流器件。该器件被广泛用于医疗成像、工业检测、消防监控、自动驾驶等多种应用场景，发挥着不可替代的作用。然而基于红外焦平面阵列探测器的红外成像系统仍面临非均匀性噪声问题，其主要原因在于各像元自身的响应不均匀性和信号读出电路与放大器增益的非一致性。目前的制造工艺水平短时间内无法从硬件层面上完全克服非均匀性噪声，因此在工程应用中，为了提升红外成像系统图像质量，必须进行非均匀性校正。一般基于黑体图像使用非均匀性(U)和基于场景图像使用图像粗糙度(ρ)来评价非均匀性校正方法的校正能力。

(1) 非均匀性。

根据中华人民共和国国家标准 GB/T 17444-2013《红外焦平面阵列参数测试方法》，红外成像系统的非均匀性为各个探测器输出响应的均方差在所有单元输出响应均值中所

占的比例，其定义为

$$U = \frac{1}{\overline{Y}_k} \sqrt{\frac{1}{m \times n - (d+h)} \sum_{i=1}^{M} \sum_{j=1}^{N} \left[\overline{Y}_k - Y_k(i,j) \right]^2} \tag{3-1}$$

式中，m 为图像的行数；n 为图像的列数；$\overline{Y}_k$ 为第 k 帧系统输出图像的灰度均值；d 为死像元数量；h 为过热像元的数量；$Y_k(i,j)$ 为图像中第 i 行 j 列像素的灰度值。

(2) 图像粗糙度。

图像粗糙度 ρ 反映图像的平滑程度，用来衡量图像的像素灰度波动。使用图像粗糙度对场景图像进行评价时，需要同时计算原始图像和校正后图像的粗糙度值，然后比较校正前后的相对粗糙度来评价校正方法的优劣。图像粗糙度可定义为

$$\rho(Y_k) = \frac{\|d_1 \otimes Y_k\|_1 + \|d_2 \otimes Y_k\|_1}{\|Y_k\|_1} \tag{3-2}$$

式中，$\|\cdot\|_1$ 代表一阶范数算子；d_1 和 d_2 分别代表水平和竖直方向的差分算子。从图像平滑角度来衡量图像的像素灰度波动，其 ρ 值越小，代表非均匀性校正效果越好。因为使用图像粗糙度对图像优劣进行评价时，没有考虑图像本身的细节与边缘信息，所以对不同景物计算出的图像粗糙度是不同的，细节和边缘信息比较多的图像粗糙度会比较大，反之，当经过非均匀性校正后导致图像细节信息丢失，其图像粗糙度会比较小。因此，当使用图像粗糙度作为对红外图像进行非均匀性校正的评价指标时，要同时考虑图像的可视质量，即主观视觉效果。

人工智能技术在非均匀性校正中的一个应用就是神经网络非均匀性校正法，该方法由 Scribner 等提出，其非均匀性校正层是由经典两点法校正实现的。如图 3-1 所示，为神经网络非均匀性校正法结构图。

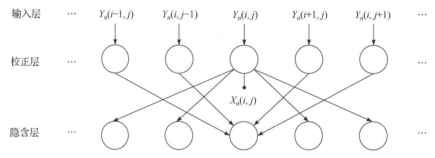

图 3-1 神经网络非均匀性校正法结构图

神经网络非均匀性校正法结构分为 3 层：输入层、校正层和隐含层。假设红外探测器每个像元的响应为线性模型，那么探测器的输出响应可以表示为

$$Y_n(i,j) = g_n(i,j) \cdot X_n(i,j) + O_n(i,j) \tag{3-3}$$

式中，$Y_n(i,j)$ 表示探测器在第 n 帧时第 i 行 j 列的输出响应；$X_n(i,j)$ 表示探测器在第 n 帧时第 i 行 j 列的真实红外入射强度；$g_n(i,j)$ 和 $O_n(i,j)$ 分别表示增益因子和偏置因子。神经网络的校正层利用式(3-3)对输入层做校正，然后根据校正层的输出和隐含层的输入对

增益因子和偏置因子进行校正。该方法不需要黑体辐射源进行繁琐的定标工作，可以在短时间更新校正需要的增益和偏置参数，具有很强的适用性。但该方法原理复杂，计算量大，对系统硬件要求高，难以进行实时处理。

2) 盲元补偿

盲元即失效像元，包括：过热像元和死像元。过热像元定义为像元响应率大于 10 倍平均响应率的像元；死像元定义为像元响应率小于 0.1 倍平均响应率的像元。正是因为这些盲元的存在，在使用红外焦平面阵列成像时，图像上会出现由过热像元导致的固定的白点和由死像元导致的黑点，这些固定的白点和黑点显然会严重影响图像的视觉效果。因此在使用红外焦平面阵列成像时，必须进行盲元补偿。

红外盲元补偿算法主要分为两部分：盲元检测和盲元补偿。盲元检测的目标是确定探测器阵列中所有盲元位置，给出其具体坐标，尽量避免漏检和过检。盲元补偿则是通过相邻像素的时空相关性，利用盲元邻近区域内的有效像元值或相邻帧间像素值对其进行有效补偿替换。红外盲元检测算法可分为定标法和场景法。定标法是通过黑体获得单帧或序列的均匀辐射图像，在此基础上根据盲元像素和正常像素不同响应特性上的区别来判定盲元，这种盲元检测算法仅适用于检测固定盲元。基于场景的盲元检测算法是通过相机实时拍摄的场景进行参数的更新，即在系统正常运行的过程中，利用所收集的图像而非设置参考源实时地进行参数的更新，具有较强的适应性，能对成像过程中出现的随机盲元进行检测，是如今常用的检测方法。

人工智能技术在盲元补偿领域的一个应用是将深度学习引入红外盲元补偿算法领域，从而构建基于生成对抗网络(GAN)的红外盲元补偿算法。该算法通过构建的 GAN 模型生成图像，从而实现对原始红外盲元图像的补偿，并且该模型通过学习表现出对大量盲元聚集而产生的盲元簇有很强的适应性。针对原始 GAN 模型结构和目标函数的改进提出的红外盲元补偿算法在保证补偿效果的同时增强了模型的训练稳定性。

3) 多传感器信息融合

多传感器信息融合是指将来自不同类型传感器的数据信息，通过各层次、各方面的数据处理流程，综合并统一评估这些数据，以准确而完整地评估检测环境。为了克服单一传感器信息的局限性和不足，多传感器信息融合利用计算机技术，采用合理有效的融合算法对多种传感器采集的数据进行数学分析，从而剔除冗余数据，获取更为有效的对象信息。相比于单传感器感知，多传感器信息融合具有以下优势：检测精度更高、感知维度更广；能在短时间内处理大量信息，适应多种应用环境；信息获取成本较低，且系统具有良好的容错性。

多传感器信息融合在结构上根据信息处理的抽象程度，主要分为三个层次：数据层融合、特征层融合和决策层融合。数据层融合也称为像素级融合，先将传感器的观测数据融合，然后从融合后的数据中提取特征向量，进行判断和识别。数据层融合不会出现数据丢失的问题，结果也是最准确的，但其计算量大，并且对系统通信带宽的要求很高。特征层融合属于中间层次，先从每种传感器提供的观测数据中提取具有代表性的特征，然后将这些特征融合成单一的特征向量，再运用模式识别的方法进行处理。这种方法的计算量和对通信带宽的要求相对较低，但由于部分数据的舍弃，准确性有所下降。决策层融合则是高层次的融合，由于对传感器的数据进行了浓缩，因此产生的结果相对最不准确，但其计算量和对通信带宽的要求最低。决策层融合的基本结构如图 3-2 所示。

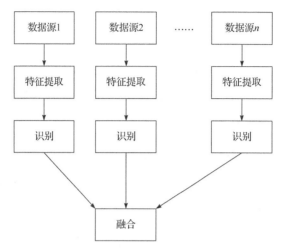

图 3-2　决策层融合的基本结构

神经网络根据当前系统所接收到的样本的相似性，确定分类标准。这种确定方法主要表现在网络权值分布上，同时可采用神经网络特定的学习算法来获取知识，得到不确定性推理机制。采用神经网络法的多传感器信息融合，分三个主要步骤：

(1) 根据智能系统要求和传感器信息融合的形式，选择其拓扑结构；

(2) 将各传感器的输入信息综合处理为总体输入函数，并将此函数映射为相关单元的映射函数，通过神经网络与环境的交互作用，将环境的统计规律反映到神经网络结构中；

(3) 对各传感器的输出信息进行学习、理解，确定网络权值的分配，进而对输入模式做出解释，将输入数据向量转换成高级逻辑概念。

2. 雷达探测技术

雷达探测技术是一种利用目标辐射或反射的无线电波进行导引的技术。传统的雷达系统的工作原理：雷达的发射机发射电磁波对目标照射，由接收机接收回波，通过信号处理设备使用相应的处理算法获得目标至雷达的径向距离、径向速度、方位角度、俯仰角度等信息[5]。智能化信息处理是智能雷达导引的重点研究方向[6-7]。

1) 微弱特征目标智能检测技术

在雷达导引头信息处理中，微弱特征目标智能检测技术有利于捕捉特征信息较弱的目标。目前，常用的方法包括长时间相参积累技术、检测前跟踪技术、基于贝叶斯估计的粒子滤波技术、基于智能学习的微弱信号检测技术等，它们作为智能检测技术，具有一定程度的自学习、自搜索能力，在微弱特征目标检测方面，具有很大的应用潜力。

(1) 基于贝叶斯估计的粒子滤波技术。粒子滤波技术首先基于系统状态向量的经验分布，在状态空间中生成一组称为粒子的随机样本集合。其次，根据最新的观测值不断调整这些粒子的权重信息，从而修正初始的经验分布。最后，通过目标状态密度的滤波结果进行目标存在性判定，进而估计并输出目标的信息。

(2) 基于智能学习的微弱信号检测技术。基于智能学习的微弱信号检测技术是改善微弱目标探测的重要途径。传统的相干和非相干信号检测算法容易受到噪声、杂波和干扰的影响。通过使用神经网络模型和目标鉴别模型，可以发现可能的目标区域，进一步提取对尺度、环境和状态不敏感的特征。利用回波信号的分析数据，构建基于特征和能量智能融合的目标检测算法，从而实现对微弱目标的检测功能。图 3-3 为智能多特征融合目标检测算法。

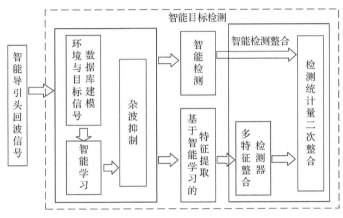

图 3-3　智能多特征融合目标检测算法

2) 智能抗干扰技术

建立时、频、空和极化等多维信息融合技术与多波形组合频率捷变技术是抗干扰的重要方法之一。基于随机有限集的智能抗干扰技术和基于环境感知与深度学习的智能抗干扰技术等具有一定自组织、自学习能力，能够更好地适应动态环境。

(1) 基于随机有限集的智能抗干扰技术。基于随机有限集的智能抗干扰技术将目标和干扰的联合状态作为系统状态矢量，采用状态相关杂波模型来描述系统的可测集。在贝叶斯框架下，该技术有效整合物理空间中的运动约束、行为差异性和干扰角度量测分布等先验知识，从而实现系统贝叶斯后验概率的高效传递。在此基础上，通过系统贝叶斯后验概率完成对目标和干扰的最优状态估计和干扰类型辨识。

(2) 基于环境感知与深度学习的智能抗干扰技术。基于环境感知与深度学习的智能抗干扰技术赋予雷达导引头实时环境感知能力和智能学习能力。通过对周围干扰等环境的实时感知和学习，实现对多维目标和干扰特征的全面描述，同时基于深度学习或强化学习获取最优的匹配策略。

智能抗干扰系统涉及发射系统、接收系统和目标跟踪系统等环节，具有闭环在线深度学习、在线自适应和在线智能决策等动态能力。智能学习通过多层神经网络等模型，对雷达导引头获取的杂波、干扰和目标特征进行判断评估，进而自适应地调整雷达导引头的工作模式、工作参数、工作波形和信号处理算法等，以获得最优解。图 3-4 为基于环境感知与深度学习的智能抗干扰技术构成。

3) 智能杂波抑制技术

基于杂波环境感知的智能杂波抑制技术是建立在智能学习图像降噪思想上，综合考

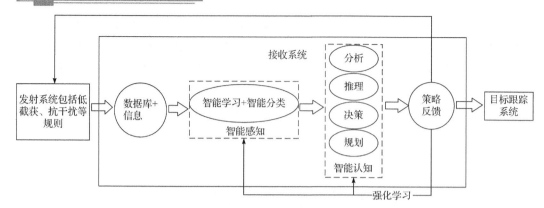

图 3-4 基于环境感知与深度学习的智能抗干扰技术构成

虑杂波特征,利用采集的杂波和目标回波数据,通过卷积神经网络、分层神经网络等智能学习算法,实现对杂波和目标特征的智能学习,从而确定杂波类型和特征,形成杂波先验信息,通过在线实时杂波特征提取和模式识别,自适应完成智能杂波抑制,实现目标回波和杂波的可靠鉴别,从而提高智能导引头在杂波背景下的检测性能。图 3-5 为基于杂波环境感知的智能杂波抑制技术构成。

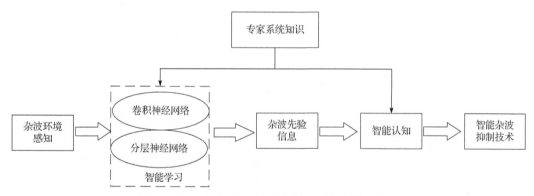

图 3-5 基于杂波环境感知的智能杂波抑制技术构成

3. 激光探测技术

激光具有亮度高、方向性好等特点。激光引信采用有源式主动探测系统,其发射脉冲激光光束实现目标近程探测,通过对脉冲激光回波信号实时处理,解算目标位置,适时起爆战斗部。此外,激光引信具有启动角精度高、作用距离散布小、抗干扰性能强等优点,能够实现对目标距离和方位信息的精确探测[8]。

激光探测通过激光束对目标进行照射,目标的反射回波经光电成像探测器接收,通过信号处理获取目标的反射强度信息、目标至探测器的距离信息和速度信息。激光探测具有以下显著特点[9]:

(1) 抗电磁干扰能力强,且对地物和背景具有极强的抑制能力,不像红外成像和可见光成像那样易受环境温度和阳光变化的影响;

(2) 抗隐身能力强,能穿透一定的遮蔽物、伪装物体和掩体,并可对散射截面很小的

目标,尤其是红外隐身目标进行有效探测;

(3) 距离、角度和速度分辨率高,能同时获得目标的多种图像(如距离图像、强度图像、距离-角度图像),图像信息量丰富,自动目标识别算法大为简化,目标区分能力突出,易于判别目标类型,特别是目标的易损部位。

下面给出激光探测技术在对目标位置和速度确定过程中的简单原理[9]。

1) 位置确定

对于空间目标,如果知道其相对于地面固定点的距离和相对角度,则该空间目标的相对位置即可唯一确定。通过测量激光从发射到返回经过的飞行时间便可以计算出探测器到目标的直线距离 L:

$$L = \frac{ct}{2} \tag{3-4}$$

式中,c 为光速;t 为激光脉冲飞行时间。由于光速在大气层内的速度与真空中有一定差别,以及大气湍流和波动的影响,因此光速在测量范围内并不是常数。测距精度为

$$\Delta L = \frac{1}{2}\left(c\Delta t + t\Delta c\right) \tag{3-5}$$

从式(3-5)可以看出,测距精度取决于激光脉冲飞行时间 t 的测量精度 Δt 与光速在大气层内外的速度差 Δc。此外,通过探测设备上的轴角编码器可以准确测量出空间目标相对于探测设备的相对角度,有了这两个数据便可以通过相应的坐标变换得到空间目标的相对位置。

2) 速度确定

最简单的激光测速方法是对运动目标进行连续测距,由距离随时间的变化率计算出目标的速度。这种方法虽然简单,但测量精度不高,而且必须对目标进行连续测量。通过探测激光回波经目标调制后产生的多普勒频移,不仅具有很高的测量精度,而且通过单次测量便可以得到目标的径向速度。激光束作用于目标产生的多普勒频移量 f_d 为

$$f_d = \frac{2\upsilon_r}{\lambda} \tag{3-6}$$

式中,λ 为激光波长;υ_r 为目标在径向 r 的速度。由式(3-6)可知,由于多普勒频移 f_d 与激光波长 λ 成反比,激光产生的多普勒频移量比微波雷达大许多倍,因此激光雷达对运动目标速度测量精度要比微波雷达高得多。在有了空间目标的位置和相对速度情况下,通过一定时间观测的积累,可以得到空间目标的运动矢量及其矢量速度,这样就可以依据得到的参数确定空间目标的飞行轨道。

3.1.2 弹载目标智能探测识别定位技术的优势和挑战

弹载目标智能探测识别定位技术主要结合了先进的传感器技术、计算机视觉和人工智能算法,为导弹武器系统赋予了更强的适应性和精度,在现代精确制导武器系统中发挥着关键作用。其优势如下:

1) 智能化与自主性

通过利用先进的算法和传感器,导弹能够自主探测、识别和定位目标,减少了人为干预的需求,提高了其自主性和反应速度。

2) 精确打击能力

通过精确的目标识别和定位能力，导弹能够更准确地击中预定目标，减少了对非目标区域的误伤，提高了打击能力。

3) 适应性强

弹载目标智能探测识别定位技术通常具备较强的抗干扰能力，能够在复杂环境下有效工作。通过集成不同频段的传感器，能够在昼夜、各种天气条件下稳定工作，确保目标探测与识别不受环境限制。

与此同时，弹载目标智能探测识别定位技术也面临不少挑战，主要有以下几点：

1) 技术复杂度高

弹载目标智能探测识别定位技术涉及多个领域的专业知识，包括传感器技术、信号处理技术、人工智能算法等。

2) 数据的充分性和准确性难以保证

弹载目标智能探测识别定位系统需要处理大量的实时数据，包括图像、声音、雷达回波等。这要求系统具备强大的数据处理能力和高效的算法，以确保实时性和准确性。但在实际情况中，由于复杂多变的环境、不确定的目标特性等问题，精确制导系统在不完全信息条件下难以做出决策。自动目标识别系统将会遇到目标特征的不可重复性、复杂多变的杂波背景环境、低对比度、低分辨率、证据冲突、存在伪装、遮掩与干扰、欺骗和外界场景的多变等问题的困扰。

3) 弹载目标传感器小型化与弹载计算机的功耗限制

受限于弹载平台的空间和质量，实现高度集成的小型化智能探测设备是一项重大挑战。此外还需要在有限的能源供应下保持长期稳定地运行，弹载计算机的处理能力受到很大的限制。弹载自动目标识别系统的运行环境复杂且动态，具有高度的不可预测性，这与目前商用人工智能系统的应用场景有很大不同。

4)法律与道德问题

弹载目标智能探测识别定位技术可能导致误判,相关技术需要符合国际法和伦理规范。

3.2 火箭智能惯性导航技术

惯性导航技术出现于 20 世纪初期，最初人们只是用非磁性的方法敏感当地垂线和地球自转轴方向，用于指示粗略的姿态和方位信息。在 20 世纪 90 年代以后，惯性导航系统已实现了从平台式到捷联式的技术过渡，利用数字平台结构代替复杂的机械平台结构，可靠性和经济性都得到了提升。为进一步消除器件误差对导航精度的影响，台体翻滚结构被推广到捷联惯性导航系统中，通过在惯性测量单元(IMU)外附加旋转和控制机构，利用旋转来平均掉惯性元件的漂移对导航性能的影响，称为旋转调制技术，在高精度舰载导航应用和陆基车载导航应用中成为主流技术途径[10]。新一代低成本中等精度的惯性仪表，如挠性陀螺仪、激光陀螺仪、光纤陀螺仪、石英加速度计的研制成功，为捷联惯性导航系统的发展打下了良好的物质基础。

3.2.1　火箭智能惯性导航技术的原理

导航技术是利用敏感器件测量火箭运动参数，并用测量的信息表征导弹/火箭在某一时刻、某种坐标系的姿态、速度和位置等状态变量的过程。导航系统由测量、传递变换、计算等几个环节组成，并给出火箭的初始状态和运动过程参数[11-12]。陀螺仪测量的是载体相对于惯性空间的姿态变化或转动速率在载体坐标系下的投影，加速度计测量的是载体相对于惯性空间除引力之外的其他外力产生的加速度，即视加速度，又称比力。捷联惯性导航原理如图 3-6 所示[13-14]。

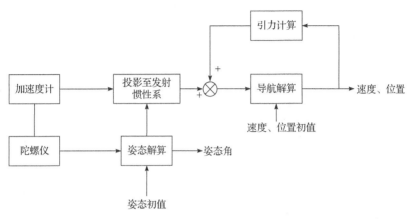

图 3-6　捷联惯性导航原理图

捷联惯性导航(简称惯导)系统工作流程如下。

步骤 1：用陀螺仪测量载体转动角速度，通过求解转动运动学方程计算载体相对于参考坐标系的姿态；

步骤 2：用加速度计测量比力信息，根据坐标转换矩阵将比力投影至发射惯性系；

步骤 3：根据载体当前时刻的状态信息，计算地球引力；

步骤 4：利用发射惯性系下的比力和引力等信息计算载体速度和位置。

导航系统用于确定载体在四维时空中的速度、姿态、位置等运动学参数，数学建模多采用矢量和矩阵作为描述工具，并通过建立不同的参考坐标系实现导航参数在不同参考基准下的转换处理。描述载体在三维空间复杂运动的主要参考坐标系包括地心惯性系 i、载体系 b、地心固连系 e、当地地理系 l 和导航参考系 n，见表 3-1[10]。

表 3-1　主要参考坐标系的定义

参考坐标系	原点	x 轴	y 轴	z 轴
载体系 b	载体质心	沿载体横轴向右	沿箭体纵轴向前	沿载体顶轴向上
地心固连系 e	地球中心	赤道面内指向 0° 经线	与 x 轴、z 轴右手正交	沿地球自转轴向上
地心惯性系 i	地球中心	惯性空间内指向春分点	与 x 轴、z 轴右手正交	惯性空间内沿地球自转轴向上
当地地理系 l	地球中心	水平面内指向正东	水平面内指向正北	垂直于水平面指向天
导航参考系 n	地球表面导航选取当地地理系 l 作为导航参考系，$n = l$			

惯性是三维宇宙空间中质量体的基本属性，孤立封闭系统中可以直接测量的运动参数只有载体相对惯性空间的旋转角速度 $\boldsymbol{\omega}_{ib}$ 和所承受的比力 $\boldsymbol{f}$ (非引力外力)。建立在惯性原理基础上的捷联惯导系统利用陀螺仪和加速度计分别对 $\boldsymbol{\omega}_{ib}$ 和 $\boldsymbol{f}$ 进行测量，在给定初始运动参数(姿态、速度、位置)和引力模型的基础上，通过数值积分方法实现运动体姿态、速度和位置的更新解算。在导航参考系 n 选取为当地地理系 l 的前提下，运动参数的时间微分模型可由速度、位置、姿态构成。

(1) 速度微分方程：

$$\dot{\boldsymbol{v}}^n = \boldsymbol{C}_b^n \boldsymbol{f}^b - \left(2\boldsymbol{\omega}_{ie}^n + \boldsymbol{\omega}_{en}^n\right) \times \boldsymbol{v}^n + \boldsymbol{g}^n \tag{3-7}$$

(2) 位置微分方程：

$$\dot{L} = \frac{v_{\mathrm{N}}}{R_{\mathrm{M}} + h}, \quad \dot{\lambda} = \frac{v_{\mathrm{E}}}{(R_{\mathrm{N}} + h)\cos L}, \quad \dot{h} = v_{\mathrm{U}} \tag{3-8}$$

(3) 姿态微分方程，由姿态矩阵表示为

$$\boldsymbol{C}_b^n(t) = \boldsymbol{C}_b^n(t)\left(\boldsymbol{\omega}_{ib}^b \times\right) - \left(\boldsymbol{\omega}_{in}^n \times\right)\boldsymbol{C}_b^n(t) = \boldsymbol{C}_b^n(t)\left(\boldsymbol{\omega}_{nb}^b \times\right) \tag{3-9}$$

或用姿态四元数表示为

$$\dot{\boldsymbol{q}}_b^n = \frac{1}{2}\left(\boldsymbol{q}_b^n \otimes \boldsymbol{\omega}_{ib}^b - \boldsymbol{\omega}_{in}^n \otimes \boldsymbol{q}_b^n\right) = \frac{1}{2}\boldsymbol{q}_b^n \otimes \boldsymbol{\omega}_{nb}^b \tag{3-10}$$

式中，$\boldsymbol{q}_b^n$、$\boldsymbol{v}^n$、L、λ 和 h 分别为载体的姿态四元数、速度、地理纬度、经度和高度；$\boldsymbol{C}_b^n$ 为姿态矩阵；R_{M} 和 R_{N} 分别为地球子午圈曲率半径和地球卯酉圈曲率半径；$\boldsymbol{\omega}_{ie}^n$、$\boldsymbol{\omega}_{en}^n$、$\boldsymbol{\omega}_{ib}^b$、$\boldsymbol{\omega}_{in}^n$ 为坐标之间的旋转角速度；v_{E}、v_{N}、v_{U} 为载体分别沿地理东向、北向、天向的速度。但在实际使用过程中，相关参数只能通过计算值和测量值代替，表示为式(3-11)：

$$\begin{cases} \dot{\boldsymbol{C}}_b^{n'} = \boldsymbol{C}_b^{n'}\left[\left(\tilde{\boldsymbol{\omega}}_{ib}^b - \boldsymbol{C}_{n'}^b \tilde{\boldsymbol{\omega}}_{ie}^n - \boldsymbol{C}_{n'}^b \tilde{\boldsymbol{\omega}}_{en}^n\right)\times\right] \\ \dot{\tilde{\boldsymbol{v}}}^n = \boldsymbol{C}_b^{n'} \tilde{\boldsymbol{f}}^b - \left(2\tilde{\boldsymbol{\omega}}_{ie}^n + \tilde{\boldsymbol{\omega}}_{en}^n\right)\times\tilde{\boldsymbol{v}}^n + \tilde{\boldsymbol{g}}^n \\ \dot{\tilde{L}} = \frac{\tilde{v}_{\mathrm{N}}}{\tilde{R}_{\mathrm{M}} + \tilde{h}}, \quad \dot{\tilde{\lambda}} = \frac{\tilde{v}_{\mathrm{E}}}{(\tilde{R}_{\mathrm{N}} + \tilde{h})\cos\tilde{L}}, \quad \dot{\tilde{h}} = \tilde{v}_{\mathrm{U}} \end{cases} \tag{3-11}$$

式中，$\boldsymbol{C}_b^{n'}$、$\tilde{\boldsymbol{v}}^n$、$\tilde{L}$、$\tilde{\lambda}$、$\tilde{h}$ 为计算参数；$\tilde{\boldsymbol{\omega}}_{ie}^n$、$\tilde{\boldsymbol{\omega}}_{en}^n$、$\tilde{R}_{\mathrm{M}}$、$\tilde{R}_{\mathrm{N}}$ 由计算参数求解，均含有误差；$\tilde{\boldsymbol{f}}^b = \boldsymbol{f}^b + \delta\boldsymbol{f}^b$ 和 $\tilde{\boldsymbol{\omega}}_{ib}^b = \boldsymbol{\omega}_{ib}^b + \delta\boldsymbol{\omega}_{ib}^b$ 分别为量测比力和角速度，$\delta\boldsymbol{f}^b$ 和 $\delta\boldsymbol{\omega}_{ib}^b$ 分别为陀螺仪和加速度计的量测误差。

3.2.2 火箭智能惯性导航技术的优势和挑战

1. 智能惯性导航的发展

随着人工智能的发展，深度学习逐渐被应用到捷联惯导系统中。虽然目前在火箭惯性导航中还没有普及智能算法，但是随着大数据、云计算和芯片硬件技术的发展，深度学习等人工智能算法已经应用在很多惯性导航与组合导航的研究中。

全球导航卫星系统(GNSS)和惯性导航系统(INS)自适应智能组合导航算法将 GNSS 和 INS 的信息有机结合起来，利用卡尔曼滤波器对 GNSS 和 INS 的有效信息进行互补、修正与动态补偿，从而获得一种精度较高、鲁棒性较强的导航定位结果。GNSS/INS 自适应智能组合导航算法将人工智能技术和组合导航算法进行融合，具有更高的普适性和鲁棒性。GNSS/INS 自适应智能组合导航算法分为基于人工智能的力学编排算法、自适应辅助更新算法、过程噪声协方差矩阵(Q 阵)自适应估计算法和量测噪声协方差矩阵(R 阵)自适应估计算法，如图 3-7 所示。此外，基于深度学习的捷联惯性导航系统在其他领域也有很多应用。在行人导航研究方面，鲁棒神经惯性系统是一种数据驱动式的惯性导航系统，它使用三种深度神经网络，包括残差网络、时间卷积网络和长短时记忆神经网络，根据手机内部 IMU 数据在短时间内回归用户的平均速度，对速度进行积分，得到良好的室内定位精度。

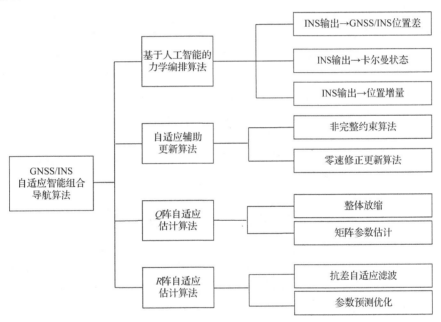

图 3-7　GNSS/INS 自适应智能组合导航算法研究内容

2. 智能惯性导航的优势与挑战

随着机器学习技术的发展，强化学习、深度学习被融入自适应滤波技术的研究，是目前组合导航算法的一个新的发展方向。此外，如何结合人工智能导航定位方法，构成一个更趋向于人类感觉认知方式的自适应组合导航系统，也将成为本领域的研究热点。目前，智能惯性导航技术已经发展到了一个高水平阶段，其目标是实现高精度、高可靠性、低成本、小型化、数字化、应用领域更加广泛的导航系统。未来，智能惯性导航技术的发展主要有以下几个方向[15]：

1) 提高精度与可靠性

提高精度与可靠性是智能惯性导航技术发展的一个重要方向。通过采用更先进的惯性传感器(如冷原子陀螺仪等)和算法，提高智能惯性导航系统的精度，以满足各种高精度导航的需求。

2) 降低成本

随着科技的发展和应用领域的扩大，智能惯性导航系统的成本已经成为制约其应用的一个重要因素，因此降低智能惯性导航系统的成本成为一个重要的研究方向。

3) 实现小型化和集成化

随着微电子技术和微机械技术的发展，惯性传感器的小型化和集成化已经成为可能，未来惯性传感器将会更加小型化和集成化，从而使得智能惯性导航系统更加紧凑和便携。

4) 大数据技术

大数据技术具有数据量巨大、数据类型多样、数据流动快、数据潜在价值高等特点，将其应用于智能惯性导航测试设备中，可以大幅度提升数据测试的效率、准确性和可靠性。通过大数据技术，海量数据的采集、处理和分析能力显著增强，智能惯导测试设备在进行数据分析时能够轻松处理海量数据，并挖掘出其中隐含的高价值信息，从而提高数据分析和处理的精度，减少耗时，提高效率，最终提升惯性导航系统的精度。

此外，目前人工智能在惯性导航领域的发展还存在如下几点难度与挑战：

(1) 智能惯性导航算法需要大量数据训练，系统初始化时间长，对数据集要求量大；

(2) 智能惯性导航算法鲁棒性不足，依据某一飞行过程中的数据集进行训练后的智能导航系统在不同的环境(得到训练数据集的环境和与其差异较大的其他飞行环境)下无法取得理想的效果，系统的泛化性能还不够强；

(3) 还需要进一步提升智能惯性导航的传感器精度，目前的智能惯性导航系统受到精度限制，仍会存在一定的偏差。

3.3　卫星智能对地遥感技术

遥感卫星可以提供全球范围内的数据，无论是陆地、海洋，还是大气，都能够实现广泛覆盖。遥感卫星提供的全球性视角使得人类可以更好地理解地球系统的运作，监测气候变化、自然灾害等全球性问题[16]。

卫星对地遥感技术是一种实时或近实时的数据获取技术，使用户能够及时监测和响应自然灾害、环境变化等事件。这种能力对灾害管理、资源调度、环境保护等方面具有重要意义。卫星对地遥感技术可以实现对地表信息的高效获取，避免了传统地面观测的成本和时间消耗。通过卫星对地遥感技术，使用者可以在更短的时间内获取到更广泛的数据，为科学研究、资源管理、灾害监测等提供了更为经济高效的手段。

随着卫星技术的发展，获取到的数据体量越来越大，需要强大的数据处理和分析技术来提取有用信息。近年来，卫星对地遥感技术的发展推动了大数据处理、人工智能和机器学习等领域的进步，卫星智能对地遥感技术使得使用者能够更有效地利用这些数据[17]。

当前，面临气候变化、自然灾害、环境污染等全球性挑战，需要全球范围内的数据和监测能力来应对。发展卫星智能对地遥感技术可以提高对地球表面信息的获取能力，有助于应对全球性挑战和推动社会发展。

3.3.1 卫星智能对地遥感技术的原理和应用

1. 遥感技术的基本概念

卫星对地遥感技术是一种利用人造卫星作为平台，通过搭载的传感器对地球表面和大气层进行观测和监测的技术。其基本原理是利用目标物体对电磁波的反射、吸收和发射特性，通过传感器捕获这些电磁波信息，进而分析和解译以获取地表物体的特征和变化规律。遥感技术依赖于物体的光谱特性，即物体反射或辐射不同波长电磁波的特性。遥感卫星通过传感器探测地表物体反射和发射的电磁波，获取目标信息，实现远距离识别物体。传感器是遥感技术中的关键组件，它们能够记录目标物的电磁波特性，并将这些信息转换为图像数据。

1) 按遥感平台的高度分类

按遥感平台的高度分类，遥感技术大体上可分为航天遥感(space remote sensing)、航空遥感(aerial remote sensing)和地面遥感(ground remote sensing)。

航天遥感又称太空遥感，泛指利用各种太空飞行器为平台的遥感技术系统，以地球人造卫星为主体，包括载人飞船、航天飞机和太空站，有时也把各种行星探测器包括在内。卫星遥感(satellite remote sensing)为航天遥感的组成部分，以人造地球卫星作为遥感平台，主要利用卫星对地球和低层大气进行光学观测和电子观测。

航空遥感泛指从飞机、飞艇、气球等空中平台对地观测的遥感技术系统。

地面遥感主要指以高塔、车、船为平台的遥感技术系统，地物波谱仪或传感器安装在这些地面平台上，可进行各种地物波谱测量。

2) 按电磁波的光谱段分类

按所利用的电磁波的光谱段分类，遥感技术分为可见光/反射红外遥感、热红外遥感和微波遥感三种类型。

可见光/反射红外遥感，主要指利用可见光($0.4\sim0.7\mu m$)和近红外($0.7\sim2.5\mu m$)波段的遥感技术统称，前者是人眼可见的波段，后者是反射红外波段，人眼虽不能直接看见后者，但其信息能被特殊遥感器接收。两种波段的共同特点是，其辐射源是太阳，在这两个波段上只反映地物对太阳辐射的反射，根据地物反射率的差异，就可以获得有关目标物的信息，它们都可以用摄影方式和扫描方式成像。

热红外遥感，指通过红外敏感元件，探测物体的热辐射能量，显示目标的辐射温度或热场图像的遥感技术。在热红外遥感技术中主要面向 $8\sim14\mu m$ 波段范围。地物在常温(约300K 或 26.85℃)下热辐射的绝大部分能量位于此波段，在此波段，地物的热辐射能量大于太阳的反射能量，因此热红外遥感具有昼夜工作的能力。

微波遥感，指利用波长为 $1\sim1000mm$ 电磁波进行遥感的技术。通过接收地面物体发射的微波辐射能量，或接收遥感仪器本身发出的电磁波束的回波信号，对物体进行探测、识别和分析。微波遥感的特点是对云层、地表植被、松散沙层和干燥冰雪具有一定的穿透能力，可以实现全天候工作。

3) 按研究对象分类

按研究对象分类，遥感技术可分为资源遥感与环境遥感两大类。

资源遥感：资源遥感是以地球资源作为调查研究对象的遥感技术，用以调查自然资源状况和监测再生资源的动态变化，是遥感技术应用的主要领域之一。利用遥感信息勘测地球资源，具有成本低和速度快的特点，有利于克服自然界恶劣环境的限制，减少勘测投资的盲目性。

环境遥感：利用各种遥感技术，对自然与社会环境的动态变化进行监测或作出评价与预报的技术的统称。由于人口的增长与资源的开发利用，自然与社会环境随时都在发生变化，利用遥感多时相、周期短的特点，可以迅速实现对环境的监测。

不管采用何种分类方式，遥感测量的过程都包含：数据采集、数据存储、数据处理、数据管理和解译分析等主要阶段，如图 3-8 所示。

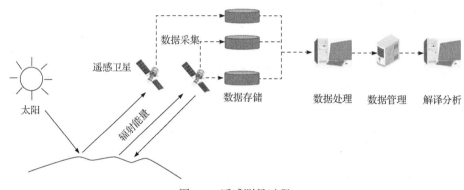

图 3-8　遥感测量过程

利用光学传感器进行测量的卫星遥感测量系统是一种被动式的观测系统，遥感卫星接收源于太阳经过地物作用后的电磁能量，并以数字图像的形式加以显示，之后在数据处理阶段对获取的数字图像进行融合、校正等处理。利用多种解译工具和方法，对遥感图像进行分析，得到遥感图像内含的更深层次的地物信息和变化规律，之后传递给用户。因此，对用户来说，经过精确解译的遥感图像能够提供重要的决策支撑，也就是说高效地解译遥感图像才能最大限度地发挥其实用价值。

2. 遥感卫星工作原理概述

1957 年苏联发射 Sputnik-1 卫星，人类进入了天基遥感时代。1980 年起，日本、法国、印度、意大利、俄罗斯、加拿大、德国、中国、巴西、阿根廷、韩国、以色列等国家相继发射遥感卫星。随着卫星遥感技术的发展，在各类需求的推动下，经过 60 多年的发展，世界主要航天大国高分辨率遥感顶层规划和遥感观测体系不断完善，人才、技术的积累和相机、传感器、成像、制冷等载荷关键技术的突破，带动了卫星遥感商业化。商业遥感卫星研制规模于 1990 年左右开始壮大，当前国际上领先的遥感成像卫星空间分辨率达到亚米级，且具有多种成像模式，其中光学分辨率为 0.1～1m，微波分辨率为 0.3～1m，光谱分辨率达到纳米级。

当前世界航天大国遥感卫星研制、数据获取和应用产业链相对完善，可发挥多星组网、多轨道配合、高重访率、高定位精度等整体效能，通过多样化传感器数据互补可半日内实现全球高空间分辨率、高时间分辨率的水平和垂直综合观测。未来世界高分辨率对地观测的主要特点是遥感数据多元化，数据在星上处理后下传和以星座应用为主。

经过 40 多年跨越式的发展，中国对地观测卫星遥感技术体系形成了陆地、海洋、气象三大卫星遥感系统。在国家高分辨率对地观测系统重大专项的推动下，突破了高分辨率卫星遥感成像质量控制、敏捷机动成像、高精度定位等关键技术。

截至 2021 年，中国民用遥感共在轨五大系列 30 星，载荷类型包括全色相机、多光谱相机、红外相机、高光谱相机、立体相机、合成孔径雷达、视频相机、微光相机和激光高度计等，载荷数量、类型、空间分辨率和重访周期均达到国际先进水平。上述卫星提供的遥感数据为国家土地矿产资源监测、交通路网安全监测、城市精细化管理、地质灾害预警、大气环境与水环境污染监测、农林业长势与病虫害监测和估产、洪涝灾害监测与水利设施安全监测、地震灾害监测等提供了大量服务与支撑，也为全球天气预报、气象灾害预测、气候变化等方面的研究作出了重大贡献。

3. 遥感卫星应用

卫星对地遥感技术的应用非常广泛，包括但不限于以下几个方面。

地表资源环境监测：通过卫星对地遥感技术可以监测森林覆盖、土地利用变化、水资源状况等，为环境保护和资源管理提供决策支持；灾害监测：在自然灾害发生时，如森林火灾、洪水、地震等，卫星对地遥感技术能够迅速提供灾区的影像信息，为灾害评估和救援工作提供至关重要的信息；城市规划与管理：卫星对地遥感技术在城市规划、基础设施建设、城市扩张分析等方面也有广泛应用，有助于城市管理者更好地理解城市发展模式和趋势；国防与安全：在国防领域，卫星对地遥感技术对国家安全具有重要意义；环境监测与保护：卫星对地遥感技术可以监测地表的变化，包括森林覆盖、土地利用、水资源分布等，有助于环境监测和保护，通过对环境变化的监测，可以及时采取措施来保护生态系统和自然资源；自然灾害管理：卫星对地遥感技术可以迅速获取受灾区域的图像，用于灾害评估、灾害损失估计和灾后救援工作的指导；农业与粮食安全：卫星对地遥感技术可以监测农作物生长情况、土壤水分含量、土地利用类型等，有助于农业生产管理和粮食安全评估，农民和政府可以利用这些信息来进行种植决策、灌溉管理以及监测疾病和虫害的传播。卫星对地遥感技术为人们提供了从全球到局部的各种地表信息，在科学研究、资源管理、环境保护和灾害应对等方面都具有重要的意义。

4. 智能技术在遥感卫星中的应用

卫星对地遥感技术的发展推动了大数据处理、人工智能和机器学习等技术的进步，智能技术在卫星对地遥感中的使用能够更有效地处理和利用遥感卫星的数据。

遥感图像具有分辨率高、覆盖范围大、空间连续性强、模式相对固定、目标相对稳定统一等特点，可以为基于深度学习的神经网络技术在遥感图像解译方面提供有效的数据和特征支撑。目前，基于深度学习的遥感图像解译技术主要关注图像分类、目标识别和语义分割这三个技术方向。图像分类技术主要应用于高分辨率遥感图像的场景分类任务；目标识别技术主要应用于船、飞机、车辆等的检测任务；语义分割技术主要应用于遥感图像中的变化信息的检测、单一对象的提取、地物分类等领域。因此，根据深度学习方法的特点和遥感图像解译任务的需求，可以有针对性地选择不同的深度神经网络模型。

基于深度学习的图像分类技术是利用深度神经网络对图像进行特征提取的技术基础。目前，可用于遥感图像分类的典型网络有 GoogleNet、ResNet、VGGNet 等。这些网络及其改进结构能够迅速地对遥感图像进行场景分类，分类结果可作为遥感图像解译的基础数据，进而使用目标识别技术或语义分割技术开展更加精细化的处理。

基于深度学习的目标识别技术使用深度神经网络自动提取遥感图像中待检测目标的位置和类别信息，其输出结果是目标在图像中的位置坐标和类别标签。目前，应用于遥感图像目标识别的神经网络主要有 Faster R-CNN、R-FCN、YOLO、SSD、R2CNN 等，利用这些网络模型能够实现遥感图像中目标的定位和识别。

基于深度学习的语义分割技术使用深度神经网络模型对遥感图像中每一个像素进行分类，其输出结果是一个与输入图像尺度一致的掩膜矩阵，该掩膜矩阵标识出了遥感图像中不同地物的类别和范围信息。基于此，语义分割技术还可以自动提取地物的边界信息。应用于遥感图像语义分割的典型神经网络模型有 FCN、DeepLab-v3、U-Net 等。除了对地物进行物理空间划分，如地物分类、道路提取、海陆分割等，基于深度学习的语义分割方法还可以用于处理多时相数据，实现地物变化信息的检测，如检测河流、森林、城市建筑在不同时期的面积变化等。智能技术在遥感卫星领域的应用不断发展，主要体现在遥感图像解译技术、地物分类遥感技术、变化监测遥感技术、目标识别遥感技术等。

1) 遥感图像解译技术

图像解译技术，又称为判读或判释，指从图像获取信息的基本过程，即根据各用户的要求，运用解译标志和实践经验与知识，从遥感影像上识别目标，定性、定量地提取出目标的分布、结构、功能等有关信息，并把它们生产为标准数据产品。随着深度卷积神经网络(DCNN)技术的快速发展，大量基于 DCNN 的图像处理网络随之出现，使得 DCNN 成为遥感图像智能解译领域非常重要的技术。随着该技术的应用，遥感图像解译可以实现地物类别信息和变化信息的高效提取。

基于深度学习的遥感图像解译系统框架包括数据预处理、网络模型选择、损失函数设计、后处理和模型训练与评估等功能环节，具体的流程如图 3-9 所示。

代码

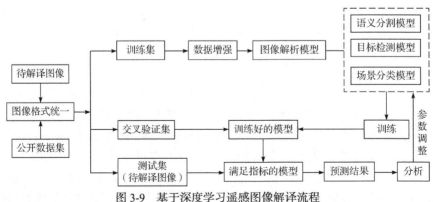

图 3-9　基于深度学习遥感图像解译流程

(1) 数据预处理。在网络训练开始之前，首先要对原始的遥感图像数据进行预处理。对于深度卷积神经网络，当输入数据量过大时，可能会导致存储资源枯竭而终止训练。

尤其对于高分辨卫星获取的遥感图像，一幅图像的尺寸通常在 10000 像素×10000 像素以上。因此，需要对图像进行规则网格划分，构成尺寸较小的数据集合。在切割图像时为了避免边缘效应，可以设置网格的重叠度。此外，还需要对图像格式(如 jpeg、png、tiff 等)进行统一。均值处理是图像预处理中的一个常用环节。数据集一般按照一定的比例分为训练集、交叉验证集和测试集。输入图像减去训练集中所有图像的特征均值，将输入数据的各个维度都中心化到 0。

(2) 网络模型选择。进行完数据预处理后，就可以根据精度要求和任务特点开始选择网络模型。网络模型选择分为算法选择和骨干(backbone)网络选择。不同网络的识别精度与运行速度存在显著差异，此外同一种算法可以选择不同的骨干网络。在算法选择方面，首先要考虑任务特点，然后要考虑任务的数据集情况，如数据量的多少、特征的难易程度、样本的不均衡度等。一个算法在实验中的良好效果不能保证其能够较好地解决一个实际的遥感图像解译任务。目标识别算法一般分为 Two Stage 和 One Stage 两类。一般来说，如果追求识别精度，则选择 Two Stage 的经典算法，如 Faster R-CNN、R-FCN、FPN 等。如果综合考量识别精度和运行速度，则选择 One Stage 算法，如 SSD、YOLOv3 等。在骨干网络选择方面，传统的 VGG 网络精度有限，且计算量较大，网络参数输出较多，ResNet 系列虽然精度较高，但是计算量较大，而 Inception 系列带有自适应选择卷积核的机制和降低参数量的 1×1 卷积机制，使得其计算成本和精度都有较好的表现。因此，考虑自身计算资源情况，可选择基于 Inception 系列和 ResNet 系列的骨干网络结构，并进行适当的调整。

(3) 损失函数设计。一个 DCNN 模型想要具备较好的性能，除合理的网络结构外，对损失函数的设计也是至关重要的。损失函数(loss function)或代价函数(cost function)是将随机事件或其有关随机变量的取值映射为非负实数以表示该随机事件的"风险"或"损失"的函数。在应用中，损失函数通常作为学习准则与优化问题相联系，即通过最小化损失函数求解和评估模型。

(4) 后处理。在多次更新和参数调优之后，神经网络在测试集上得到初步符合要求的结果，此时可以根据任务的精度要求增加后处理环节。例如，全连接的条件随机场(conditional random field，CRF)方法可以用于语义分割任务中，进而优化获取目标的边界信息。对于道路提取任务，在使用常规的语义分割网络之后，通过对道路的骨架提取、路面宽度估计等处理，实现对被遮挡道路的补全，能够增加道路提取结果的精确度和合理性。

(5) 模型训练与评估。在完成数据预处理、网络模型选择和损失函数设计后将开展深度神经网络的训练工作。训练的过程分为前向传播(或称前馈)和反向传播(或称学习)两个阶段。模型评估是在训练结束之后进行的检测模型性能的步骤，对于典型的深度学习任务，通用的模型评估指标包括查准率、召回率、正确率和交并比等。

2) 地物分类遥感技术

地物分类遥感技术基于遥感图像的地物分类任务是基于多光谱、高光谱或合成孔径雷达(SAR)图像，并通过构建相应数学模型进行图像解析来区分地物类别的工作，遥感图像的地物分类是遥感数据应用的一个重要方向。当前，遥感数据不断被应用于矿产勘探、精准农业、城市规划、林业测量和灾害评估等方面，因此，对地物分类任务的精度和效率要求越来越高。

在地物分类技术的发展初期，通常使用非参数分类方法，如最大似然法、最小距离法、k 均值聚类法等，并根据遥感图像的光谱纹理等特征，利用统计模式识别方法实现图像的解译。但是，针对高分辨率遥感图像，传统的非参数分类方法难以满足分类精度要求，于是基于智能化方法的非参数分类方法得到了广泛发展，如人工神经网络、支持向量机(SVM)、遗传算法、深度学习等。其中深度学习对复杂问题具有强大的拟合能力，以及对图像特征的识别和提取能力，这使其在计算机视觉领域取得了巨大的成功，在遥感图像地物分类领域受到了普遍关注并得到了广泛应用。深度学习技术，特别是卷积神经网络(CNN)的提出，给遥感图像地物分类任务提供了一种可行的解决方案。基于 CNN 的语义分割方法可以实现图像的像素级分类，常用的语义分割 CNN 有 FCN、U-Net 和 DeepLab 等。

接下来以 U-Net 机制处理遥感图像地物分类为例，介绍地物分类技术在遥感图像分类问题中的应用。U-Net 是一种典型的编码-解码结构，它由提取语义信息的编码网络和目标定位的解码网络构成，U-Net 具备高层特征信息与低层特征信息结合与传递的能力。在卷积提取特征的基础上，U-Net 引入了跳跃连接与反卷积机制，既保持了常规卷积神经网络对深层特征的捕获能力，又可以将每一层的特征矩阵导入采样过程(解码网络)中，从而恢复特征矩阵的全分辨率，以便进行目标的边界提取。

在 U-Net 结构中，从输入图像开始到输出语义掩膜为止，整个过程总共包含 23 个卷积操作。U-Net 所采用的数据增广方式是针对小数据样本和不规则物体的语义分割任务而提出的。采用弹性形变的方式对训练数据进行数据增广，使得网络能够学到这些变化中的不变性特征，这样的数据增广方式非常适用于一些特殊任务，如提取遥感图像中的水体和道路信息。除了弹性增广方式，U-Net 还使用了边缘镜像对图像进行扩展。

U-Net 损失函数是针对图像中相邻物体边界区分度较低的情况而设定的。对图像中两物体边界进行权值标定，对距离物体边界较近的像素赋予大权值，距离物体边界较远的像素则赋予小权值。当进行训练时，假设在物体的边界处出现了明显的预测错误，此时损失函数值会明显增大，进而促使网络对相应的参数进行调整，直至边界处识别准确率达到一定的精度。

在遥感图像地物分类任务中，首先需对高分辨卫星输入的图像进行规则网格切割，再进行数据增广、网络训练、网络预测和精度评估等操作。在数据预处理阶段，将输入图像按照规则的网格进行切割。将切割后的图像集合以一定的比例分为训练集和测试集两部分。对训练集进行高斯模糊、图像色阶调整、对称翻转等处理，获取更多的样本数据。将训练集导入 U-Net 结构，设置学习率和动量参数等超参数。在训练结束之后，利用已经训练好的网络进行结果的预测，实现遥感图像中物体信息的提取，针对不同的目标进行提取即可实现对高分辨卫星遥感图像中的物体分类。

关于变化监测遥感技术和目标识别遥感技术，读者若有兴趣可参考文献[18]。

3.3.2 智能技术在遥感应用中的发展

1. 遥感应用面临的难题

随着遥感图像分辨率和覆盖范围的不断提升，面对包含复杂地物信息的高分宽幅遥感图像，完全依靠人工解译图像需要耗费大量的人力和物力，无法适应不断升级的应用需求。基于像素级的图像统计分类方法只能实现典型目标的识别，难以直观构成图像中的语义信息，在目标特征和顶层语义之间存在着鸿沟。基于深度学习的遥感图像处理是人工智能不断进化的必然趋势，构建适用于遥感图像语义提取的高精度、高效率的深度网络有利于提升语义提取的精度。为了解决单一数据源引起的语义混淆问题，需要研究融合多源遥感图像的语义联合提取方法。此外，随着多源、多时相高分辨率遥感卫星数量的日益增多，遥感图像数据呈现出"大数据"的发展态势，单星每日新增数据在 TB 量级，国家级数据中心存档数据达到 PB 量级，这也对海量遥感图像的自动化处理和智能化应用提出了新的挑战。

遥感图像分类技术一直是遥感和计算机视觉领域的研究热点之一，也是实现智能化遥感图像语义提取的技术基础。早期的遥感图像分类主要依靠单个像素或包含互相连通的不规则像素集合的电磁信息、光谱信息、纹理信息和空间信息等判断地物类别属性。这种统计分类方法主要包括最小距离分类、最大似然分类、波谱角分类、混合距离分类等。虽然这种统计分类方法是目前研究得最多、最深入的分类算法，但这种传统的基于统计特性的模式识别方法仍具有明显的不足：

(1) 逐像素点估计属性导致计算量较大，且要求输入数据必须服从某种分布；

(2) 无监督的聚类分类精度低，基于像素的聚类中心难以选取；

(3) 分类结果易产生"椒盐"现象，制约了分类结果的有效应用。

2. 卫星智能对地遥感技术的发展前景

深度神经网络与深度学习的结合，可以克服传统方法只依赖图像统计特性的缺陷，使得目标分类处理具有了一定的智能化能力，可以挖掘图像中包含的更高层次的语义信息。事实上，深度学习是一种基于深层神经网络结构的人工智能算法。通过多层人工神经网络拟合训练样本，解决了传统神经网络算法在训练多层神经网络时出现的局部最优问题。相较于 SVM、最大熵、提升方法等"浅层"学习方法，深度神经网络具有更复杂的层次结构。这种多层次的数学模型具有特定的变换和传导方式，可实现从复杂数据中提取特征，从而有利于数据分类或特征的可视化。

针对遥感图像智能解译的需求，结合深度学习技术和深度神经网络技术，未来智能遥感技术将朝着以下四个方向发展：

1) 深化基于 DCNN 的场景分类、语义分割和目标识别方法研究

随着遥感卫星光谱分辨率和空间分辨率的提升，DCNN 在场景分类、语义分割和目标识别等应用中所要解决的问题还在不断增多。首先是对象类别的增多，如在高空间分辨率遥感数据下，大小车辆、零散农作物地块、电力杆塔等成为更细化的识别对象，甚至在更高空间分辨率下还需要实现车辆型号、道路标识等的分类与识别。除此之外还面临对象状态的复杂化问题，在高光谱遥感数据下，如植被的种类、植被的健康状态、更高精度的水质和大气参数等都成为需要解决的问题。面对更加复杂的需求，要求必须从基于先验知识的样本精细化标注、面向对象的特征恢复机制设计、干扰抑制等方面出发，深化基于 DCNN 的场景分类、语义分割和目标识别方法研究。

2) 优化 DCNN 结构和训练方法

针对不同的遥感图像解译任务，需要构建具有特定功能单元的 DCNN 结构。例如，在实现语义分割时，用户更关心对象的边界信息是否准确，这就要求必须优化 DCNN 的边缘信息保持能力，增加反卷积和高低特征连接机制。此外，目标检测是建立在对原始图像的特征提取能力的基础上的，层数较少的网络往往不利于该能力的提升，此时特征提取网络应尽量使用较深的结构。训练方法不仅包含了训练技巧和超参数选择，还与任务的实现方式有关。端到端的系统可以统一训练，但是对于多任务的系统，有时需要分阶段更新网络权值，各子任务损失函数的比重也要根据任务目标进行调整。

3) 提升广域、高分辨率图像解译效率

随着遥感卫星的增多和遥感卫星幅宽的不断增加，在高分辨率和大幅宽影像数据的要求下，DCNN 还面临提升广域、高分辨率图像解译效率的强烈需求。为了解决更多分类、更大数据量、更高时效要求的解译效率问题，需要从图像预处理、并行预测、预测结果融合等方面，构建近实时的广域遥感图像解译处理链路，提升解译的效率。

4) 探索 SAR 图像与光学图像在 DCNN 层级上的融合

随着 SAR 遥感卫星的增多和示范应用的推广效应，SAR 遥感图像正在被越来越多的用户所接受。但受限于 SAR 图像的抽象性，为了有效拓展应用范围，必须进行 SAR 图像与光学图像的融合。为了进一步提升 SAR 遥感应用的直观性、准确性和便捷性，需要研究 SAR 图像与光学图像的融合技术并提升其效率。考虑到 DCNN 可以提取 SAR 图像和光学图像的特征，因此基于 DCNN 的 SAR 图像与光学图像的特征级融合技术具有重要的研究价值和现实意义。

3.4 空间智能态势感知技术

技术的进步促使人类将探索范围从地球的表面扩展到广袤的太空，各个国家、组织和个人在定位、导航、授时、通信、天气等方面越来越依赖太空，太空已然成为重要的战略资源。为此，航天大国都在不遗余力地开展各种空间活动，力争占领空间技术的制高点。作为空间活动的主体，各种人造地球卫星、载人航天器等空间目标在执行空间任务的同时，受到包括空间碎片在内的各种空间目标的威胁[19]。为了维护空间利益和空间安全，保障空间活动，辅助空间决策，需要获取空间目标当前的运行状态，掌控空间目标未来的活动趋势，即空间目标态势。在空间目标态势领域中，为了降低数据、信息和知识的获取难度，满足空间活动参与人员对空间目标态势的认知，需要利用高可用、高性能和易部署的服务提供形式化、规范化和易理解的知识。然而，由于空间技术的迅猛发展，空间目标复杂性逐渐增加，空间目标态势信息的动态性逐渐增强，空间目标态势感知技术仍存在许多亟需研究的理论问题和需要解决的技术难题[20]。

3.4.1 空间智能态势感知技术内涵

空间智能态势感知技术是一种结合空间监测、数据分析和人工智能的综合技术，旨在提供对空间环境的全面认知和理解。这项技术的核心在于通过高精度的传感器和先进的数据处理方法，实现对空间目标的实时监测、跟踪、识别和分析，从而为空间活动提供决策支持和安全保障[21]。

态势是指状态和形势。态势分析针对复杂系统环境，获取、理解、显示能够引起系统态势发生变化的要素，并预测未来的发展趋势。

基于空间编目数据的态势分析是通过对编目数据的分析建模，实现对空间各种情况的理解。目前讨论比较多的是空间事件检测、空间碎片环境推测等，但随着编目数据的深入研究，态势分析可以获取在轨空间目标更多的信息，这也相应扩展了人类对空间态势的了解。

1) 空间事件检测

空间事件包括空间天气事件、空间目标轨道异常事件等。及时感知各种空间事件已经变得越来越重要。空间天气的异常会对在轨卫星造成严重影响。对近地空间目标的轨道有较大影响作用的空间天气因素包括太阳活动和地磁活动等。太阳活动和地磁活动造成的高层大气密度的变化会直接影响航天器的轨道，造成轨道能量衰减率的突变。因此，在掌握太阳活动、地磁活动等的变化对航天器轨道影响作用的基础上，可以利用航天器轨道异常变化来检测空间天气事件。

空间轨道异常事件可以为航天器的异常评估提供支撑。处于正常工作状态的航天器具有轨道控制能力，为了完成相应的任务，必须进行变轨控制和轨道机动、轨道维持、交会对接等轨道控制行为。因此，其轨道根数会有比较剧烈的变化或突变。失效航天器的轨道是无控的，仅受地球引力和各种摄动力的作用在空间沿轨道自由飞行。在不发生碰撞、爆炸和解体的情况下，其轨道根数的变化是较为平滑的连续变化。根据这种正常工作航天器和失效航天器在轨道特性上的区别，可以对航天器的工作状态进行判断。

2) 空间碎片环境推测

为了评估当前空间碎片环境、指导未来航天发射活动，需要依据空间碎片环境模型来了解和掌握空间碎片的运行和分布规律，为航天器碰撞风险评估提供有力保障。空间碎片环境建模是采用适当的数学、物理方法描述空间碎片在三维空间和未来时间上的数量、分布、迁移、流动和碎片的物理特性(尺寸、质量、密度、流量等)。对现在和未来空间碎片环境的准确模拟与描述是空间碎片环境建模追求的目标。

空间碎片环境模型的功能与主要应用体现在以下几个方面：①评估当前的空间碎片环境；②为航天器的防护设计提供参考数据；③对未来空间碎片环境的发展趋势进行预测；④评估航天器与空间碎片之间的碰撞风险与损害程度；⑤评估未来航天发射活动对空间环境的影响；⑥为减少空间碎片的积累、开发空间碎片减缓技术提供依据；⑦评估空间碎片减缓措施的效果；⑧为制定有关空间碎片的政策与法规提供依据。

但是构建空间碎片环境模型的数据来源十分有限，主要有空间目标监视网编目数据、针对特定空域的碎片流量数据和回收的航天器表面分析数据。

空间目标监视网只能对低地轨道直径为 10cm 以上的空间目标进行有效编目定轨。美国的"干草堆"雷达、欧洲的 FGAN 跟踪和成像雷达均开展了一些试验，针对特定空域进行了危险碎片(厘米级)的流量数据统计，这些数据已用于空间碎片模型的校验和建模分析。回收的航天器，如美国的长期暴露装置、欧洲的可回收卫星等，获取的数据是长期积累的结果，需经过细致分析才能用于空间碎片环境建模。

受雷达、光电望远镜等观测设备的能力限制，数以十万计的危险碎片(直径为 1～10cm)无法有效编目，但它们仍然会对在轨卫星的安全构成直接威胁。在空间目标监测设备技术没有质的飞跃的情况下，可用的各类观测数据质量、数量均不会有太大的改变。因此，深入挖掘数据的内在规律是当前研究的重点。

3.4.2 地基空间智能态势感知技术和天基空间智能态势感知技术

地基空间智能态势感知技术和天基空间智能态势感知技术都是用于监测和理解空间环境中的各种活动和物体的技术，它们各自具有独特的优势和特点。

1) 地基空间智能态势感知技术特点

覆盖范围：地基空间智能态势感知技术通常部署在地球表面，能够对近地空间进行连续监测，但受限于地球曲率和大气条件，其观测范围和角度受到限制。

成本和维护：地基空间智能态势感知技术相对容易部署和维护，成本较低，但需要广泛的地面基础设施支持。

数据实时性：地基空间智能态势感知技术能够提供实时数据，但受限于地理位置，对某些区域的监测可能不够及时。

技术成熟度：地基空间态势感知技术相对成熟，已有多个国家建立了完善的地基监测网络。

2) 天基空间智能态势感知技术特点

全球覆盖能力：天基空间智能态势感知技术(如卫星)可以提供全球范围的监测，不受地理位置限制，能够对地球同步轨道等远距离目标进行持续观测。

全天候能力：天基空间智能态势感知技术具有全天候、全天时的观测能力，即使在恶劣天气或夜间条件下也能正常工作。

高精度和高分辨率：天基空间智能态势感知技术可以搭载先进的传感器和仪器，提供高精度和高分辨率的数据，这有助于更精确地识别和跟踪空间目标。

技术挑战和成本：天基空间智能态势感知技术的部署和维护成本较高，技术挑战也更大，需要解决卫星发射、在轨运行和数据传输等问题。

3) 两种感知技术的比较

地基空间智能态势感知技术的优势在于其成本低效益高，具有易于维护和实时监测能力，适合对近地空间目标的监测；天基空间智能态势感知技术的优势在于其具有全球覆盖能力和全天候监测能力，适合对地球同步轨道等远距离目标的长期跟踪和监视。

综合来看，地基空间智能态势感知技术和天基空间智能态势感知技术各有优势，通常被结合使用，以实现对空间环境的全面监测和理解。通过地基空间智能态势感知技术的补充，天基空间智能态势感知技术可以更有效地进行数据收集和分析，而地基空间智能态势感知技术则可以利用天基空间智能态势感知技术提供的全球数据来提高其监测的准确性和效率。

3.4.3 空间智能态势感知关键技术

1. 空间目标检测技术

空间目标检测技术是空间智能态势感知和空间安全领域的关键技术，它涉及从各种传感器数据中识别和定位空间目标，包括卫星、空间碎片、其他航天器等。这项技术的发展对空间探索、航天器导航和空间碎片监测等方面都具有重要意义。

天基与地基探测系统：空间目标探测实现的基本途径主要有天基探测与地基探测。天基探测利用在轨航天器搭载的传感器进行监测，地基探测则使用地面设备进行观测。天基探测系统，如美国的天基太空监视系统(SBSS)，能够有效监视进入空间、离开空间和在轨运行的航天器，对空间碎片和自然天体进行观测。

无线电探测与光电探测：地基探测主要包括无线电探测和光电探测两种手段。无线电探测包括机械跟踪雷达、相控阵雷达等，光电探测则依赖于光学望远镜等设备。光电探测对于中高轨道目标具有优势，但受天气和光照条件限制。

空间目标监视系统：空间目标监视系统包括专用探测器和兼用探测器，如电磁篱笆空间监视系统和监控阵雷达等。这些系统能够对重点目标进行识别和精密跟踪，获取目标的精确测量信息。

雷达成像估计技术：空间目标在轨状态雷达成像估计技术是一种重要的空间目标检测手段，它通过雷达信号处理获取空间目标的图像信息，用于分析目标的结构和状态。

数据驱动的信息感知技术：近年来，数据驱动技术在空间目标检测中得到应用，如基于深度学习模型 YOLOv3 的空间目标检测方法，能够从图像中检测目标类别和状态。

视频图像中的检测：针对视频卫星图像，研究者开发了特定的算法来处理微纳卫星拍摄的视频图像，以提高空间目标检测的效率和准确性。

空间目标检测技术涵盖了多种方法和技术，不同的技术适用于不同的应用场景和目标类型。随着技术的进步和空间活动的日益频繁，这些技术将继续发展和完善，以满足更高的空间智能态势感知需求。

2. 空间目标定位跟踪技术

空间目标定位跟踪技术是空间态势感知和空间安全领域的关键技术之一，它涉及对空间目标的精确测量和持续跟踪，以确保对空间环境的有效监控和管理[22]。

测距跟踪与测角跟踪：空间目标跟踪主要分为测距跟踪和测角跟踪两种方式。测距跟踪通常采用有源、主动式的工作方式，利用微波雷达、激光雷达等传感器获取目标的测距信息并进行跟踪定轨。测角跟踪则主要通过光学望远镜等无源方式，根据目标的角度信息进行跟踪定位。

天基双星立体天文定位方法[23]：这是一种基于天文定位原理的天基空间目标定位方法，通过两个搭载于不同卫星上的光学载荷进行立体观测，利用最小二乘法准则解算出空间目标的三维位置信息。这种方法可以提高定位精度，满足空间目标高精度测角的要求。

光电跟踪技术：光电跟踪技术是空间目标跟踪中常用的一种技术，它结合了光学成像技术和电子处理技术，可以实现对空间目标的自动识别和跟踪。例如，随机抽样一致性(random sample consensus，RANSAC)算法在空间目标光电跟踪中的应用，其能够有效地处理图像数据，提高跟踪的准确性和鲁棒性。

群目标跟踪技术：在处理大量空间目标时，群目标跟踪技术通过建立群目标的中心和观测量之间的相互关系，实现对一群目标的整体运动趋势的跟踪，同时兼顾个体的运动目标轨迹跟踪。

多模型滤波器设计方法：为了提高对空间机动目标的跟踪与预报能力，提出多模型滤波器设计方法并应用于目标的轨迹预报中，以解决单一模型难以适应目标运动变化的问题。

基于可观性分析的跟踪方法：这种方法通过分析目标的可观性，即目标在特定时间和条件下可被观测的程度，来优化跟踪策略和提高跟踪精度。

3. 空间目标载荷识别技术

空间目标载荷识别技术是一种关键的空间技术，它涉及对在轨航天器的有效载荷进行探测、识别和分析。这些技术对理解空间目标的功能、监测空间环境和保障空间安全等方面都具有重要意义[24]。空间目标载荷识别关键技术如下。

逆合成孔径雷达(ISAR)技术：ISAR 技术可以利用雷达信号处理技术，通过分析目标的雷达回波，提取目标的轴向特征，进而对空间目标的载荷指向进行估计。

雷达目标识别技术：雷达目标识别技术通过分析雷达回波，提供目标的数量、大小、形状和类型等信息。窄带雷达在资源有限的条件下，实时性较宽带雷达更好，探测距离更远，成本也更低。

雷达散射截面(RCS)序列分析技术：RCS 序列分析技术可以用于空间目标的姿态判断和旋转周期提取。通过分析 RCS 序列中的随机性和周期性特征，可以对空间目标的姿态和周期进行识别。

多载荷融合技术：为了克服单一载荷探测的局限性，研究者提出了基于红外和可见光的天基空间目标多载荷融合方案，通过多载荷图像处理与识别技术，提高空间目标探测的准确性和效率。

点目标测量技术：点目标测量技术是获取空间目标数据源的主要手段，通过对点目标的测量，可以识别和分析空间目标的特性。

深度学习技术：深度学习技术在空间目标载荷识别中的应用，提供了一种新的尺寸估计方法。通过训练模型，可以更准确地从 RCS 序列中提取空间目标的尺寸信息，从而提高识别精度。

模态变化分析技术：在卫星微振动识别技术领域，通过分析反作用飞轮的模态变化，可以提高对卫星姿态控制反作用飞轮扰动力建模和参数识别的精度，这对卫星微振动隔振和优化设计具有重要意义。

空间目标载荷识别技术涵盖了多种方法和手段，包括 ISAR 技术、雷达目标识别技术、RCS 序列分析技术、多载荷融合技术、点目标测量技术、深度学习技术和模态变化分析技术等。这些技术的发展和应用，对于提升空间目标识别的准确性和效率、保障空间资产的安全以及维护空间环境的稳定具有重要作用。

4. 空间目标意图识别技术

空间目标意图识别技术是一项关键的空间安全技术，它旨在理解和预测空间目标的行为和目的，特别是对于非合作目标，这些目标可能没有提供任何关于其意图或行为的信息。这项技术对空间态势感知和空间交通管理等领域至关重要。

基于多航天器协同观测的方法：这种方法利用多个航天器从不同视点观测非合作空间目标，通过多视点协作观测数据对目标进行三维重建，并根据连续观测帧之间的目标点云匹配解算其姿态变化，最后通过扩展卡尔曼滤波算法求解出空间非合作目标的姿态参数。

基于模糊推理的方法：模糊推理方法通过构建适当的模糊规则库和推理机制，对空间非合作目标的意图进行识别。这种方法可以处理不确定性和模糊性，适用于复杂和不完全信息的空间目标意图识别。

基于深度神经网络的方法：深度学习技术，尤其是深度神经网络，已被应用于空间非合作目标的意图识别。这些方法通常需要大量的训练数据来训练模型，以便能够准确地识别和预测目标的行为模式。

基于雷达回波分析的方法：雷达目标识别技术可以提供目标的数量、大小、形状和类型等信息。

基于 RCS 序列的识别技术：通过雷达系统收集目标的 RCS 序列数据，利用时频分析方法对 RCS 序列进行分解以提取时频特征，实现对目标动态特性的捕捉，进而结合深度学习智能算法对目标进行意图识别。

空间目标意图识别技术涵盖了多种方法和技术，随着技术的不断进步，未来的空间目标意图识别系统将更加智能化、自动化，能够更有效地处理复杂的空间环境和多样化的目标行为。

3.5　行星探测器自主着陆与巡航感知技术

行星探测器自主着陆和巡航感知技术涉及多个方面，包括自主导航、环境感知、路径规划、避障和与地面的通信等[25-26]。本节将从自主着陆与巡航感知技术原理与应用和着陆区三维场景构建关键技术两方面进行介绍。

3.5.1　自主着陆与巡航感知技术原理与应用

行星探测器自主着陆和巡航感知技术是确保探测器能够在行星表面安全着陆并进行有效科学探测的关键技术[27-28]。这些技术的原理和应用主要包含以下几个方面：

1) 着陆星表面特征提取与处理方法

在着陆探测中，具有较高科学研究价值的区域往往具有复杂的地形地貌，这些地形地貌具有遍布的岩石、陨石坑、沟壑等地形特征。一方面，这些地形特征可以作为导航路标，提高探测器着陆导航精度；另一方面，这些地形特征对探测器的着陆安全构成了巨大挑战。由于目前地面天文观测和绕飞探测器得到的行星表面图像分辨率较低，无法满足着陆过程中较高的特征提取精度的要求，因此，探测器需要具备在着陆阶段自主检测行星表面特征的能力。相机是探测器常见的导航设备，具有能耗低、成本低的优点，通过相机拍摄的着陆区域图像，可以提取得到着陆地形的特征信息。通过对相机拍摄的着陆地形图像进行处理与分析，对地形特征提取与检测的方法进行研究，实现对着陆行星表面特征的识别。

星表特征是导航系统重要的导航路标，通过相机拍摄的图像提取星表特征的方法需考虑工程约束条件。构成导航路标特征的地形一般具有较明显形状特征，能够从图像中

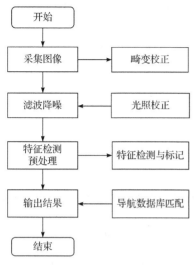

图 3-10　行星表面特征检测流程

进行提取。陨石坑具有椭圆形的轮廓边缘，因此适合作为导航路标特征，图 3-10 为行星表面特征检测的流程。

因着陆环境复杂，相机拍摄的图像会受到电磁环境的干扰，图像中包含一定数量的噪点，图像成像质量与光线照射的角度和光照强度有关，因此在正式检测特征前需对图像进行畸变校正、光照校正和滤波降噪。进行预处理后需对图像进行分割与特征检测，此环节通过图像处理与特征粗检测方法确定特征检测的范围，减少计算量。预检测后需对待检测区的特征进行精确检测与标记，通过与探测器自身的位置姿态进行融合，获得导航路标特征的精确信息。最后通过与导航数据库中的导航路标特征进行匹配，获得满足导航条件的导航路标特征的位置信息。

2) 着陆自主位姿确定方法

着陆时探测器可以通过图像特征匹配识别地形特征，与导航数据库特征进行匹配，配合探测器携带的导航传感器，解算探测器自身位置和姿态等导航信息。通过探测器识别的地形特征建立相对导航坐标系，根据地形特征在行星表面的位置信息，获得探测器的绝对状态信息，从而实现探测器高精度导航。常采用基于视线矢量的方式，将着陆过程中匹配的陨石坑特征观测信息作为观测量，通过相机识别的陨石坑位置信息确定探测器的位置和姿态。

3) 行星进入段轨迹优化与评估方案

行星着陆探测主要可分为进入、下降与着陆(EDL)三个过程，EDL 技术直接影响航天器能否安全着陆到行星表面。其中，进入段的持续时间占据了整个 EDL 过程的大部分时间，因此，行星进入段对着陆任务影响最大，航天器着陆探测的轨迹控制主要在该阶段进行，效率也最高。然而，进入段动力学复杂、进入过程约束多和航天器设计参数各异等原因，使得行星进入段探测任务设计存在着巨大的困难与挑战。

在行星着陆探测任务的背景下，研究行星进入段轨迹的快速优化与评估。已有的研究成果在求解行星进入段可达集时，难以兼顾分析结果的最优性和求解效率的问题。当前的研究重点从智能数据统计的角度出发，通过挖掘航天器进入段初始轨迹参量与轨迹包络特征参量之间的映射关系，将贝叶斯原理的思想引入行星进入段可达集的求解过程，提升了进入段最优轨迹的求解效率。

4) 障碍检测与地形安全性评估方法

障碍检测与地形安全性评估是在行星表面实现安全着陆的前提，通过特征识别等方法得到的地形信息并不全面，无法完成对着陆安全性的评估。针对自主障碍检测与地形评估的难点，可以采用基于单帧被动图像的方式，根据星表特征密度统计信息，进行行星着陆区自主障碍检测与地形评估方法设计，即从地形特征的表征入手，基于特征密度的概念，利用星表特征密度统计信息，对行星表面不同地形特征进行描述，建立基于星表特征密度统计信息的地形评估准则，实现对行星着陆区危险地形的障碍检测与评估。

3.5.2　着陆区三维场景构建关键技术

1. 行星着陆区的激光三维地形测绘技术

行星着陆区的激光三维地形测绘技术是一种关键的深空探测技术，它利用激光雷达(LIDAR)系统获取行星表面的高精度三维地形数据。这些数据对于确保探测器安全着陆、进行科学探测和理解行星表面特征至关重要。关于行星着陆区的激光三维地形测绘技术包含以下关键内容。

激光雷达原理：激光雷达系统通过发射激光脉冲，并测量激光脉冲从行星表面反射回来所需的时间来计算距离，从而获取地形的三维坐标信息。这种技术能够提供高精度的地形数据，有助于工程技术人员评估着陆区的地形特征，选择最佳的着陆点。

着陆区选择：通过激光三维地形测绘，可以识别出潜在的着陆障碍物，如撞击坑、岩石和不规则地形，从而选择一个相对平坦和安全的着陆区域。这对于确保探测器的安全着陆和后续的科学任务至关重要。

地形建模与分析：激光雷达数据可以用于构建行星表面的三维模型，这些模型可以用于模拟探测器的着陆过程，预测可能的着陆轨迹和着陆点，以及进行着陆后的路径规划和导航[29]。

技术挑战：行星着陆区的激光三维地形测绘面临着一些技术挑战，包括激光雷达系统的体积、质量和功耗限制，以及在行星表面复杂光照条件下的数据处理和分析问题。

2. 行星表面三维定位建图技术

行星表面三维定位建图技术是一种关键的深空探测技术，它涉及使用各种传感器和方法来获取行星表面的三维坐标信息，从而构建出精确的行星表面模型。这些模型能够为理解行星的地质结构、地形特征以及为未来着陆和探测任务提供重要参考。

立体视觉技术：立体视觉技术利用两个或多个相机从不同的角度捕捉同一区域的图像，通过图像匹配和处理来重建出该区域的三维模型。这种技术在火星探测车等移动探测器上得到了广泛应用，常用于路径规划和避障[30]。

光学遥感技术：光学遥感技术通过分析从行星表面反射的可见光和红外光来获取地形信息。高分辨率的相机和光谱仪可以提供详细的表面特征，这些表面特征可以用于地质分析和地形建模。

重力场测量：通过测量行星的重力场，可以推断出地形的高程变化，这对于全球性的地形建模尤为重要。例如，火星全球勘测者(MGS)搭载的火星轨道激光测距仪(MOLA)即通过测量重力场来辅助地形测绘。

多源数据融合：将来自不同传感器和平台的数据进行融合处理，可以提高三维模型的精度和完整性。例如，结合 LIDAR 数据、光学影像和重力场数据，可以构建出更加精确的行星表面模型。

自主导航与避障：对于着陆器和巡视器而言，实时的三维定位建图技术对于自主导航与避障至关重要。这些技术通常依赖于机载的传感器和先进的算法，如通过机器学习和人工智能技术实现对复杂地形的快速响应和决策[31]。

综上所述，行星表面三维定位建图技术是深空探测中不可或缺的一部分，它为探测器的安全着陆和科学探测提供了重要的技术支持。随着技术的进步，未来的深空探测任务将能够更加精确和高效地进行。

习　题

3.1　试简述光电探测技术的分类，以及各分类的基本组成、功能作用与特点。

3.2　试简述典型激光探测技术的工作原理。

3.3　试简述雷达探测技术的主要指标包括哪些。

3.4　试简述地心惯性系、地心固连系、当地地理系、载体系和导航参考系的定义。

3.5　按研究对象分类，遥感可以分为哪几类？分别介绍各类的用途。

3.6　智能技术在遥感上的应用主要体现在哪几方面？

3.7　我国当前的行星着陆器有哪些？行星着陆过程中需要用到哪些关键技术？

参 考 文 献

[1] 葛致磊, 王红梅, 王佩, 等. 导弹导引系统原理[M]. 北京: 国防工业出版社, 2016.

[2] 丁帅. 机载红外小目标探测系统非均匀性校正技术研究[D]. 长春: 中国科学院大学(中国科学院长春光学精密机械与物理研究所), 2021.

[3] 张科航. 基于热成像技术的图像非均匀性校正与优化研究[D]. 长春: 长春理工大学, 2023.

[4] 任伟. 海面红外成像系统盲元补偿及非均匀校正技术研究[D]. 大连: 大连海事大学, 2022.

[5] 王康. 基于外辐射源雷达超高速目标探测和识别的方法研究[D]. 南京: 南京理工大学, 2024.

[6] 郭玉霞, 刘功斌, 崔炳喆, 等. 空空导弹雷达导引头信息处理智能化思考[J]. 航空兵器, 2020, 27(5): 23-27.

[7] 陈伟, 孙洪忠, 齐恩勇, 等. 智能化时代雷达导引头信号处理关键技术展望[J]. 航空兵器, 2019, 26(1): 76-82.

[8] 徐孝彬. 脉冲激光引信近程周向探测技术研究[D]. 南京: 南京理工大学, 2017.

[9] 黄涛, 胡惠灵, 胡以华, 等. 空间目标识别中的激光探测技术[J]. 激光与红外, 2010, 40(7): 685-689.

[10] 张金亮. 捷联惯性/星光组合导航关键技术研究[D]. 西安: 西北工业大学, 2017.

[11] 马卫华. 导弹/火箭制导、导航与控制技术发展与展望[J]. 宇航学报, 2020, 41(7): 860-867.

[12] 薛连莉, 沈玉芃, 宋丽君, 等. 2019 年国外导航技术发展综述[J]. 导航与控制, 2020, 19(2): 1-9.

[13] 唐毅, 钟文安, 李爽. 双源信号深组合导航在新一代运载火箭制导系统中应用初探[J]. 导航定位学报, 2015, 3(2): 62-66.

[14] 邵梦晗. 惯性/卫星组合导航状态在线评估与优化[D]. 北京: 中国运载火箭技术研究院, 2019.

[15] 杨卫平. 新一代飞行器导航制导与控制技术发展趋势[J]. 航空学报, 2024, 45(5): 154-178.

[16] 李劲东. 中国高分辨率对地观测卫星遥感技术进展[J]. 前瞻科技, 2022, 1(1): 112-125.

[17] 赖积保, 康旭东, 鲁续坤, 等. 新一代人工智能驱动的陆地观测卫星遥感应用技术综述[J]. 遥感学报, 2022, 26(8): 1530-1546.

[18] 张强, 沈娟, 孔鹏, 等. 基于深度神经网络技术的高分遥感图像处理及应用[M]. 北京: 中国宇航出版社, 2020.

[19] 邵振峰, 党超亚, 张红萍, 等. 多源遥感数据在战场环境智能态势感知的现状及展望[J]. 中国空间科学技术, 2024, 44(1): 11-22.

[20] 张昌芳, 毕兴. 人工智能技术在空间态势感知领域应用需求和建议[J]. 空间碎片研究, 2021, 21(2): 52-57.

[21] 罗秀娟, 郝伟. 天基空间态势感知数据仿真研究进展[J]. 中国光学(中英文), 2024, 17(3): 501-511.

[22] 李君龙, 周荻, 王冠, 等. 临近空间目标跟踪与预报技术研究[J]. 现代防御技术, 2021, 49(3): 1-10.

[23] 胡云鹏, 黎克波, 陈磊. 面向空间态势感知的天基可见光空间目标自主跟踪方法[J]. 中国科学: 技术科学, 2021, 51(4): 424-434.

[24] 周叶剑, 马岩, 张磊, 等. 空间目标在轨状态雷达成像估计技术综述[J]. 雷达学报, 2021, 10(4): 607-621.

[25] 宁晓琳, 吴伟仁, 房建成. 深空探测器自主天文导航技术综述 (上)[J]. 中国航天, 2010(6): 37-40.

[26] 宁晓琳, 吴伟仁, 房建成. 深空探测器自主天文导航技术综述 (下)[J]. 中国航天, 2010(7): 34-37.

[27] 徐欣彤, 桑吉章, 刘晖. 深空探测器光学自主导航方法探讨[J]. 导航定位学报, 2021, 19(1): 1-4.

[28] 于正湜, 崔平远. 行星着陆自主导航与制导控制研究现状与趋势[J]. 深空探测学报 (中英文), 2016, 3(4): 345-355.

[29] 徐青, 王栋, 邢帅, 等. 小行星形貌测绘与表征技术[J]. 深空探测学报, 2016, 3(4): 356-362.

[30] 邸凯昌, 叶乐佳, 王润之, 等. 行星遥感影像目标识别与分类进展[J]. 遥感学报, 2021, 25(1): 1-15.

[31] 徐淼, 史浩东, 王超, 等. 空间目标多维度探测与激光通信一体化技术研究[J]. 中国激光, 2021, 48(12): 1206002.

智能技术在航天器决策中的应用

4.1 导弹智能导航技术与弹道规划技术

4.1.1 导弹智能导航技术

导弹智能导航技术是现代导弹技术的重要组成部分，它们通过先进的电子技术和算法，使导弹能够在飞行过程中实现自主的目标定位、轨迹规划和精确打击。导航系统是导弹的核心部件之一，它包括了一系列传感器、处理器和算法，能够实时感知、分析和处理导弹周围的环境信息，从而指导导弹完成飞行任务。这些传感器主要包括惯性导航系统、全球定位系统(GPS)、地面雷达、光学传感器等，它们能够在各种环境条件下准确地测量导弹的位置、速度和姿态，并将这些数据传输至导弹的控制系统。在导弹飞行过程中，智能导航系统能够根据预设的目标位置和飞行路径，实时调整导弹的航向、俯仰和滚转角度，以确保其能够准确地飞向并最终击中目标。

导弹导航系统是现代导弹技术中的核心组成部分，它通过各种先进的技术手段，使得导弹能够在飞行过程中准确地找到目标并实现精确打击。根据不同的导航原理和技术手段，导弹导航系统可以分为惯性导航系统、卫星导航系统、地面雷达制导系统、星载导航系统等几种主要类型。惯性导航系统是最常见和基础的导航方式之一，利用安装在导弹内部的惯性传感器实时测量导弹的位置和姿态信息，保持导弹飞行轨迹的稳定性和准确性。卫星导航系统通过接收卫星信号来确定导弹的位置，具有全球覆盖、定位精度高等优势。地面雷达制导系统是利用地面部署的雷达系统来实现导弹的定位和制导，具有制导精度高、抗干扰能力强等特点。星载导航系统是利用搭载在导弹上的卫星接收设备来接收卫星信号，实现导弹的定位和导航。由于惯性导航系统和卫星导航系统有各自的缺点与优势，在功能上又是互补的，因此惯性/卫星组合导航系统可发挥两者优势，应用十分广泛[1]。随着科技的不断发展，导弹导航系统也在不断创新和完善，未来将会更加智能化、精准化，为导弹的飞行提供更加可靠的保障。

1. 惯性导航系统

惯性导航系统是 20 世纪中期发展起来的自主式的导航系统，它是飞机、船舶、火箭等载体能顺利完成导航和控制任务的关键性技术之一[2]。惯性导航系统具有不依赖于外部信息、不向外界辐射信息的特点，在空中、地面和水中都可以工作。惯导的理论基础为牛顿力学定律，依靠安装在载体内的惯性测量传感器(陀螺仪和加速度计)和相应的配套装置建立基准坐标系(导航坐标系)，利用测量得到的角速度和加速度信息，通过积分和推算算法解算得到载体的姿态角、速度、位置等导航参数[3]。

惯性导航系统的工作原理可以简要概括如下[4]：在载体的初始信息已知的情况下，利用一组加速度计连续地测量载体相对于某一选定的导航平台(可以是人工建立的物理平台，也可以是计算机模拟的数学平台)确定的导航坐标系的加速度信息，通过一次积分运算便得到载体的相对选定的导航坐标系的即时速度信息，再通过一次积分运算就可以得到载体在导航坐标系内的位置信息。

根据结构的不同，惯性导航系统被划分为两类，即捷联惯导系统和平台惯导系统，虽然两种惯性导航系统在结构和发展上有所不同，但是这两种惯性导航系统的基本特性是相同的。某两种型号的惯性导航系统如图 4-1 和图 4-2 所示。

图 4-1　LN3 平台惯导系统　　　　　　　图 4-2　某型捷联惯导系统

平台惯性导航系统具有由陀螺仪稳定的惯性平台[5]。惯性平台用来隔离载体的角速度对加速度测量产生的影响，而且始终跟踪选定的导航坐标系，为惯性导航系统提供测量基准。加速度计的输出经过补偿后，经过一次积分运算，可得到载体在导航坐标系下的即时速度，再经过一次积分运算可得到载体在导航坐标系下的即时位置。同时，通过惯性平台上的角度信号器可以直接读取载体的姿态角。平台惯性导航系统的原理框图如图 4-3 所示。平台惯性导航系统中惯性测量元件工作条件较好，平台能直接建立导航坐标系，导航计算量相对较小，导航精度高，但是机械电气结构非常复杂，体积大、成本高。

捷联惯性导航系统将惯性测量元件直接固连在载体上，省去了实际的惯性平台，用计算机模拟的数学平台代替实际的惯性平台。陀螺仪输出的载体相对惯性空间的角速率信息经过补偿后，通过积分运算即得到载体相对于导航坐标系的姿态信息和姿态转移矩阵。姿态转移矩阵用来完成加速度信息从载体坐标系到导航坐标系的变换，实现平台惯性导航系统中惯性平台的作用，因此称为数学平台。变换后的加速度信息经过补偿后，通

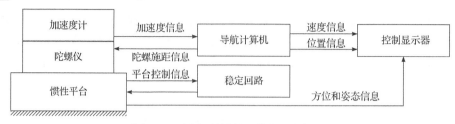

图 4-3　平台惯性导航系统的原理框图

过一次积分运算就可以得到载体在导航坐标系下的即时速度，通过第二次积分运算就可以得到载体在导航坐标系下的位置信息。捷联惯导系统的原理框图如图 4-4 所示。

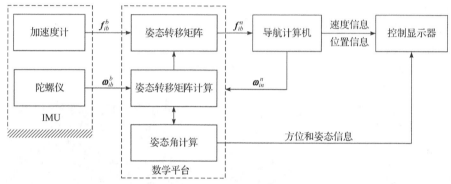

图 4-4　捷联惯导系统的原理框图

　　在捷联惯性导航系统中，复杂的机电惯性平台被计算机模拟的数学平台所取代，具有结构简单、尺寸小、质量轻、成本低、可靠性高、易维护的优点，并可以通过余度技术提高其容错性能。但惯性测量元件直接安装在载体上，陀螺仪和加速度计要经受载体的线振动和角振动，工作条件恶劣，动态误差严重，会降低仪表的精度。并且加速度计输出的加速度分量是沿载体坐标系的，必须经导航计算机转换成导航坐标系的加速度分量(这种转换实现了"数学平台"的作用)，因此计算量要大得多。随着激光陀螺的出现和逐步发展，以及计算机计算速度的大幅提升，捷联惯导系统逐渐走向成熟且其优越性越来越明显。目前，使用激光陀螺的捷联惯性导航系统的精度达到了与平台惯性导航系统相当的水平。另外，随着光纤陀螺仪和微机电惯性传感器的成功研制和广泛使用，捷联惯性导航系统仍在不断发展完善。

　　2. 卫星导航系统

　　卫星导航系统是一种以人造卫星为基础的无线电导航系统，由空间星座部分、地面监控部分和用户设备部分组成，可为地球表面、近地表面和地球外空任意地点的用户提供全天候、实时、高精度的三维位置、速度和精确的时间信息。全球导航卫星系统目前已广泛应用在国民经济的多个领域，在交通、测绘、航空航天、气象和搜索救援等各个行业中发挥着越来越重要的作用。

　　卫星导航系统由如图 4-5 所示三个部分组成：用户设备部分、地面监控部分和空间星座部分。

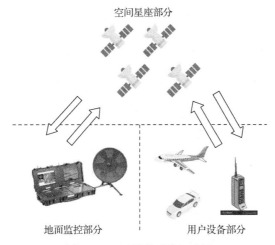

图 4-5 卫星导航系统组成图

整个卫星导航系统的工作原理可简单地描述如下：首先，空间星座部分中的各颗 GNSS 卫星向地面发射信号；其次，地面监控部分通过接收、测量各个 GNSS 卫星发射的信号，从而得到卫星的运行轨道参数，并把卫星的运行轨道信息传输给 GNSS 卫星，使 GNSS 卫星在其发射的信号上加入运行轨道参数；最后，用户设备部分接收各颗可见卫星的信号，并从信号中解析出卫星的运行轨道参数，通过这些参数可以计算出用户的位置、速度等信息。

目前世界上有四个已经投入运行的卫星导航系统，即美国的 GPS、俄罗斯的全球导航卫星系统(global navigation satellite system，GLONASS)、欧盟的伽利略导航卫星系统(Galileo satellite navigation system，GALILEO)和我国的北斗导航卫星系统(BeiDou navigation satellite system，BDS)。

4.1.2　导弹智能导航技术应用

智能化导弹是一个复杂的综合系统，为满足智能化导弹对惯导系统的要求，在不断提高惯性仪表精度、可靠性和稳定性等性能的基础上，还需要针对性解决以下关键技术[6]。

1. 惯导系统大数据应用技术

高精度惯性导航系统测试数据挖掘是从海量的测试数据中搜索出其中的隐藏信息，再将这些信息用于指导高精度惯性导航系统的生产测试使用过程[7]。针对数据所涉及的挖掘算法是测试过程大数据应用的核心，通过完整的大数据处理平台可实现对惯性导航系统的长期健康监测和故障诊断测试。数据的分析挖掘较适合使用基于统计的故障诊断方法[8]，该方法以统计学和人工智能为技术基础，不需要提供除数据以外的任何先验知识，采用从数据中提取的客观规则对问题的不确定性进行描述，将大量数据融合成有序的层次化故障诊断知识。故障诊断方法通常与设计、制造、装配和维护保障等工作紧密结合，其核心是对特定模型进行描述、归纳，形成故障模式集。

2. 惯导系统容错技术和系统重构技术

提高单个惯性器件可靠性难以满足惯导系统的可靠性要求，容错技术越来越受到重视。通过设置冗余惯性器件，并采用故障在线自检测技术，自动实现故障的检测、隔离和系统重构，使得导航系统具备容错能力。

惯导系统容错技术的研究起步较早，但在导弹应用领域却逐渐突显出它的生命力，尤其是随着对导弹智能化需求和提高长期加电热待机可靠性需求的牵引下，惯导系统容错技术和系统重构技术应用成为导弹系统重要的发展趋势。惯导系统需要开发冗余技术，形成区块链互融互补的模式，这项技术将成为一种新的惯性技术发展需求[9]。

3. 以惯性导航系统为基础的信息集成技术

惯性导航系统尽管具有高度的自主性、隐蔽性和很强的抗干扰能力，但也需要和其他传感器进行综合集成，以弥补惯导系统误差随时间累积的缺点。惯性导航系统需要有与其他传感器进行集成或使其他传感器"嵌入"到惯性导航系统内部的信息集成能力，以便在各种各样的应用中形成能克服单一惯性导航系统缺点和弊端的组合惯性导航系统，提高惯性导航系统的容错性与自适应性，为用户提供无 GPS 信号时的高精度导航定位功能，满足不断变化的任务需求与环境要求，实现低成本、快速系统重构和即插即用的新型组合惯性导航系统。该系统以智能惯性导航技术为基础，通过天文、卫星、无线电、激光测距仪、相机、磁力计和电台等多种辅助传感器信息集成融合[10]，其关键技术包括：高精度传感器技术、误差建模与识别技术、多维导航算法软件开发技术、导航传感器接口标准化技术、多源传感器时空配准技术、基于深度学习的导航故障检测和隔离技术等。

4.1.3 导弹弹道规划技术

导弹弹道规划技术是现代导弹技术中的重要组成部分，它负责在导弹发射后，通过计算机算法对导弹的飞行轨迹进行优化和调整，以确保导弹能够克服各种干扰和防御措施，最终准确地击中目标。这项技术的发展背景可以追溯到二战后期，当时导弹作为一种新型武器开始崭露头角，但传统的固定弹道轨迹容易受到敌方防空系统的拦截，因此迫切需要一种能够灵活调整飞行路径的新型导弹弹道规划技术。

导弹弹道规划技术的基本原理是通过计算机算法对导弹的飞行轨迹进行优化和调整，以最大化导弹的生存能力和命中精度。在规划过程中，需要考虑导弹的起始位置、目标位置、环境条件(如风速、气压等)、导弹性能参数和敌方防御系统等多种因素。通过综合考虑这些因素，导弹弹道规划系统能够自动计算出最优的飞行路径，使导弹能够在复杂的环境中快速穿越防空系统和干扰信号，实现精确打击目标的效果。

随着科技的不断进步，导弹弹道规划技术也在不断发展和完善。传统的固定导弹道规划已经逐渐被更加灵活和智能的动态导弹弹道规划所取代。动态导弹弹道规划能够根据导弹飞行过程中的实时信息和环境变化，灵活调整飞行路径，提高导弹的生存能力和命中精度。同时，随着人工智能、大数据等新技术的应用，导弹弹道规划系统的计算能力和决策能力也将进一步提升，为导弹的飞行提供更强大的支持。

导弹弹道规划问题可以等同于轨迹优化问题。轨迹优化方法可以按图 4-6 进行分类，通过求解方法可分为数值法[11]和解析法[12]。

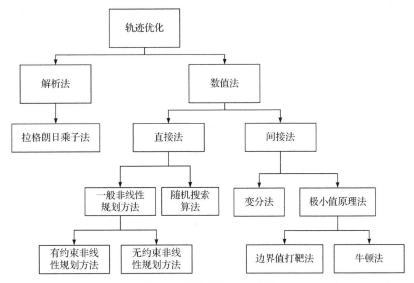

图 4-6 轨迹优化方法分类

其中解析法依赖于最优控制理论，通过对问题简化后，利用拉格朗日乘子法，形成哈密顿函数，再利用庞特里亚金极大值原理获得最优解。解析法由于存在对问题的一定的简化，解的精度较低，因此只能在一定程度上反映问题的特性，而且随着飞行器系统非线性和约束增多，推导过程繁琐，对复杂的非线性系统有些力不从心。阮春荣[13]在《大气中飞行的最优轨迹》一书中，针对大气再入飞行的多种论题进行了详细分析。

传统的导弹弹道规划方法主要分为直接法与间接法。间接法有变分法和极小值原理法等。其中极小值原理法包括边界值打靶法、牛顿法等。以变分法或者庞特里亚金极小值原理为基础的间接法，首先将最优控制问题进行转化，转化成由哈密顿方程组与终端约束构成的两点哈密顿边界值问题，对哈密顿方程组求解，得到最优弹道及相应控制序列的数值解。满足一阶最优条件的最优解的精度较高，但是推导最优解的过程复杂，求解两点边值问题的收敛域小，而且对初值要求的精度较高，在求解含路径约束的最优控制问题上存在一定的困难。

直接法的出现远早于间接法，但一直受计算机技术的限制。随着计算机技术的不断发展，直接法取得了较大的发展，并广泛应用于各类飞行器的导弹弹道规划当中。直接法包含随机搜索法与一般非线性规划方法。其中随机搜索法包含遗传算法、粒子群优化算法、蚁群优化算法、神经网络算法与模拟退火算法等。一般非线性规划方法包含有约束非线性规划方法与无约束非线性规划方法。其中有约束非线性规划方法包含复形调优法、简单规划法与拉格朗日乘子法等；无约束非线性规划方法则包含使用导数规划法与不使用导数规划法，其中使用导数规划法包含变尺度法、高斯牛顿法与最速下降法等，不使用导数规划法则包含单纯形法、模式搜索法等。

直接法可以对最优问题的参数进行离散化处理，因而不需要满足求解最优性必要条件，可以直接利用数值法对其进行求解。直接法的优点在于：不必推导一阶最优性条件，对初值的精度要求不高，收敛域较大，无需切换结构的先验信息，无需给定协调变量的初值，鲁棒性较好。直接法的缺点在于：不能保证获得的非线性规划解为原最优控制问题的解。直接法一般包括对参数进行离散化与优化求解两个过程。其中用于离散化参数最优控制问题的方法主要包括直接打靶法(离散控制变量的直接法)和配点法(同时离散控制变量与状态变量的直接法)。

不论是直接法还是间接法，对问题进行转换以后，都需要采用参数优化算法进行数值求解。参数优化算法种类繁多，主要可以分为精确求解算法、现代启发式算法、混合算法等。精确求解算法根据梯度信息进行问题求解，可分为梯度下降法、罚函数法、动态规划法、序列二次优化法等，精确求解算法精度高，但计算量较大，求解耗时长。现代启发式算法较为灵活，对目标函数限制少，易收敛到全局最优解，但精度较低。混合算法尝试将前两种算法进行结合，希望在提高精度的同时降低算法难度。

4.1.4 智能弹道优化算法

导弹的弹道优化问题实际上是一个非线性的带有控制约束、状态约束和终端约束条件的最优控制问题，可以通过智能优化算法或者最优控制理论求解。

智能优化算法是当前飞行器轨迹优化领域的研究热点，它是一类模拟自然现象或过程的优化算法，具有全局最优、并行求解、不依赖梯度信息等优点，能够应用于大规模的非线性问题求解。常见的智能优化算法有遗传算法(genetic algorithm，GA)、模拟退火(simulated annealing，SA)算法、蚁群优化(ant colony optimization，ACO)算法、粒子群优化(particle swarm optimization，PSO)算法等。

粒子群优化算法是一种基于群体智能的优化算法[14]，它源于对鸟群觅食行为的研究，其基本思想是通过模拟鸟群内个体间信息共享来更新优化参数，它通过信息共享使整个群体在问题求解空间内从无序向有序演化，从而获得最优解。PSO算法以多个粒子来模拟鸟群，每个粒子不具有质量或体积，只具有在搜索空间中的位置和速度两个属性，以位置来评估每个粒子的优劣，以速度来表征粒子的运动方向。每个粒子单独搜索最优解，并记录个体的最优极值，和群体中的其他粒子共享，找出群体当前的全局最优解，并结合粒子个体的最优极值作比较来更新粒子的位置和速度，直到全局最优解满足精度要求。其工作流程如图4-7所示。其中适应度函数是用来评估每个粒子好坏的标准，它根据优化问题的目标确定，是影响PSO算法最终结果的重要因素。设第 k 次迭代中，第 i 个粒子的第 d 维的位置、速度和历史极

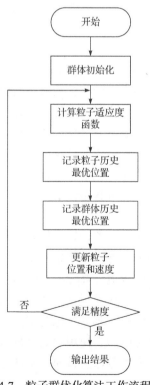

图 4-7　粒子群优化算法工作流程图

值(粒子 i 的第 d 维所经过的最好位置)分别为 X_{id}^k 、V_{id}^k 和 P_{id}^k ，群体的历史极值(粒子对应的全局最好位置)为 P_{gd}^k ，则粒子的位置和速度更新如下：

$$\begin{cases} V_{id}^{k+1} = wV_{id}^k + C_1 \, \text{random}(0,1)\left(P_{id}^k - X_{id}^k\right) + C_2 \, \text{random}(0,1)\left(P_{gd}^k - X_{id}^k\right) \\ X_{id}^{k+1} = X_{id}^k + V_{id}^{k+1} \end{cases} \tag{4-1}$$

式中，w 表示惯性权重，表示粒子在上一次迭代中的速度对本次迭代速度的影响；C_1 和 C_2 分别表示个体经验和群体经验对速度的影响，个体经验通过随机行为加强个体探索的可能性，群体经验表示粒子间的信息共享与相互合作。

由于粒子群优化算法具有灵活易用、收敛快、能够进行全局搜索等优点，已经在航天器轨迹优化领域得到了广泛应用。

采用粒子群优化算法进行导弹弹道优化，首先是要确定优化参数和适应度函数。导弹通过飞行程序给出的程序角控制导弹的飞行轨迹，对导弹飞行程序的设计就是对导弹飞行轨迹的设计。按照导弹飞行时不同段飞行轨迹的不同特性，将导弹轨迹分段进行参数化设计，并优化给定参数使导弹飞行性能指标最好，是导弹轨迹设计的一般做法。

对导弹助推段轨迹设计进行参数化，可转化为一级一次转弯攻角 α_{11}、一级二次转弯攻角 α_{12}、二级转弯攻角 α_2、三级转弯攻角 α_3 的参数优化问题，由此可采用粒子群优化算法进行优化。同时所设计的程序角需要满足的弹道约束条件有动压约束、弯矩约束、控制量约束和端约束等，并可以此设置适应度函数，如：

$$\text{Fitness} = \min J = k_1 \left| h(t_f) - h_f \right| + k_2 \left| \gamma(t_f) - \gamma_f \right| \tag{4-2}$$

式中，两个绝对值表征了终端高度与终端倾角的误差值；k_1、k_2 为权重值。适应度函数不唯一，可根据实际弹道要求进行调整。

在已经确定优化参数和适应度函数后，按流程图 4-7 所示 PSO 算法的具体步骤如下：

(1) 群体初始化。首先初始化 PSO 算法，设置最大迭代次数、优化变量的范围(位置区间)、速度限幅、粒子个数等，并在给定位置和速度区间内随机产生各粒子的初始位置和速度。

(2) 计算粒子适应度函数。将各粒子分别代入弹道积分函数计算弹道，将计算结果代入适应度函数计算各粒子的适应度，记录各粒子的历史极值和所有粒子的全局极值。

(3) 更新粒子位置和速度。对粒子的速度和位置进行更新，为了增加算法的全局性，同时保证收敛速度，在式(4-1)的基础上，设置惯性权重 w 为线性函数：

$$w = w_{\max} - \left(w_{\max} - w_{\min}\right)\frac{k}{k_{\max}} \tag{4-3}$$

式中，$w_{\max}$ 为最大惯性权重；$w_{\min}$ 为最小惯性权重；k 为当前迭代次数；$k_{\max}$ 为最大迭代次数。迭代开始时 k 较小，w 较大，粒子群优化算法的全局搜索能力强，能快速向全局最优解靠近。随着迭代深入，减小 w 以加强粒子群优化算法局部搜索能力，加快算法收敛。

4.2　火箭发射安全智能弹道监测技术

火箭发射安全智能弹道监测技术是指利用先进的传感器、数据处理和监控系统，对火箭发射过程中的弹道参数进行实时监测和分析，以确保发射过程的安全性和准确性。这项技术的发展旨在解决火箭发射过程中可能出现的各种安全隐患和意外情况，保障人员和设备的安全，确保火箭能够按计划顺利发射并到达预定目标。

随着火箭发射技术的不断发展和应用范围的扩大，火箭发射活动变得越来越频繁和复杂。火箭发射过程中存在着众多潜在的安全隐患，如发动机异常、燃料泄漏、航向偏离等，一旦发生意外，往往会造成严重的人员伤亡和财产损失。因此，研发火箭发射安全智能弹道监测技术成为了一项迫切的需求。

火箭发射安全智能弹道监测技术主要包括以下几个方面。

传感器系统：通过搭载在火箭上的各种传感器，如加速度传感器、陀螺仪、压力传感器等，实时监测火箭发射过程中的各项参数，包括加速度、速度、姿态、温度、压力等。

数据处理与分析：利用火箭上搭载的数据处理器和地面监控系统，对传感器获取的数据进行实时处理和分析，检测是否存在异常情况，并根据预先设定的安全标准进行判断。

智能监控系统：基于人工智能和机器学习技术，建立火箭发射过程的模型，通过学习和训练，使智能监控系统能够自动识别和预测潜在的安全风险，并及时采取措施进行应对。

实时反馈与控制：一旦监测系统监测到火箭发射过程中存在安全隐患，将立即向地面控制中心发送警报，并采取相应的控制措施，如中止发射、调整飞行轨迹等，以确保人员和设备的安全。

这些技术的应用使得火箭发射过程变得更加安全可靠，大大降低了意外事件的发生概率，保障了发射任务的顺利完成。同时，随着技术的不断进步和应用的不断拓展，火箭发射安全智能弹道监测技术将进一步提高其监测精度和反应速度，为火箭发射活动提供更加可靠的保障。

火箭作为卫星、空间探测器、空间站等航天器发射升空的唯一载体，在整个航天事业的发展中起着举足轻重的作用。为了确保火箭能够精准地完成飞行任务，避免其在飞行过程中发生事故，以致地面安全受到威胁，火箭在发射、飞行和再入阶段通过试验场内的监测系统对整个飞行过程进行跟踪。监测系统根据测量设备的位置，分为遥测系统和外测系统。遥测系统主要负责测量火箭内部各部件工作状况和火箭各分系统的环境参数；外测系统(雷达、光电经纬仪等)主要负责与火箭上的合作目标相互配合，实现对飞行火箭的弹道监测。外测系统的测量信息是引导测量设备精准跟踪目标的关键信息，也是事后性能评估和故障分析的重要依据。因此，利用外弹道测量信息对火箭跟踪定位的研究在当今航天领域备受关注。

火箭发射的弹道监测任务主要在测控系统中外测系统的基础上完成。外测跟踪系统主要的测量元素有距离、距离变化率、方位角、俯仰角等测量信息，然而对于火箭的跟踪定位，需要得到其在空间中的位置状态信息，将间接测量信息到空间状态信息的数据处理过程称为弹道解算。首先，在实际的应用中，单一的外测设备极易受到外界环境的干扰。为获得更加精确的目标信息，同一监测时段内有两个及以上测量设备进行交会式测量，综合处理这种多传感器观测数据的弹道解算方法也尤为重要。其次，由于空间环境的复杂测量结果极易受到随机噪声的干扰，从而解算弹道的精度不高，因此在测量信息进行解算后，需要对计算结果进一步平滑滤波以得到一条高精度的弹道。

目标跟踪在航空领域的应用是十分广泛的，它不仅是保证管制空中目标飞行的基本手段，还是避免目标失锁导致空中灾难爆发的重要保障。目标跟踪将测量设备的测量信息，如测距信息和测角信息等，转换为空间中目标的状态信息，如位置、速度、加速度等。目标跟踪的核心是根据测量信息寻求目标真实的状态信息，以引导测量设备准确跟踪目标的运动。根据目标的建模情况，可将其划分为无模型目标跟踪与有模型目标跟踪。无模型目标跟踪需要从测量信息中挖掘出目标真实的状态信息，涉及大量数据处理和数据挖掘的知识；有模型目标跟踪是根据目标的运动模型和部分先验知识，并结合实际的测量信息得到空间状态信息。因此，后者对于目标运动模型和先验知识的要求较高。一个好的跟踪模型通常包含两方面：一方面要能描述目标的行为，即动态(或运动)模型；另一方面要能包含对目标的行为观测，即观测(或测量)模型。航天领域的大多飞行器是非线性的，即目标状态参数与测量信息之间是非线性关系。因此在基于模型的目标跟踪算法中，对于机动目标跟踪算法的研究也十分重要。随着人工智能的热潮，目标跟踪与人工智能的结合也日趋成为未来跟踪算法研究的方向。

4.2.1　火箭发射安全智能弹道监测技术的基本原理和方法

目前航天外测系统采用独立的天线和单机实现连续波、脉冲体制的测量波形的协同转发，配合地面测控站实现径向距离、相对速度和方位角等测量，进而实现高精度实时轨道测量，并满足跟踪要求。

通过靶场测控系统，可以将不同来源的多种测量设备的数据进行整合，从而获得一致的、准确的、可靠的描述性信息，更好地实现目标的检测，且比单一信息源更加可靠。通过使用光学技术，靶场测控系统可以准确地测量目标的飞行轨迹，从而获取其相关参数。尽管光电经纬仪的可观测范围有限，但是通过三到四台光电经纬仪的交会定位，可以有效地提高定位精度，从而达到更好的效果。因此，需要采用多台光电经纬仪接力进行测量，以实现大范围观测和高精度的处理。

光学测量系统是一种基于光学成像原理的测量技术，可以用于跟踪测量飞行目标的位置、姿态、速度等参数，并推算出目标的弹道轨迹。根据不同的任务需求，光学测量系统可以分为多种类型。例如，记录目标飞行全过程的光测设备可以用于监测飞行器的起飞、飞行和着陆过程，以及评估其性能和飞行安全性；记录导弹运动轨迹的光电经纬仪可以用于对导弹进行跟踪和控制，提高导弹打击精度和命中率。

光电经纬仪是通过摄影测量方法确定物体相对于某一点的位置，由光学系统、跟踪机架系统和控制系统组成。光学系统接收光信息并对目标进行跟踪测量，跟踪机架系统支撑光学系统，控制系统控制跟踪目标。

具体来说，光电经纬仪的主要功能包括：

接收光学信息，光电经纬仪的光学系统主要负责接收光信息，通过镜头将目标的图像聚焦在光电探测器上。

执行跟踪测量任务，光电经纬仪的光学系统能够对跟踪目标执行跟踪测量任务，测量目标在空间中的位置、速度等参数。光电经纬仪的跟踪机架系统是用来支撑其光学系统的，它可以确保该系统能够精准地追踪到目标物体，从而实现精确的测量。

控制跟踪目标，光电经纬仪的控制系统主要负责控制对目标的跟踪，保证目标始终处于光学系统的视野范围内，从而完成对目标的跟踪测量任务。

光电经纬仪是一种用于测量地球表面上某点的经纬度的仪器。如图 4-8 所示，光电经纬仪由三个轴构成，分别是垂直轴、水平轴和照准轴，三轴之间可以互相转动。轴向编码器被安装在垂直轴和水平轴上，以精确测量仪器在这两个轴上的旋转角度，从而实现对物体的精确控制。

方位角(表示为 A)是指物体沿着垂直轴的倾斜角度，它反映了物体与其所处的北方的距离。照准轴绕水平轴旋转的角度称为俯仰角(表示为 E)，表示目标相对于水平面的高度角。通过测量方位角和俯仰角，光电经纬仪可以确定目标的经度和纬度，如图 4-9 所示。

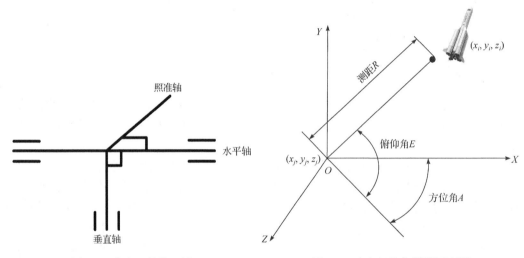

图 4-8　光电经纬仪三轴　　　　图 4-9　光电经纬仪测量原理图

1) 基本弹道解算方法

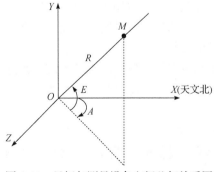

图 4-10　目标与测量设备空间几何关系图

各外测设备跟踪运载火箭所获取的测量信息主要包含距离和角度等信息，常用的测量信息为测距 R、方位角 A、俯仰角 E。以某台设备为例，测量设备所在位置为原点 O。R 定义为目标到测站之间的距离；A 定义为沿某点的天文北顺时针旋转到目标方向线的夹角；E 定义为从测量设备所在水平面旋转至目标方向线的夹角。目标与测量设备空间几何关系如图 4-10 所示。

根据如图 4-10 所示的几何关系可以求得单站测量坐标系下弹道位置参数为

$$\hat{\boldsymbol{X}}_i = \begin{bmatrix} \hat{x}_i \\ \hat{y}_i \\ \hat{z}_i \end{bmatrix} = \begin{bmatrix} R_i \cos E_i \cos A_i \\ R_i \sin A_i \\ R_i \cos E_i \sin A_i \end{bmatrix} \qquad (4\text{-}4)$$

由此，可以进一步得到目标在发射坐标系下的位置为

$$\boldsymbol{X}_i = \boldsymbol{M}_i \hat{\boldsymbol{X}}_i + \boldsymbol{S}_i \qquad (4\text{-}5)$$

式中，$\boldsymbol{M}_i$ 为第 i 台设备的测量坐标系到发射坐标系的变换矩阵；$\boldsymbol{S}_i = [x_{si}, y_{si}, z_{si}]$，为第 i 台设备在发射坐标系中的站址坐标。

2) 两台光电经纬仪交会定位

当测量体系中仅含有测角信息时，至少需要两台光电经纬仪才能对目标进行跟踪定位[15]，最常用的方法为水平投影法和垂直投影法，其基本原理是将测角信息投影到发射坐标系的水平面或垂直面，然后根据几何关系列写方程组，求解弹道参数。假设火箭所在的发射坐标系为 O-XYZ，两台测量设备的站址信息分别为 $O_1(X_1, Y_1, Z_1)$、$O_2(X_2, Y_2, Z_2)$，且该测量体系的测元分别为 A_i、$E_i(i = 1,2)$，两台光电经纬仪交会测量目标如图 4-11 所示。

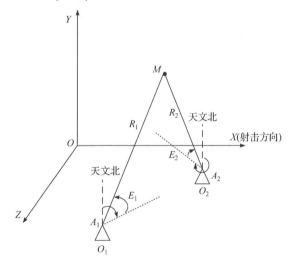

图 4-11　两台光电经纬仪交会测量目标

设目标 M 到两台观测设备的距离分别为 R_1、R_2，则目标在该发射坐标系下的坐标可表示为

$$\begin{cases} X = X_1 + R_1 \cos E_1 \cos A_1 \\ Y = Y_1 + R_1 \sin E_1 \\ Z = Z_1 + R_1 \cos E_1 \sin A_1 \end{cases} \qquad (4\text{-}6)$$

和

$$\begin{cases} X = X_2 + R_2 \cos E_2 \cos A_2 \\ Y = Y_2 + R_2 \sin E_2 \\ Z = Z_2 + R_2 \cos E_2 \sin A_2 \end{cases} \qquad (4\text{-}7)$$

因此可根据式(4-6)和式(4-7)进一步得到：

$$\begin{cases} X_1 + R_1 \cos E_1 \cos A_1 = X_2 + R_2 \cos E_2 \cos A_2 \\ Y_1 + R_1 \sin E_1 = Y_2 + R_2 \sin E_2 \\ Z_1 + R_1 \cos E_1 \sin A_1 = Z_2 + R_2 \cos E_2 \sin A_2 \end{cases} \tag{4-8}$$

对于仅能测角的光电经纬仪而言，R_1、R_2 为未知参数，只要满足交会的情况，就可利用式(4-8)中的任意两个方程联立求解出 R_1、R_2。根据投影的方向不同，选择的方程组合方式也不同，常用方法主要 "L 公式"、"K 公式" 和 "M 公式"。其中，"L 公式" 为水平投影法，"K 公式" 和 "M 公式" 为垂直投影法。

在外测数据事后处理中，常常利用位置参数微分中心平滑的方法及相应的公式，得到火箭的空间状态信息(位置、速度、加速度等)。非关机点附近的弹道相对平滑，速度求解采用二阶中心平滑公式，加速度求解采用三阶中心平滑公式；关机点附近的弹道变化相对剧烈，根据位置参数求速度时，采用四阶中心平滑公式[16]。

速度二阶中心平滑公式为

$$\hat{X}_0 = \sum_{i=-n}^{n} \frac{12i}{hN(N^2-1)} X_i \tag{4-9}$$

式中，N 为平滑总点数；h 为采样点时间间隔；X_i 为解算的弹道位置参数。

速度四阶中心平滑公式为

$$\begin{aligned} \hat{X}_0 = \sum_{i=-n}^{n} &\left\{ \frac{12}{hN(N^2-1)} \left[1 + \frac{7(3N^2-7)^2}{12(N^2-4)(N^2-9)} \right] i \right. \\ &\left. - \frac{140(3N^2-7)i^3}{hN(N^2-1)(N^2-4)(N^2-9)} \right\} X_i \end{aligned} \tag{4-10}$$

加速度三阶中心平滑公式为

$$\hat{\ddot{X}}_0 = \sum_{i=-n}^{n} \frac{30\left[12i^2-(N^2-1)\right]}{h^2 N(N^2-1)(N^2-4)} X_i \tag{4-11}$$

根据上述求解的速度公式、加速度公式，利用空间速度与弹道倾角、偏角之间的关系，得到合成速度 V、弹道倾角 θ 和偏角 σ：

$$\begin{cases} V = \sqrt{\dot{X}^2 + \dot{Y}^2 + \dot{Z}^2} \\ \theta = \arctan \dfrac{\dot{Y}}{\dot{Z}} + \begin{cases} 0, & \dot{X} \geqslant 0 \\ \pi, & \dot{X} < 0, \dot{Y} > 0 \end{cases} \\ \sigma = \arcsin(-\dot{Z}/V) \end{cases} \tag{4-12}$$

并可进一步推导出切向加速度、侧向加速度和法向加速度：

$$\begin{cases} \dot{V} = (\dot{X}\ddot{X} + \dot{Y}\ddot{Y} + \dot{Z}\ddot{Z})/V \\ V\dot{\sigma} = -\dfrac{\ddot{Z}}{\cos\sigma} - \dot{V}\tan\sigma \\ V\dot{\theta} = \ddot{Y}\cos\theta - \ddot{X}\sin\theta \end{cases} \tag{4-13}$$

4.2.2　智能算法应用

对于智能算法在弹道监测中的应用，目前国内外研究主要集中于以下几个方面。

轨迹重建和预测：智能算法可以处理外弹道测量信息以重建弹道轨迹，并使用预测模型来估计目标未来位置。目标识别和分类：通过分析外弹道测量信息中的特征，智能算法可以识别和分类不同类型的目标，如飞行器和导弹。运动轨迹分析：智能算法可以分析外弹道测量信息中目标的运动轨迹，识别异常行为或不寻常的模式，有助于进行威胁评估。数据关联和融合：对来自不同传感器的外弹道测量信息进行关联和融合，以提高目标跟踪的准确性和一致性。决策支持：基于智能算法对外弹道测量信息的分析，可以为决策者提供支持，包括识别威胁、制定应对策略等。实时响应和调整：智能算法可以实时处理外弹道测量信息，并根据目标的动态情况做出快速响应和调整。异常检测和故障诊断：利用智能算法对外弹道测量信息进行异常检测，可以及时发现传感器故障或异常情况，保障系统的可靠性和稳定性。这些应用反映了智能算法在外弹道测量信息处理中的关键作用，可以提高目标跟踪的准确性、实时性和自动化水平。

在运载火箭的飞行过程中，对理论弹道与实际弹道的相似性进行准确监控是至关重要的。传统的相似性度量方法常常采用余弦距离或欧氏距离等固定公式，然而这些方法未能充分考虑时间序列数据自身的特征。其他常见的方法是动态时间规整(dynamic time warping, DTW)方法，它可以在计算相似性时对时间序列进行放缩匹配，但是其时间复杂度较高，导致相似性计算效率不高，尤其是对大规模数据而言。此外，DTW 方法虽然能够比较不同长度的时间序列数据，但仍然是基于固定公式的距离计算，未能有效利用飞行状态标签的信息。

针对以上问题，有学者提出了一种基于孪生神经网络的运载火箭飞行状态监控方法[17]。该方法以运载火箭飞行状态标签为基础，通过孪生神经网络学习理论弹道与实际弹道之间的相似关系。与传统相似性度量方法不同的是，该方法充分考虑了弹道数据的特征对相似关系的影响，从而能够更准确地捕捉到弹道之间的相似性。

具体而言，该方法首先利用孪生神经网络对运载火箭的理论弹道与实际弹道进行特征学习和表示学习。随后，通过训练模型来确定理论弹道与实际弹道之间相似关系的阈值模型。一旦建立了相似关系的阈值模型，就可以通过实时监控来评估运载火箭飞行状态是否正常。当理论弹道与实际弹道之间的相似程度低于阈值时，可能意味着存在异常情况，需要及时采取相应措施进行调整或修正。

1. 孪生神经网络结构

孪生神经网络(siamese neural network, SNN)由两个权值共享的神经网络组成[18]。将要进行比较的两个数据集分别输入到孪生神经网络的两个子网络中，输出为两个数据集分别映射到高维空间的特征向量。运载火箭飞行状态监控利用孪生神经网络这一点，将理论弹道与实际弹道输入到孪生神经网络中，得到弹道数据映射到高维空间的特征向量。通过计算两个特征向量之间的欧氏距离得到相似度，然后通过比较相似度和阈值模型完成对运载火箭飞行状态的监控。

孪生神经网络一般由两个神经网络组成[19]。"孪生"是通过神经网络的权值共享来完成的，其具体结构如图 4-12 所示。

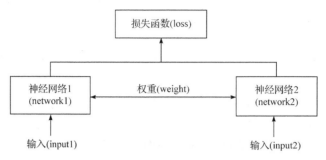

图 4-12　孪生神经网络结构

共享权值的意思就是 network1 和 network2 两个神经网络的权重一样，在代码实现时，可以通过搭建一个神经网络来完成。通过将理论弹道数据 input1 和实际弹道数据 input2 分别输入到共享权值的 network1 和 network2 神经网络中，得到映射到高维空间的特征向量，然后通过特征向量和标签来计算 loss，根据反向传播的方式来训练该孪生神经网络模型[20]。通过训练好的模型便能得到最终的弹道相似度。

2. 基于孪生神经网络相似度的飞行状态监控模型

所建立孪生神经网络模型如图 4-13 所示。模型中包含了两个结构相同的参数共享的前馈神经网络和一个欧氏距离度量模块。以弹道数据 X 为例进行建模，X_i 和 X_j 分别为实际弹道数据和理论弹道数据。Y 为类别标签，Y 为 0 代表实际弹道数据 X_i 为正常飞行状态的数据；Y 为 1 代表实际弹道数据 X_i 为异常飞行状态的数据。

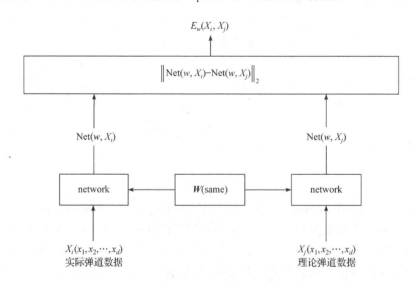

图 4-13　孪生神经网络模型

模型建立完成后首先要对弹道数据 X_i 和 X_j 组成的数据集进行归一化，公式如下：

$$X_{std} = \frac{X - X \cdot \min(\text{axis} = 0)}{X \cdot \max(\text{axis} = 0) - X \cdot \min(\text{axis} = 0)} \tag{4-14}$$

$$X_{scaled} = X_{std} \cdot (\max - \min) + \min \tag{4-15}$$

式(4-14)和式(4-15)中 $X \cdot \min$ 和 $X \cdot \max$ 分别为数据集中每列的最小值和最大值组成的行向量；max 为归一化后的最大值，默认值为 1；min 为归一化后的最小值，默认值为 0；X_{std} 为标准化后的结果；X_{scaled} 为归一化后的结果。

进行归一化后的数据划分为训练集和测试集，取训练集中实际弹道数据 X_i 和理论弹道数据 X_j 作为输入数据，输出标签为 Y_k，将弹道数据集输入到孪生神经网络中，实际弹道数据 X_i 和理论弹道数据 X_j 通过神经网络分别得到 $\text{Net}(w, X_i)$ 和 $\text{Net}(w, X_j)$，$W(\text{same})$ 为两个前馈神经网络共享的权值矩阵。当前馈神经网络有 K 层时，第 k 层有 p^k 个神经元 $(k = 1, 2, \cdots, K)$，输入为 $X_i = (x_1, x_2, \cdots, x_d)$ 时，第 k 层的输出为 $Z^k = s\left(w^{(k)} Z^{(k-1)} + b^{(k)}\right)$，其中 $w^{(k)}$ 是一个 $p^{(k)} \cdot d$ 的权值矩阵，$b^{(k)}$ 是长度为 $p^{(k)}$ 的偏置，s 为激活函数，则输入的实际弹道和理论弹道映射到新的向量空间的输出为

$$\text{Net}(w, X_i) = Z^k = s\left(w^{(k)} Z^{(k-1)}\right) + b^{(k)} \tag{4-16}$$

将输出层的特征向量之间的欧氏距离作为理论弹道与实际弹道的相似度 E_w，E_w 公式如下：

$$E_w(X_i, X_j) = \left\| \text{Net}(w, X_i) - \text{Net}(w, X_j) \right\|_2 \tag{4-17}$$

在图 4-13 中将实际弹道数据 X_i 和理论弹道数据 X_j 输入到权值共享的神经网络中，并通过反向传播方法来更新权值 W。在训练时，如果实际弹道数据为正常飞行数据，则使得相似度 E_w 最小化；如果实际弹道数据为异常飞行数据，则使得相似度 E_w 最大化。损失函数的定义如下所示：

$$L = \frac{1}{2} Y \sum E_w{}^2 + \frac{1}{2} (1 - Y) \sum \left(\max(0, m - E_w)\right)^2 \tag{4-18}$$

式中，Y 为判断飞行状态是否正常的因子，可表示为

$$Y = \begin{cases} 0, & \text{飞行状态正常} \\ 1, & \text{飞行状态异常} \end{cases} \tag{4-19}$$

利用梯度下降法来优化权值参数矩阵 $w^{(k)}$ 和 $b^{(k)}$，从而使得损失函数最小化。当前馈神经网络输入为飞行状态异常的飞行轨迹数据时，$Y = 1$，此时的损失函数为

$$L_s = \frac{1}{2} E_w(X_i, X_j)^2 \tag{4-20}$$

参数矩阵 $w^{(k)}$ 和 $b^{(k)}$ 更新过程如下：

$$
\begin{aligned}
w^{(k)} &= w^{(k)} - \mu E_w \frac{\partial E_w}{\partial w^{(k)}} \\
b^{(k)} &= b^{(k)} - \mu E_w \frac{\partial E_w}{\partial b^{(k)}}
\end{aligned}
\tag{4-21}
$$

当前馈神经网络输入为飞行状态正常的飞行轨迹数据时，$Y = 0$，损失函数为

$$L_D = \frac{1}{2}\left\{\max\left(0, m - E_w\left(X_i, X_j\right)\right)\right\}^2 \tag{4-22}$$

式中，参数 m 表示相似度阈值，定义了 $\text{Net}(w, X_i)$ 的半径，在训练过程中将相似度阈值大于等于 0.6 认为飞行状态正常，低于 0.6 认为飞行状态异常。也就是说，只有当 E_w 的距离小于该阈值时，弹道数据才会对损失函数 L 有更新作用，才可以对权值参数矩阵 w 和 b 进行调整。

当 $E_w > m$ 时，$\max\left(0, m - E_w\right) = 0, L_D = 0$，权值参数矩阵 w 和 b 不需要调整；当 $E_w < m$ 时，

$$w^{(k)} = w^{(k)} - \mu(m - E_w)\frac{\partial E_w}{\partial w^{(k)}} \tag{4-23}$$

$$b^{(k)} = b^{(k)} - \mu(m - E_w)\frac{\partial E_w}{\partial b^{(k)}} \tag{4-24}$$

训练前馈神经网络的过程就是将损失函数最小化的过程，L 的设计使得当飞行状态异常时，E_w 减小，L_s 也减小，当飞行状态正常时，E_w 增大，L_D 减小，从而通过式(4-23)和式(4-24)进行反向传播，更新孪生网络模型。

得到最优的孪生神经网络模型后，将测试集中的实际弹道数据 X_i 和理论弹道数据 X_j 作为模型的输入，得到模型的输出 $\text{Net}(w, X_i)$ 和 $\text{Net}\left(w, X_j\right)$，得到了相似度 $E_w = \{\mathcal{E}_{w_1}, \mathcal{E}_{w_2}, \cdots, \mathcal{E}_{w_N}\}$，$N$ 为训练集的长度。

采用错误率作为模型的评价指标，其表达式如式(4-25)所示：

$$\text{errRate} = \frac{1}{N}\sum_{k=1}^{N}\left\{1 | Y_k \neq Y_k\right\} \tag{4-25}$$

错误率为判断错误的结果占测试集数据长度的比例，其中 N 为测试集长度，Y_k 为飞行弹道实际状态标签，Y_k 如式(4-26)所示。当相似度 $E_{w_k} \geqslant 0.6$，飞行状态正常，Y_k 为 0；当 $E_{w_k} < 0.6$，飞行状态异常，Y_k 为 1。

$$Y_k = \begin{cases} 0, & E_{w_k} \geqslant 0.6 \\ 1, & E_{w_k} < 0.6 \end{cases}, \quad k = 1, 2, \cdots, N \tag{4-26}$$

基于孪生神经网络的运载火箭飞行状态监控方法不仅考虑了弹道数据特征的影响，而且有效利用了飞行状态标签的信息，能够更准确地监测运载火箭的飞行状态，为飞行过程的安全和稳定提供了可靠的保障。

4.3 卫星导航技术与轨道规划技术

4.3.1 卫星导航技术

卫星导航定位技术在卫星运行、轨道机动和空间操作等任务中扮演着至关重要的角色。目前，学术界对"导航"普遍认可的定义是指通过几何学、天文学、无线电信号等手

段确定或规划船舶、飞机位置和航迹的方法[21]。从上述定义可见，上述导航的解释方式在实质上没有本质差异，都强调了导航过程中重要的两个方面：一方面，导航对象为运动的载体或人员，需要及时准确确定导航对象的位置和速度等参数；另一方面，导航必须为用户提供指导作用。由于获取导航参数的原理和技术手段多种多样，因此出现了多种导航方式，如卫星导航、天文导航、惯性导航和无线电导航等。

通常，卫星导航可分为两大类，即非自主导航与自主导航。非自主导航是指通过地面站设备(如雷达)对卫星进行跟踪测轨，并在地面上进行数据处理，最终得到轨道位置信息。在过去，大多数卫星采用非自主导航方式。自主导航则是指卫星完全依靠自身携带的设备，自主地执行导航任务，无需与外部发生任何声、光、电的交互。自主导航包括被动和主动两种方式。被动方式指与航天器以外的地面站或卫星没有任何合作，如空间六分仪；主动方式表示与航天器以外的地面站或卫星(如数据中继卫星)有合作，如 GPS。可以看出，自主导航具有优秀的隐蔽性和不受外部人为或自然条件影响的特点，具有重要的应用价值。关于卫星的自主导航，美国学者 Lemay 提出了下列四个特点来界定自主导航：自给与独立、实时、无信号发射和不依赖地面站。在实际的工程实践中，只依靠自身携带的设备实现状态确定，而无需地面测控系统支持的卫星导航方式被称为自主导航[22]。鉴于自主导航显著的优势与广阔的应用前景，本书将着重介绍自主导航相关的概念与原理。

卫星导航技术在太空中的应用非常关键，这是因为卫星需要精确地确定自身的位置、速度和方向，以便正确执行任务、调整轨道和避免碰撞其他天体或太空垃圾[23]。目前，在卫星上广泛应用的导航设备主要包括惯性测量装置、空间六分仪和光学定位系统。惯性测量装置最初用于飞机导航，后来经过改进被应用于火箭导航，随后进一步改进后被应用于载人航天器导航，用来测量航天器的飞行姿态、位置和速度。美国为"阿波罗号"研制的惯性测量装置是一种典型的导航设备，其由 3 个标准陀螺仪和 3 个装置在稳定平台上的加速度计组成。空间六分仪用于测量瞄准线与各种星体间的角度，以此来测定卫星的飞行方向。当恒星偏离空间六分仪的瞄准线时，表明惯性测量仪需要重新对准。典型的空间六分仪由两个卡塞格林望远镜、一个测角装置、两个正交光学基准面、一个捷联式速率陀螺组件和有关计算装置组成。其原理是两个望远镜和一个测角装置安装在三轴框架的内框上，轴框架可以连续旋转 360°。中、外框架通过伺服控制系统使两个望远镜扫描、捕获和跟踪所要测量的天体目标，测量两个天体目标与两个正交光学基准面之间的夹角，经数据处理即可确定航天器的三维轨道位置和三轴姿态。光学定位系统利用周围的恒星背景来确定载人航天器接近目标的方向。此外，卫星还配备了目标测距设备和多普勒雷达。在飞行过程中，卫星上和地面上的测量系统始终共同协作，以确保达到最高的导航精度。

卫星导航与地面上的设备导航不同，卫星的飞行轨道是预先设定好的，在卫星飞行过程中通过各种仪器描绘出其实际的飞行轨道，然后对比其预先测定的轨道模型，及时修正卫星的飞行姿态，以完成预定的任务。基于此，卫星的自主导航概念被提出后就受到了广泛重视，各国学者在自主导航领域都进行了大量研究。目前主流的自主导航方式主要有惯性导航、卫星导航、传统天文导航、特征匹配导航(如重力场匹配导航、图像匹配导航、地磁匹配导航等)和一些新型的导航方式，如 X 射线脉冲星导航等。空间卫星自主导航系统按它的工作原理可分为四大类：

1. 地基导航

利用地面目标基准测量来确定卫星的位置和姿态，这种系统需要依靠地面控制点或地面标志。地面控制点可以采用多种形式，如精确的光源、发射器、特征或地面的特定区域。尽管不同的系统对地面控制点的检测方式各有不同，但从所测参数中总能获得有关航天器完整位置和姿态的信息。由于这种方法存在很大局限性，它要依赖地面站，而一个地面站跟踪卫星的时间是非常有限的。如果要连续跟踪卫星，则需要相当数量的地面站。例如，要求地面站100%时间覆盖航天器，当轨道高度为270km时，需要设56个站；当轨道高度为800km时，需要设20个站，而且这些站都要求理想分布，其中大多数站势必在国外或海上。因此，通过增加地面站数量来实现对低轨道航天器进行全方位、全时候跟踪是不经济的，甚至是不现实的。然而，如果无法连续跟踪航天器，则轨道测量只能通过轨道数据处理方法。

2. 惯性导航

惯性导航系统是一种通过测量运动载体相对于惯性空间的线运动和角运动的加速度来解算载体姿态、速度、位置的航位推算导航系统，通常也称为"惯导系统"(inertial navigation system，INS)。惯性导航具有完全独立于外部信息、不向外界辐射能量、没有可见性限制等特点，可以广泛用于各类航天器上。

惯性导航是一种推算导航方式，即根据连续测量得到载体的航向速度和角速度，从一个已知的点位置推算出下一个点的位置[24]。惯性导航系统具有能够连续测出载体当前位置的特点，并且能够提供位置、速度、姿态角等信息。惯性导航信息具有连续性好、数据更新率高、短期精度高的特点。

对于惯性导航系统，主要缺点是由于它的导航信息通过积分产生，因此在航位推算的过程中，定位误差会逐渐增大，系统长期稳定度降低；同时惯性导航系统在每次使用时都需要进行初始对准，初始对准的时间相对较长；与卫星导航系统相比，惯性导航系统不能向载体提供相关的时间信息。

3. 天文导航

天文导航是通过观测自然天体来确定载体位置和姿态的一种导航技术。天文导航的信标是自然天体，卫星通过相应的测量设备观测信标并进行导航信息处理后，就可以解算出相应的位置与姿态信息。在天文导航中，常用的敏感器有地球敏感器、太阳敏感器和星敏感器等天体敏感器。目前，天文导航中用来确定位置面的可行测量方法包括：近天体/卫星/远天体的夹角测量法、近天体/卫星/远天体的夹角测量法、飞行器/近天体的视角测量法和掩星测量法。其中，飞行器/近天体的视角测量法和掩星测量法主要用于卫星星际航行的末端导航。尽管天文导航具有许多优势，但容易受到观测条件的限制，如天体的可见性、传感器性能等因素会影响其导航精度。在未来的航天工程应用中，天文导航以其强大的自主性和高可靠性将发挥日益重要的作用。然而，在航天工程应用中，天文导航仍存在一些理论和技术问题，包括建立统一的时空基准、精确建模导航目标源、高精度的动力学建模、创新的量测原则、先进的导航算法以及高精度传感和检测系统的选择、导航测量信息、导航传感器实现、在轨应用等技术问题。

4. 天基星座导航

天基星座导航是将卫星作为空间中的基准点，各卫星通过测量自己相对于其他卫星的距离或多普勒频移来确定自身位置与速度的方法。天基星座导航已经是目前卫星导航的主流方法之一，它具有应用方便、解算精度高、发展成熟的特点。GPS 是最常用的天基星座导航系统之一，通过至少三颗卫星的信号交叉定位来确定航天器的位置。其他天基星座导航系统还包括俄罗斯的 GLONASS、欧盟的 GALILEO 等。天基星座导航系统适用于全球范围内的定位和导航，其优势在于覆盖范围广、精度高。

但是，因为天基星座导航依赖于导航卫星的播发信息，所以容易受到人为的干扰甚至破坏。同时，由于导航星座的空间位置与信号链路的限制，对高轨卫星与深空探测器来说，无法通过星座导航实现导航。

4.3.2 卫星智能导航技术应用

在高轨道卫星和深空探测器等需要大量地面测控资源或地面测控难以有效进行的导航领域中，天文导航作为几乎唯一有效的自主导航手段，具有不可替代的关键作用。经过多年的发展，天文自主导航系统已从最初的单一传感器系统发展为多种传感器综合系统，通过优化配合和性能互补实现系统精度和可靠性的提高。然而，目前研究主要着重于提高天体测量的精确度和稳定性，包括设计更高分辨率的光学传感器，提高图像提取和处理算法的效率，以及优化自适应导航滤波算法等。尽管如此，实际的天文观测仍然具有很多限制：①导航信息来源仍然仅限于少数简单、稳定和特殊的信息源，如太阳敏感器、星敏感器等；②传统导航系统仅适用于少数特定的导航模式的简单组合，其应用范围有限，约束显著；③在面对特殊环境，如天体遮挡和运动模糊时，传统导航系统可能失效，导致系统可靠性下降。这些问题的主要原因在于传统的天文自主导航系统未充分利用天体提供的导航信息，仅依赖简单的天体信标信息，尚未运用天文知识辅助实现更高水平的自主导航。未来的研究应该致力于充分利用更复杂的导航信息源，利用天文知识提升自主导航系统的性能和适用范围。

近年来，随着智能处理技术的迅猛发展，特别是可计算知识等相关理论的提出和发展，为利用深层次天文信息进行天文导航融合处理提供了技术手段。智能信息处理问题一般可划分为感知计算与认知计算。感知计算涉及人类感知器官的学习，如视觉、听觉等，即目标识别和信息提取能力。认知计算则涉及人类大脑的认知过程，如自然语言理解与基于背景知识的推理、判断和预测。其中，知识在认知计算中扮演着重要角色。人类之所以能理解自然语言，主要归功于具有相关知识的支持，而不是单纯依赖表面字符。缺乏背景知识的机器无法真正理解自然语言，因此，知识在智能处理领域，尤其是在认知计算的发展中具有重要意义。

智能天文导航系统主要包括导航知识提取、导航知识库建立和导航知识应用三个关键部分[25]。如图 4-14 所示，在导航知识提取阶段，由于空间环境不易获取、样本稀少，难以使用机器学习方法对导航系统进行训练，因此主要依赖人工操作，收集和整理人类知识和经验，并建立可计算导航信息的知识库。这些知识需要按照特定结构组织，以供计算机使用。计算机可以根据给定的知识进行感知计算和推理计算，提取各种导航信息，然后将这些信息融合到导航计算过程中。

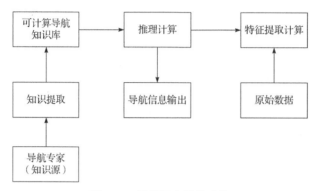

图 4-14　智能天文导航系统

1. 构建卫星天文导航的天体知识库

在天文导航中，提取导航信息和识别目标特征是一个重要研究领域。在太空中，恒星、行星、卫星等天体呈现不同大小和形态，其天体特征也随时间变化。处理这些不规则结构的信息对图像处理和特征识别等过程构成了挑战。为了向自主导航系统提供可靠信息，准确获得航天器的空间位置和速度信息，需要在图像处理和目标识别等技术基础上设计综合分析和逻辑推理系统。这些复杂处理方法建立在天文领域知识基础上，并要求航天器能够自主执行。因此，将这些天文知识和处理方法整理成一个用于计算的导航知识库是建立智能导航系统的先决条件。

2. 基于知识的智能天文导航算法

导航的主要目标是获取卫星当前的位置、速度等空间状态信息，并对卫星未来的轨道进行预测。为实现这一目标，需要将收集和提取的各类导航信息进行融合计算，其中，常用的导航融合算法是扩展卡尔曼滤波算法。该算法通过线性化的非线性状态方程和观测方程进行最优估计，适用于处理弱非线性系统，计算量小且易于工程实现。对于强非线性系统，如未知目标跟踪和复杂环境下的导航状态递推等，更适合使用无迹卡尔曼滤波(UKF)算法、粒子滤波算法等强跟踪滤波算法，以进行多源信息融合和深度融合估计。

建立知识库的最终目的是为导航应用提供支持。在应用知识的过程中，导航系统可以提取更多信息，并将这些信息融合到导航计算中，这也是一个需要深入研究的问题。常用的导航融合算法包括卡尔曼滤波算法及其变种和粒子滤波算法等，适用于不同场景。在知识的帮助下，获取到的导航信息将大大增加，信息类型和精度也将更加多样化。

4.3.3　卫星轨道规划技术

卫星轨道规划是卫星轨道机动的前提和基础，对发展其他卫星技术(如在轨操作、卫星组网、深空探测)有着重要意义。此外，随着航天任务需求和多样性的不断提升，越来越多的航天器通过组合的形式执行任务。多航天器组合运行具有协同性能好、运行成本低、飞行效率高、执行任务可靠性高和适应性强等优点，是未来航天器在轨服务形式的发展趋势。多航天器以组合形式执行任务也对航天器智能规划技术提出了新的挑战[26]。多卫星系统轨道规划技术在包括单颗卫星轨道规划的同时，还将集群协同规划与控制技术融合进去，更具有普适性和发展前景，因此，本书着重介绍多卫星系统的轨道规划技术。

多卫星轨道智能规划可分为飞行轨道规划和避碰轨道规划两种。前者是指多航天器编组完成后，以整体的形式在轨飞行并执行任务的规划过程，是一种长距离路径规划问题；后者是指航天器在执行任务过程中避免与其他合作成员或非合作障碍物发生碰撞的短距离路径规划问题。

多卫星轨道智能规划的核心思路与无人机、无人车等的航迹、路径规划相近，均是以最大限度访问目标、实现个体功能、避免碰撞与障碍为目的的路径规划问题。但多卫星轨道智能规划具有以下难点：①飞行速率与惯性大、灵活性低。②轨道约束性强、机动能力有限。③轨道具有不可逆性、重访周期长等。因此，多卫星轨道智能规划一直以来都是航天技术的热点问题。

1. 飞行轨道规划

20 世纪 90 年代起，基于多卫星组合飞行的轨道规划技术的概念受到重视。根据航天器相对运动状态的不同，多卫星飞行轨道规划可分为组网飞行轨道规划和编队飞行轨道规划。

组网飞行轨道规划是指多颗卫星在不同轨道平面飞行，各卫星的轨道有所重叠以实现有效增大卫星作用覆盖范围、缩短目标重访周期的目的[27]。多航天器组网飞行轨道规划以卫星组网为主，又称"星座"，典型技术有 GPS 导航规划技术、铱星星座规划技术和 Orbcomm 星座规划技术等。GPS 导航规划技术目前较为成熟，其智能规划系统和优化算法的研究一直以来得到广泛关注。铱星星座规划技术较早实现了航天器组网中的星链技术，打通了多颗卫星间的通信交互链路，为多颗卫星航迹智能规划提供了重要前提。Orbcomm 星座规划技术将多颗卫星组网飞行轨道规划分为轨道保持、在轨操作和轨道确定三部分，通过地面监控和全球网络控制中心对组网航天器进行轨道规划，能够实现多航天器间相对距离的稳定保持和任务需求变更时的轨道重规划。

编队飞行轨道规划是指多颗卫星组成并保持一定几何形状，共同围绕地球周期性运转的轨道规划，具有成本低、性能与灵活性高、编队成员协同性好等优点。多卫星编队结构复杂、卫星功能齐全、任务性能和任务需求均较高，已在国内外取得许多研究成果，如美德合作的重力恢复与气候实验卫星(GRACE)[28]、德国 TerraSAR-X 和 TanDEM-X 编队卫星[29]、我国天宫二号伴随卫星等[30]。

从规划参照系的角度来看，卫星编队飞行轨道规划可分为绝对飞行轨道规划和相对飞行轨道规划两种。绝对飞行轨道规划是一种导航式轨道规划方法，主要通过 GPS 等位置跟踪与测量系统对卫星编队成员进行独立轨道规划，这要求编队内所有卫星都具备精准的导航与规划能力。相对飞行轨道规划是指在编队中主卫星绝对飞行轨道规划的基础上，伴随卫星相对于主卫星进行轨道规划，是目前卫星编队规划的主要手段。相对飞行轨道规划通常借助 C-W(Clohessy-Wiltshire)方程等动力学模型或轨道根数差法的运动学模型进行求解和优化。

2. 避碰轨道规划

根据多卫星编队飞行过程中避碰对象的不同，可以将多卫星避碰轨道规划分为防编队内卫星的相互碰撞(防碰)轨道规划和防与编队外障碍物发生碰撞(避障)轨道规划两类。

1) 防碰轨道规划

随着空间环境的逐渐拥挤恶化，近些年来卫星间发生碰撞的事件时有发生。例如，历史上首次发生卫星间的碰撞事故：在美国东部时间 2009 年 2 月 10 日上午 11 时 55 分，美俄两国的卫星在西伯利亚上空发生碰撞，相撞的两颗卫星是"宇宙-2251"和"铱星-33"。"宇宙-2251"重 900 公斤，是一颗俄罗斯军用通信卫星，于 1993 年 6 月发射升空。在这次撞击发生之前，早在 1995 年这颗卫星就已经失效，成为不受控的太空垃圾。美国的"铱星-33"属于美国铱星公司，该卫星质量为 560 公斤，属于铱星公司构建的 66 颗铱星组成的商业通信网络中的一颗，于 1997 年发射升空，撞击发生时尚处于工作状态。由于发生碰撞的位置比较高(距地表 790km 处)，此次事故产生的碎片将长期存在于近地轨道中，严重影响了此后人类的航天任务。

卫星防碰轨道规划指多航天器飞行过程或队形调整的过程中，避免编队内航天器之间相互碰撞的规划。由于航天器具有质量大、飞行绝对速度快、轨道机动响应速度较慢、碰撞成本高等特点，多航天器编队防碰轨道规划研究一直是编队飞行轨道规划中的重要内容。

2) 避障轨道规划

随着全球航天事业的迅速发展，全球卫星发射次数不断增加。超过三十个国家和地区相继进行了发射任务。21 世纪以来，由于国家安全需求，各国的卫星发射任务变得越来越紧迫和频繁。然而，宇宙空间资源有限，近地空间和地球同步轨道空间受限，导致地球附近物体数量急剧增加。空间卫星环境变得拥挤，空间碎片问题日益严重，形势不容乐观。卫星避障轨道规划指多航天器在飞行过程中，遇到非合作的其他航天器、太空垃圾或禁飞区域等不确定性障碍物时，通过调整轨道和飞行状态以躲避障碍物的规划。多航天器开展避障轨道规划前首先需要判定障碍物碰撞风险，目前航天器障碍物碰撞风险评估主要有 Box 区域判定法和碰撞概率判定法。

Box 区域判定法是以航天器为中心，以一定的长方体范围定义卫星不同程度的碰撞警报区，当监测到障碍物进入航天器警报区内时，则触发航天器必要的规避响应。该方法可降低障碍物监测误差带来的影响，具有较高的安全性，但缺乏对碰撞风险的准确评估，预警虚报率高，易导致航天器频繁地轨道机动，降低了航天器燃料使用率和任务执行效率。

4.3.4　卫星智能轨道规划技术应用

空间在轨服务过程中，卫星的机动轨道规划是完成各种任务的重要前提。在路径规划中，遗传算法应用广泛，遗传算法是一种通过模拟自然选择和生物进化过程搜索最优解的算法,在求解较为复杂的组合优化问题时,具有算法鲁棒、灵活、不易陷入局部最优等优点[31]。虽然遗传算法使用交叉、变异等算子可以从全局角度出发搜索最优解,但是遗传算法求解时间与染色体基因等算子数目呈指数增长的关系,这对选择染色体的编码形式和遗传算法的求解效率产生较大程度的限制。同时局部搜索能力较差,易产生"超级个体",形成早熟现象。本小节介绍一种混合遗传算法[32],兼顾全局和局部两个角度,是将遗传算法的全局搜索能力与模拟退火算法相结合的智能轨道规划算法。

综合考虑路径安全、任务时间、燃料消耗、总路程等约束条件后,进行轨道路径规划,寻找一条卫星的最优机动轨道路径。对于卫星智能轨道规划技术,主要采用遗传算法来设计轨道。主要分为以下步骤。

步骤 1:设计编码方式。染色体编码采用简明、直观、可行性强的可变长实数形式。假设服务航天器实施轨道机动的时刻分别为 $(t_1, t_2, \cdots, t_n)$,实施轨道机动的位置分别为 $(F_1, F_2, \cdots, F_n)$,F_n 是一个三维矢量,表示服务航天器在参考坐标系三个方向的位置,因此服务航天器每条轨道机动的路径可编码为 $(t_1, F_1, t_2, F_2, \cdots, t_{n-1}, F_{n-1}, t_n, F_n)$。

步骤 2:产生初始种群。随机产生 N 个个体(N 条路径),每个个体记为 P_j,$j=1,2,\cdots,N$。个体长度 l 也同样在约束区间下随机产生。为避免随机路径中的返回部分,对每个个体 P_j 的坐标值降序排列以增加初始种群的可行性。

步骤 3:建立适应度函数。

(1) 优化安全性。建立如下约束轨道安全性的适应度函数:

$$\text{fit}_1\left(P_j\right) = \sum_{i=1}^{n} \eta_{ji}$$
$$\eta_{ji} = \begin{cases} 0, & l_{ji} \in \boldsymbol{\Phi}_{ji} \\ 1, & \text{其他} \end{cases} \tag{4-27}$$

式中,$\boldsymbol{\Phi}_{ji}$ 为由绕飞小卫星的安全半径形成的球形安全范围;l_{ji} 为第 j 条轨道机动路径中服务航天器从 t_i 时刻到 t_{i+1} 时刻的相对坐标矢量。若该轨道机动路径没有穿过任一小卫星的安全范围,则 η_{ji} 的值赋为 1,否则赋为 0。如此,$\text{fit}_1(P_j)$ 的值越大,该路径的安全性越高。

(2) 优化脉冲变轨次数。卫星每次进行轨道机动都需要施加脉冲,轨道机动次数越多,施加脉冲越多,进而燃料消耗越多。建立如下约束轨道机动次数的适应度函数:

$$\text{fit}_2(P_j) = N_j \tag{4-28}$$

式中,N_j 表示第 j 条路径中服务航天器的轨道机动次数。如此,$\text{fit}_2(P_j)$ 值越小,服务航天器的能量消耗越少。

(3) 优化总路程。在轨服务过程中,卫星的轨道总路程变短,一定程度上可以减少任务时间和节省燃料。建立如下约束总路程的适应度函数:

$$\text{fit}_3(P_j) = \sum_{i=1}^{n} d[(x_{ji}, y_{ji}, z_{ji})(x_{ji+1}, y_{ji+1}, z_{ji+1})] \tag{4-29}$$

式中,(x_{ji}, y_{ji}, z_{ji}) 表示第 j 条路径 t_i 时刻服务航天器在相对轨道坐标系中的坐标;

$d[(x_{ji},y_{ji},z_{ji})(x_{ji+1},y_{ji+1},z_{ji+1})]$ 表示第 j 条路径 t_i 时刻至 t_{i+1} 时刻的机动轨道长度。如此，$\text{fit}_3(P_j)$ 的值越小，表明该路径的总路程越短。

(4) 优化任务时间。在轨服务任务要在一定时间内完成。时间越短，特定时间内服务航天器的服务目标数量越多。建立如下约束任务时间的适应度函数：

$$\text{fit}_4(P_j) = T_j \tag{4-30}$$

式中，T_j 表示服务航天器沿第 j 条路径所消耗的时间。如此，$\text{fit}_4(P_j)$ 值越小，任务消耗时间越少。

(5) 优化燃料消耗。建立如下约束燃料消耗的适应度函数：

$$\text{fit}_5(P_j) = \sum_{i=1}^{n} \Delta v_{ji} \tag{4-31}$$

式中，Δv_{ji} 表示第 j 条路径第 i 次施加脉冲时服务航天器的速度变化量。如此，$\text{fit}_5(P_j)$ 值越小，服务航天器第 j 条路径燃料消耗越少。

(6) 综合适应度函数。对上述各个优化目标函数运用线性函数进行归一化处理，形成综合适应度函数：

$$\begin{cases} \omega_k = [\text{fit}_k - \min(\text{fit}_k)]/[\max(\text{fit}_k) - \min(\text{fit}_k)] \\ k = 1,2,3,4,5 \\ \text{fit}(P_j) = \omega_1/(\omega_2 + \omega_3 + \omega_4 + \omega_5) \end{cases} \tag{4-32}$$

如此，$\text{fit}(P_j)$ 值越大，个体越优良。

由于染色体编码方式是可变长度编码 M，所以采用单点交叉的方式，如图 4-15 所示。具体操作为根据交叉概率和随机位置确定交叉的两个染色体的交叉位置；进行交叉操作；交叉后的染色体坐标降序排列，避免路径环绕。

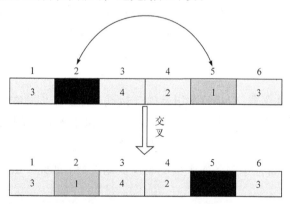

图 4-15 染色体单点交叉操作示意图

染色体变异采用均匀的变异方式，具体步骤为根据变异概率确定变异的染色体；随机确定进行变异基因的位置；为了避免路径环绕，在变异基因前后开区间内，按照均匀分布方式随机生成变异后基因的值，完成变异操作。

退温函数是模拟退火算法理论中重要一环。研究表明，降温速度越慢，获得高质量解的概率就越大，但耗时增加，这极大影响了求解效率。因此，设计温度参数 t，根据温度高低，控制下降速度。在温度高时快速下降，温度低时缓慢下降，达到兼顾模拟退火算法的局部搜索能力和求解的质量、效率的目的。算法设计的降温操作如下式：

$$t_{k+1} = \lambda t_k \tag{4-33}$$

式中，t 为温度参数；λ 为退温速率，$0 < \lambda < 1$。

假设问题的当前解为 s_i，目标函数为 $g(s_i)$；在控制参数为 t 时，该问题产生了新解 s_j，其对应的目标函数为 $g(s_j)$。若 $g(s_i) \geqslant g(s_j)$，则接收新解 $g(s_j)$，并用其替换问题的当前解 s_i；否则，对当前解 s_i 进行转换。若 $P > \text{Random}[0,1]$，则接收新解 s_j；否则，保持当前解 s_i 不变。

$$\begin{cases} \exp\left[\dfrac{-(g(s_i) - g(s_j))}{t_k}\right], & g(s_i) < g(s_j) \\ 1, & g(s_i) \geqslant g(s_j) \end{cases} \tag{4-34}$$

混合遗传算法的流程如图 4-16 所示。

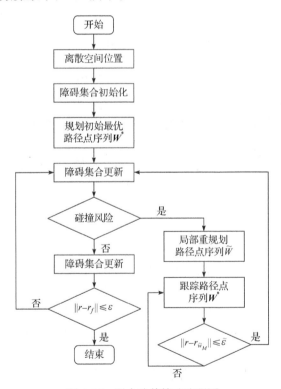

图 4-16　混合遗传算法流程图

算法步骤：①初始化群体，参数设定：种群规模 N、交叉概率 P_c、变异概率 P_m、温度控制参数的初始值 t_0、退温速率 λ、进化代数 k；②计算适应度函数值，进行个体评价；③根据个体评价，进行选择运算；④对染色体进行交叉运算、变异运算、精英选择运算；⑤进行模拟退火运算，对新个体进行接受运算，以概率 P 为标准，直至米特罗波利斯

(Metropolis)抽样稳定；⑥判断解是否满足算法终止条件，若满足，转步骤⑧，否则转步骤⑦；⑦令 $k = k+1$，进行降温运算 $t_{k+1} = \lambda t_k$，转步骤②；⑧输出全局最优解。

4.4 行星探测器自主定位技术与轨迹规划技术

4.4.1 行星探测器自主定位技术

近几年，火星探测和小行星探测已经成为地外天体探测领域的热门话题。火星作为太阳系中与地球环境最为相似的行星，是研究生命起源的理想目标；小行星种类繁多，数量众多，保存了大量早期太阳系的原始物质，同时处于复杂的动力学环境中，因此具有重要的科学研究价值。随着探测活动的不断深入和探测技术的不断提高，对地外目标天体进行原位探测和采样返回成为未来行星探测的重要发展方向。确保在地外天体表面实施精确、安全的着陆和有效的轨迹规划，是实现上述探测任务的关键。进行月球、火星等地外天体表面的非载人科学探测时，必须开发高性能的行星探测器，又称月球车或火星车。这种航天器能够适应地外天体环境，在其表面移动，执行探测、采样和运载等任务，属于一类特殊的航天器，与传统的卫星或飞船有所不同。行星探测器在着陆之前充当着陆器的有效载荷，在着陆后则独立运行成为完整的移动探测器。

自 20 世纪 60 年代，国外就着手研制月球和火星探测器，美国和苏联的巡视探测器在这一领域一直处于世界领先地位。在 20 世纪 70 年代，苏联成功应用了"月球车 1 号"和"月球车 2 号"探测器进行探月任务；美国的"索杰纳号"、"机遇号"、"勇气号"和"好奇号"等深空巡视探测器则在火星表面获得成功运用。2020 年 7 月，美国的"毅力号"火星车从美国佛罗里达州卡纳维拉尔角空军基地升空，之后进行了近 7 个月的火星旅程，并于北京时间 2021 年 2 月 19 日在火星杰泽罗陨石坑内以壮观的"空中起重机"方式安全着陆。随后，"毅力号"于北京时间 2021 年 3 月完成了首次火星行驶，留下了独特的印记。

近些年来，我国行星探测技术迅速发展，2020 年 7 月 23 日我国发射了自主研发的火星探测器——"祝融号"，发射以来，在地火转移飞行、环火轨道运行期间，环绕器配置的中分辨率相机、高分辨率相机、矿物光谱分析仪、磁强计等 7 台科学载荷陆续开机探测，获取科学数据。在火星表面工作期间，火星车按照计划执行环境感知、火面移动和科学探测任务，通过配备的六台载荷，包括地形相机、多光谱相机、次表层探测雷达和表面成分探测仪等设备，对巡视区进行详细探测。同时，环绕器在中继轨道上运行，为火星车提供稳定的中继通信支持，同时也实现对巡视区的环绕探测。

在各类行星探测任务中，探测器因弹跳至彗星阴影区而无法正常展开探测工作，凸显了行星探测器自主定位和轨迹规划在小天体着陆任务中的重要性。例如，在月球表面进行科学探测时，月球探测器需要借助导航定位技术进行移动控制。精确了解月球车的位置和姿态信息不仅有助于确保其安全运行，而且可提高与地面站之间通信天线的指向精度，减少信号损失。此外，准确的定位信息还能对巡视探测器的地面控制系统和远程操作系统进行指导，控制其导航移动并消除时延影响，确保巡视探测器始终沿着规划路径行驶，抵达目标位置后能够准确地进行月表物质成分和资源的勘察。在地球、月球和火星等地外天体上，摄影测量技术处理是获取巡视探测器位置和姿态信息的主要方法，包括轨道器获取的立体影像、着陆器下降过程中降落相机获取的影像和巡视探测器立体相机获取的立体影像等。尤其利用巡视探测器立体相机获取的影像和相关解算的位置、姿态信息，对巡视探测器安全、高效地执行科学探测任务发挥至关重要的作用。

从上述对行星着陆任务分析表明，行星探测器自主定位与轨迹规划技术是实现地外行星表面高精度着陆的重要技术发展趋势。火星巡视探测器的高精度导航定位技术，是巡视探测器进行安全可靠的任务规划和高效的科学探测的重要保障。

小行星探测器在着陆过程中面临着小行星周围引力场复杂、测控信息匮乏、通信延迟等挑战，这使得导航、制导和控制技术成为小行星探测技术研究的重要焦点之一。在太阳系范围内，无线电信号的最大延迟可长达 6 小时。传统的深空探测导航方法主要使用无线电跟踪技术，通过精确测量探测器与地面控制站之间的距离和速度，并综合星历信息来获取有关探测器的位置和速度信息。然而，这种导航方式需要地面控制站的参与，而在探测器执行特殊任务(如变轨、飞越、着陆小行星等)时，传统的无线电跟踪技术难以满足导航实时性的需求。相比传统导航方式，自主导航减少了操作复杂性和成本，更重要的是不依赖地面控制站的支持，为在深空环境中实现实时导航提供了可能性。因此，深空探测任务中的导航、制导和控制系统需要具备自主化特性，自主导航技术成为未来深空探测领域必须攻克的关键技术。

深空探测车的自主定位与地球上汽车的自主定位存在明显的差异，包括在环境感知和导航定位方面的导航基础设施、数据支持、传感器配置和计算机性能等多个方面。地球上汽车的自主定位依赖于高精度道路地图和 GNSS 定位支持，并常备大量传感器，如激光雷达、毫米波雷达、超声波雷达和相机，搭载性能强大的车载计算机。相比之下，深空探测车行驶探测过程中缺少现成道路和高精度道路地图，也没有 GNSS 定位服务，受限于质量和功耗，主要使用相机等环境感知传感器，深空探测车的计算机性能相对较低。这些差异导致深空探测车在环境感知和导航定位方面面临独特挑战。目前已经成功运行的深空探测车，如月球车和火星车，在环境感知和导航定位的核心技术和应用上有着相似之处。

在行星探测任务中，深空探测车的定位是导航、避障和路径规划的基础，为进行表面巡视探测任务提供关键的位置信息，对任务的安全执行至关重要。在深空环境中，缺乏 GNSS 等直接定位信号支持，因此需要依赖惯性导航、里程计和视觉相机等搭载传感器进行自主定位，为探测任务提供准确的位置结果。随着行驶距离的增加，自主定位误差会逐渐积累，为减小累积误差对任务规划的影响，可以考虑引入轨道器影像或着陆相机影像等其他视觉数据，通过集成处理来修正深空探测车的定位误差。

行星探测任务中的定位可分为绝对定位和相对定位。绝对定位用于确定深空探测车在全局坐标系(星固坐标系)中的位置，而相对定位则是指确定深空探测车当前站点相对于上一个站点的位置。例如，深空探测车与轨道器影像集成的定位属于绝对定位，而其他方法则基本属于相对定位。相对定位持续在局部坐标系中进行，通常将着陆点作为局部坐标系的原点和相对定位的起点。通过根据着陆点的绝对位置来转换相对定位结果为绝对定位结果。本书将介绍航迹推算、站点视觉定位、视觉测程在线定位、视觉和多传感器组合导航定位、深空探测车和轨道器影像数据集成定位等在工程任务中常用的视觉定位技术。

1. 航迹推算

航迹推算方法结合了深空探测车的车载惯性测量单元(IMU)数据和里程计数据，通过不断估算深空探测车的位置和姿态，具备独立于外部环境影响、输出稳健定位结果的特点。在定位过程中，惯性导航系统感知深空探测车的姿态和速度变化，输出平台的角速度和加速度值，而里程计则记录深空探测车行驶路径的长度信息。这两类数据通常通过卡尔曼滤波技术进行融合，以产生可靠稳健的定位结果。航迹推算方法是深空探测车巡视探测中常用的定位方法。然而，在松软土壤和崎岖地形区域行驶时，深空探测车可能会存在严重打滑问题，导致航迹推算方法的定位误差明显增加。例如，在美国的火星探测漫游者(mars exploration rover，MER)任务中，"勇气号"和"机遇号"探测车的航迹推算精度为 10%。为满足探测任务的需求，需要采用视觉等其他定位手段来获取深空探测车的高精度位置和姿态信息。

由于行星探测器在三维地形中运动时，探测器姿态完全由与火星车轮接触点的地形决定，进行简单的状态递推或者使用里程计等传感器不能完整地估计出行星探测器姿态变化，因此需使用 IMU 测量模型来对姿态进行估计。

2. 站点视觉定位

在探测任务中，深空探测车通常在导航站点和探测站点使用搭载的立体相机采集多对立体影像。基于前后站点的立体影像，通过识别图像中的共同特征点作为连接点，利用视觉定位方法计算出当前站点影像相对于上一站点影像的位置和姿态参数，再结合前一站点的位置信息构建三维地图，从而得出当前站点的定位结果。这种方法的定位结果不会随时间漂移，也不受地形条件影响，具有较高的自主性和精度。该方法已经成功应用于我国的"玉兔号"和"玉兔二号"月球车定位，用以修正导航、制导与控制(GNC)航迹推算的定位结果。

站点视觉定位方法的关键在于寻找相邻站点影像之间的共同特征点。由于相邻站点之间的距离通常在 10 米左右，成像时间间隔较长，站点图像之间在尺度、视角和光照等方面存在较大差异，因此需要采用能有效克服这些差异的图像匹配方法。在"嫦娥三号"和"嫦娥四号"的巡视探测中，月球车在每个站点分别采集前向和回望的立体影像来进行视觉定位。在定位过程中，根据航迹推算获得的深空探测车初始位置信息，提取前后站点影像的共同区域，并通过图像缩放、变形等处理，使得相邻影像中共同区域的尺度和视角尽可能一致。接下来，采用 Affine-SIFT 匹配方法来找到相邻站点影像间的共同特征点。根据这些特征点的结果，以先前站点影像的位姿参数作为基准，利用光束法平差优化计算当前站点深空探测车的位置。

经由地面操作人员评估，嫦娥任务中的站点视觉定位精度达到了优于 4%的水平，相较于航迹推算方法，这种方法可以有效提高月球车的定位精度。然而，月球表面的环境十分复杂, 受光照影响, 某些相邻站点的图像难以自动获取足够数量的同名点匹配结果, 因此需要少量人员进行人机交互操作来完成定位。

3. 视觉测程在线定位

在地形复杂区域行驶时, 深空探测车通过获取密集的行星探测车序列立体影像(相邻立体像对间距为 0.5m 或更短), 结合车载计算机的在线视觉测程定位计算, 可以实时提供高精度的连续定位结果。美国 MER 任务和"好奇号"任务等使用该方法, 用于部分具有挑战性的路段(如上下坡)上深空探测车的安全连续行驶。例如, MER 任务每隔约 3 分钟输出一帧立体影像定位结果, 以供深空探测车进行在线定位, 但其速度和效率有待提高。

视觉测程在线定位方法的原理是首先使用 Förstner 特征算子或 Harris 特征算子提取前后帧立体影像中像对的特征点, 进而获取这些影像中的立体匹配点。其次通过图像匹配方法寻找前后帧立体影像之间的共同特征点, 根据这些点的位置分布计算当前帧影像相对于前一帧影像的相对位姿参数。最后输出当前帧立体影像的位置结果。尽管视觉测程在线定位方法在原理上类似于站点视觉定位方法, 但由于序列立体影像中的纹理特征变化不明显, 通常使用模板匹配等传统方法进行相邻帧图像特征的追踪, 通过优化的快速定位解算方法实现深空探测车的在线连续定位。

值得注意的是, 与站点视觉定位方法类似, 视觉测程在线定位方法也是一种连续的估测定位方法, 同样面临着定位误差的累积问题。然而, 由于序列立体影像的间距通常不大, 同名地物可能在连续数帧影像中都有成像, 因此可基于光束法平差的视觉定位方法来应对这一问题。通过跟踪多帧影像中的同名特征点, 确定几何关键帧, 构建局部的影像区域网, 并通过光束法平差优化计算当前帧影像位姿参数, 可以提升传统视觉测程定位方法的精度。

4. 视觉和多传感器组合导航定位

尽管视觉测程在线定位方法具有较高的精度, 但容易受到环境纹理和光照条件的影响, 在星球表面的低纹理区域可能导致定位精度下降甚至无法完成定位。因此, 在原理上可以将深空探测车的惯性导航和里程计数据与视觉数据进行融合, 通过多传感器的联合利用, 提高深空探测车定位的稳健性和精度, 以解决在低纹理条件下仅依靠视觉数据难以实现准确定位的问题。

与单一传感器相比, 视觉相机与惯性导航和里程计等多传感器进行松耦合或紧耦合融合均可以有效提升定位的稳健性和精度。视觉和多传感器组合导航定位技术尚未在实际工程中广泛应用, 但经过更多的研发和测试, 这种组合导航定位方法具有巨大的应用潜力。

5. 深空探测车和轨道器影像数据集成定位

长时间行驶的深空探测车可能会累积自主定位结果误差, 这种误差可以通过与轨道器影像地图集成来消除。在 MER 任务中, 研究人员在地面影像镶嵌生成的全景影像上人工寻找遥远地标点, 如山峰等, 通过建立这些地标点在全景影像和轨道器影像上的几何位置关系，实现了深空探测车的定位。在石块密集区域，利用立体相机获取的三维点云高程信息可在地面影像中呈现石块分布形状，同时，使用高分辨率轨道器影像底图提取石块分布信息。通过计算两种状态下的相似变换模型参数，确定深空探测车在轨道器影像底图上的位置。在裸露基岩较多的区域，通过生成深空探测车影像与轨道器影像分辨率相似的数字正射影像图(DOM)，改变地面影像的显示角度，然后通过特征匹配确定地面 DOM 与轨道器影像的关系，实现了深空探测车站点的绝对定位，达到了比轨道器图像精度高一个像素的水平。

"嫦娥三号"月面巡视探测器搭载了导航相机、全景相机、避障相机、通信天线、测月雷达、红外成像光谱仪、太阳翼等多种有效载荷，其分系统构成如下。①移动分系统：负责控制月面巡视探测器的移动和转向，由六个独立轮子和摇臂悬挂系统组成。每个轮子独立操作，可实现前进、后退、左转和右转。②结构与机构分系统：负责设计和整合探测器上相关结构，并控制机构电机运行，如肩部和腕部关节电机的定位控制。③导航与控制分系统：负责探测器的自主导航和远程操控导航。这一系统包括设在云台上的全景相机、车身前部的避障相机、惯性导航系统和里程计。④综合电子分系统：将遥测、遥控、自主控制和管理等功能整合到一个以微处理器为核心的系统中，实现信息共享。该系统由嵌入式微处理器构成。

4.4.2 行星探测器轨迹规划技术

在外太空探索过程中，导航系统是探测器设计中不可或缺的要素。为了在未知而复杂的环境中安全运行，探测器首先需要具备对周围环境的理解能力。这样才能保证其能够自主地感知、规划和控制，安全到达目标点并进行科学数据收集和其他自主活动。感知是通过传感器和摄像头获取自身状态和周围环境信息，规划是寻找最优路径以避免碰撞，控制是根据路径和传感器信息输出合理的控制指令以确保顺利移动。因此，有效的路径规划对于探测器安全抵达目标点并展开科学研究至关重要。常见的基本技术包括以下内容。

1. 图像预处理

在行星探测器拍摄到图像后，需要对图像进行处理，以去除环境噪声并提取关键信息，为后续的立体视觉匹配和视觉里程处理提供高质量图像数据。图像滤波常使用高斯拉普拉斯(Laplacian of Gaussian，LoG)算子进行，其目的主要在于增强弱纹理区域并消除成像图片之间的亮度差异。通过图像分割，可以提取出纹理仍然较弱的区域，并利用区域性质来判断障碍物，采用 k 均值聚类算法来识别不同障碍物。考虑到行星表面由各种矿物质组成，粗糙度较高，反射为漫散射，纹理色彩相对简单，因此在进行立体匹配时，应避免着重于特征点、线或面的提取，而直接利用图像对进行特征匹配。因此，建议采用基于灰度值相关的目标匹配方法，即在左侧图像选定参考图像，为每一点选择相应大小的窗口作为模板，并在右侧图像中搜索对应极线上的相似区域，通过计算像素灰度值的差异最小化来确定对应点，这一方法也称为像素灰度差的绝对误差和(sum of absolute differences，SAD)区域匹配法。

2. 数字高程模型数据预处理

行星探测器数字高程模型(digital elevation model，DEM)数据源于车载双目立体导航相机获取的立体图像，通过立体图像匹配和三维重建得到致密的点云数据。由于立体匹配过程中的误匹配点往往会导致重建后的点云数据出现错误点和悬浮点，因此需要对原始点云数据进行预处理，将不可靠点和错误点去除。此外还需将立体匹配和重建得到的三维点云数据转换到惯导坐标系下，因此需要进行坐标变换。

3. 栅格地形高度估计

采用 DEM 图来表示地形时，一个栅格内通常包含了多个三维点数据。为每个栅格创建高度直方图以保存这些数据点的高度分布，然后根据直方图决定每个格子的高度。若落入某一栅格的三维点个数 $n < N$(N 为点数阈值)，则认为该点云对于该栅格数据不造成影响，即没有得到该栅格的有效数据。若落入某一栅格的三维点个数 $n > N$，则对该栅格的平均高度进行估算。首先滤除栅格中所有高度 $Y < H$(H 为高度阈值)的点，以减小大量地面点对障碍物高度估算的影响。对剩余点计算代数平均，得到平均高度为 h，则最高点高度的估计为 $h_{max} = 2h$。

误匹配可能造成点云数据中存在许多悬浮点，因此需要去除悬浮点对于栅格高度的影响。采用密度判断法解决悬浮点问题。栅格的估计密度为 $\rho = N_{Total}/h$，其中，N_{Total} 为所有落入该栅格的三维点的点数。若 $\rho < \rho_0$(ρ_0 为密度阈值)，则认为该栅格的估计高度 h 无效。若落入栅格点总数大于点数阈值，且栅格估算密度大于密度阈值的栅格，将该栅格的高度赋值为 h_{max}，其余栅格高度则赋值为 0。

4. DEM 图后处理

后处理目标是修正栅格的错误高度和为某些无数据区作插值。判断虚栅格高度错误的依据是可视性原则：假想相机拍摄重建场景，所有高度的栅格应该都能被拍摄到，没被拍到的栅格是因为其高度有错或者被遮挡。

1) 全局路径规划

对于行星探测器的全局路径规划算法，要求计算速度快，占用内存小，可靠性高，重复计算简单。常用的全局路径规划方法有模板匹配法、地图构建法、人工势场法和其他人工智能方法。以 A* 算法作为行星探测器全局路径规划方法。A* 算法是一种典型的启发式搜索算法，是求解静态网络中最短路径的最有效方法。A* 算法的估价函数是 $f(n) = g(n) + h(n)$。其中，$f(n)$是节点 n 从初始节点到目标点的估价函数，$g(n)$是在状态空间中从初始节点到 n 节点的实际代价，$h(n)$是从 $h(n)$到目标节点最佳路径的估计代价。A* 算法的搜索步骤如下。

步骤 1：标记初始节点，并对其周围的未标记过的子节点进行扩展。

步骤 2：对每一个子节点，计算其估价函数值，按照估价函数值的大小进行排序，找出估价函数值最小的节点进行标记。如果被标记的子节点就是目标点，则停止搜索。

步骤 3：对新标记的子节点重复步骤 2。

2) 视觉里程计

视觉里程计是利用装在移动自主深空探测车上的立体视觉相机获取图像序列，并通过跟踪前后帧中相同的特征点来准确计算车体的六个自由度的更新数据(位置和姿态)。使用视觉里程计能够获取更准确的行星探测器定位结果,结合方向传感器可以定期修正视觉里程计方向的定位误差,从而使得误差的积累随着漫游距离线性增长速度缓慢。视觉里程计的工作主要包括特征点提取、特征点匹配和跟踪以及稳健的运动估计。

通过性能和计算量等方面的比较和仿真分析,选择了尺度不变特征变换(scale invariant feature transform,SIFT)匹配算法来进行特征提取和匹配。虽然 SIFT 特征关键点可能没有像角点或者边缘检测那样具有明显的视觉意义,但它描述了图像局部的结构信息,展现了图像尺度和局部结构的特征,具有多样性和独特性。在完成特征点的立体匹配和跟踪匹配后,通过坐标转换可以获得一系列匹配点在车体运动前后的摄像机坐标系下的三维坐标。为了在实时性和精确度之间取得平衡,采用随机采样一致(random sample consensus,RANSAC)算法结合线性最小二乘法来计算车体运动参数的预估值,然后利用非线性最小二乘法从预估值出发获取车体运动参数的精确估计值。

尽管结合 RANSAC 的线性最小二乘估计可以有效去除异常值,但所得结果可能缺乏精确性。为了获得更为准确的估计结果,可以使用列文伯格-马夸尔特(Levenberg-Marquardt)算法进行非线性最小二乘估计。然而,当某些帧之间的图像变化较大且匹配点数量有限时,Levenberg-Marquardt 算法可能不再适用。在这种情况下,可以考虑使用正交化方法来粗略地获取运动估计参数。在实际应用中,需要注意控制好各帧图像的采集间隔,确保前后两帧图像有较大的重叠部分,以提供足够多的特征跟踪匹配点对。

3) 多传感器融合位姿确定

为了获得高精度的行星探测器位姿参数估计,行星探测器采用多种测量传感器进行自主位姿确定。这些传感器获取的信息需要通过有效的信息融合手段才能得到准确的结果。为此,多传感器融合位姿确定采用了集中式卡尔曼滤波(Kalman filter,KF)算法。

在多传感器融合位姿确定中,集中式卡尔曼滤波会利用捷联惯性导航计算得到的位置误差、速度误差、姿态误差,以及 IMU 的陀螺仪和加速度计的测量误差,作为待估计的系统状态向量。通过卡尔曼滤波的状态更新和量测更新算法,系统可以实时获得最佳估计的状态。随后,采用反馈修正的方式对捷联惯性导航计算得到的位置、速度、姿态参数,以及 IMU 的陀螺仪和加速度计的测量值进行误差修正。因此,经过误差修正的位姿参数由捷联惯性导航计算输出,即为多传感器位姿确定信息融合的全局最优估计。

4) 局部路径规划

对于静态建立的全局路径,其为离散栅格点路径,并且由于全局地图的精确度较差,全局规划时得到的全局路径并不能完全避开所有的障碍物,这就需要局部路径规划过程来完成局部避障和全局路径点跟踪。常用局部规划算法为 VFH(vector field histogram)算法、Ranger 算法、Morphin 算法、Gesralt 算法等。

对于行星探测器的路径规划而言,局部路径规划是对全局路径规划的细化和补充,鉴于环境的未知性和复杂性,采用 Gesralt 算法更为合适。由于已经建立了全局路径,因此对 Gesralt 算法进行简化来实现局部路径生成。在路径生成过程中,忽略 Gesralt 算法建立优异值地图过程,并且忽略其确定值,仅考虑建立二值栅格地图,如上述栅格地图建立中所描述,将整个地图标记为可行区域与不可行区域。之后建立一系列的轨迹组,从中选择接近最远全局路径点，并且不经过不可行区域的轨迹为下一步执行轨迹。具体方法如下。

步骤 1：建立一组符合行星探测器运动学的轨迹；

步骤 2：分析每条轨迹所经过的栅格，得到每条轨迹经过的全局路径可行栅格和不可行栅格，将其经过的离目标点最近的栅格作为其最终选择路径点；

步骤 3：选择经过最远全局路径点并且在可行区域的轨迹为下一步执行轨迹；

步骤 4：当没有局部轨迹经过路径点，并且没有穿过不可行区域时，选择最容易实现的轨迹，也就是弧度最小的轨迹。先绕过局部障碍物，之后再按照上述方法，寻找经过最远路径点并且不经过不可行区域的轨迹，直到到达目标点为止。

4.5　飞行器智能博弈决策技术

4.5.1　飞行器智能博弈决策基本原理

飞行器智能博弈决策是一个高动态、高不确定性、强对抗性的复杂问题，对于智能博弈问题通常可以采用多智能体问题模型来建模，多智能体中均衡、协同和合作等学习目标都会涉及智能体之间的决策问题。博弈论的中心思想是为博弈建立一个策略交互模型，博弈论中均衡解是让博弈玩家都满意的策略组合，通过展示玩家最终会采用哪些策略来描述博弈的结果，这与多智能体深度强化学习的学习目标完美契合，利用博弈论中纳什均衡、施塔克尔贝格(Stackelberg)均衡和元均衡等概念来指导智能体每次迭代，使结果收敛到纳什均衡点，同时使得每个智能体的收益相对较大[33]。将博弈理论引入多智能体深度强化学习算法中取得了很多成果，具体的算法分类如图 4-17 所示。

图 4-17　博弈算法分类

Dec-POMDP 为去中心化的部分可观测马尔可夫决策过程(decentralized partially observable Markov decision progress)；CFR 为虚拟遗憾最小化(counterfactual regret minimization)；NFSR 为神经虚拟自我对弈

按照博弈论的五要素模型，飞行器间的博弈涉及的因素包括：博弈对象、状态信息、策略集合、运动策略、博弈收益。五个要素间的关系如图 4-18 所示，其中：

博弈对象，是博弈中的参与者，包括导弹、火箭、卫星、空间站等各类飞行器和潜在的自然天体。

状态信息，是博弈中的信息，包括博弈对象的位置、速度信息，也包括博弈对象之间的相对位置、相对速度等。

策略集合，是博弈中运动体能够实施的控制力或力矩的大小、方向、持续时间(对应燃耗或电量)允许的范围。

运动策略，是博弈中运动个体施加或实施控制的方法或原则，反映了运动个体的机动性，是实现博弈双方进行对抗的具体行动。

博弈收益，是指参与博弈的个体处在某种特定位姿状态下能够获得的价值或效益。

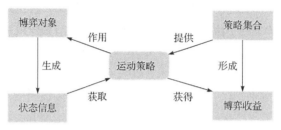

图 4-18　博弈五要素

4.5.2　飞行器智能博弈决策关键技术

1. 基于博弈论的博弈算法

博弈论是致力于研究和描述多方在合作或对抗场景中相互作用动态方程的理论。在博弈中，每个参与者的行动策略是通过其成本函数(或博弈收益)来确定的，每个参与者都会通过调整自身状态来优化成本函数[34]。博弈的演化通过状态变量进行定义，若状态演化和博弈决策过程均在连续时间内发生，并且可用一组微分方程描述，则该博弈称为微分博弈。微分博弈可用来定义博弈的演化过程：

$$G_t = \{X_t, P, U_t, C_t, J_t, t\} \tag{4-35}$$

式中，X_t 为博弈中的状态变量的集合，在不同博弈问题中状态变量的物理意义不同，如在博弈中为我方飞行器和对方飞行器之间的距离；P 为博弈参与者的集合，包含所有我方飞行器和对方飞行器；U_t 为博弈参与者的策略集合；C_t 为微分博弈的约束，博弈中主要约束为飞行器动力学方程；J_t 为微分博弈中每个参与者成本函数的集合；t 为博弈的时间变量。

常见的微分博弈控制策略通常可分为两种：一种是基于梯度的控制策略；另一种是基于哈密顿函数的最优化策略。不论采用何种方法，博弈控制策略的设计核心在于成本函数的构建。因此，设计一种能够准确反映博弈任务需求的成本函数至关重要。

传统微分博弈控制策略在成本函数设计上存在一定限制，复杂的成本函数可能无法通过传统方法求解，且通常需要已知系统模型才能使用。传统方法的优势在于在适合的情境下，能够精确解决最优策略，通常适用于已知模型信息且任务要求简单的博弈场景，如简单的飞行器追逃博弈或者飞行器接管博弈。然而，由于传统方法对成本函数设定有限制，因此在设计符合任务需求的运动策略时可能会面临挑战。

2. 基于生物群体智能的博弈算法

在自然生态中，生物群体的进化过程中常涉及集群围捕现象，如狼群和狮群对猎物的围捕。以狮群围捕羚羊为例，尽管狮子的奔跑速度约为 80km/h，而羚羊的速度可达到 100km/h，但狮群协同合作的方式使得它们能够有效地捕获羚羊。这表明群体博弈通常能够显著提高效率。

基于生物群体智能的博弈算法已经应用于无人车围捕、无人机围捕、导弹拦截等博弈问题中。生物群体智能算法的核心是设计个体在博弈中的行为规则，从而使运动体对确定状态做出适应性反应。最早的生物群体智能算法是由 Craig Reynolds 在 1986 年开发的类鸟群(boids)模型算法，该算法模拟了鸟群行为规律，建立了个体运动的三大规则：向集群中心靠拢、与邻近个体运动方向一致、避免碰撞。通过综合运用这些规则，无人系统集群可以完成复杂的编队、移动、聚集等任务。

在采用生物群体智能算法实现多体博弈时，针对轨道动力学的复杂性，可以构建双层博弈控制模型。外层负责多体轨迹规划，内层负责轨迹跟踪控制。在轨迹规划阶段，可以暂不考虑飞行器动力学约束，或者使用简单模型定量化轨道限制下的转移轨迹控制成本。轨迹规划可通过空间离散化方法(如网格法)实现，以构建飞行器在空间状态转移的关系，指导具体博弈任务。为确保轨迹跟踪的连续性，通过轨道动力学约束平滑处理离散生成的轨迹点。在外层引导下，内层轨迹跟踪控制需在轨道动力学约束下，采用特定的控制算法(如线性二次调节控制)实现。博弈主要体现在外层生成离散轨迹点的策略上。需注意的是，由于飞行器间博弈涉及高动态性，在动态条件下需要不断更新轨迹规划，以满足博弈任务需求。

基于生物群体智能的博弈算法通过研究自然界生物的行为机制，将生物智能应用于博弈任务中，设计出智能化的博弈策略。这种方法适用于博弈场景中与自然界生物行为相似的情况，如利用狼群围捕的原理设计轨道包围策略，或者借鉴生物伪装机制设计轨道伪装策略。

3. 基于人工智能的博弈算法

神经网络是一种数学模型，通过模拟生物神经网络的分布式并行信息处理方式来进行设计。在神经网络中，信息处理是通过调整系统内部的大量节点之间的连接关系来实现的，其效果取决于系统的复杂程度。神经网络的基本信息处理单元是神经元，神经元模型如图 4-19 所示。多个神经元相互连接构成了一个神经网络。神经网络由输入层、隐含层、输出层组成，层与层之间的长度构成了神经网络的深度。增加隐含层的数量可以

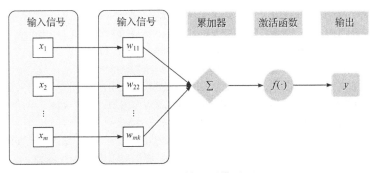

图 4-19　神经元模型

显著提高神经网络系统的复杂性，从而获得更好的学习效果，拥有多个隐含层的神经网络被称为深度学习神经网络[35]。深度学习神经网络被认为是实现人工智能计算的最有前景的方法之一，具有较强的通用性[36]。它能够很好地拟合非线性函数，并可以结合微分博弈来设计智能博弈策略。

博弈问题的复杂性增加了其求解和优化控制的难度，因此考虑使用深度强化学习方法来解决博弈问题。该方法的基本流程如下：①在每个时间步，飞行器与决策模型互动，获得高维度的观察，利用深度学习方法对观察进行感知，得到抽象且具体的状态特征表示；②根据预期的博弈任务回报评估各种不同决策方案的价值函数，并通过一定策略将当前状态映射到相应的决策方案；③对决策模型做出反应，并获得下一个观察。通过持续循环这一流程，最终实现目标的最优博弈策略。

在建立基于深度强化学习的博弈模型后，通过地面仿真系统进行轨道控制的蒙特卡洛模拟仿真，以获取大量样本数据。这些数据被输入深度学习神经网络进行训练迭代，生成博弈任务决策策略库。在在线应用中，根据不同博弈任务场景和需求，实现快速、动态、智能的顶层策略制定和任务分解，得到最佳博弈任务决策信息。基于人工智能的博弈算法引入了神经网络，即使面对复杂的成本函数，仍能完成优化求解，适用场景更为广泛，能更准确描述任务需求所需要的复杂成本函数。

习　　题

4.1　卫星导航系统由哪几部分组成？试简述各部分的工作原理。

4.2　关于火箭发射安全智能弹道监测技术，试简述现有智能技术较于传统方法的优点与局限性。

4.3　在卫星导航系统和火箭导航系统中都包含惯性导航技术，试简述二者的异同。

4.4　试简述行星探测器自主定位技术的具体实现方法，并分析各类方法的优劣势。

4.5　试简述卫星智能轨道规划技术包含哪些内容，并给出算法的基本运行流程。

4.6　博弈论的五要素模型指什么？要素之间的内在联系是什么？

参 考 文 献

[1] 张光理. 北斗/SINS 组合导航系统研究[D]. 哈尔滨: 哈尔滨工程大学, 2012.

[2] 蔺博, 汤霞清, 黄湘远, 等. 军用车载定位导航系统发展及应用现状[J]. 科技展望, 2015, 25(9): 24-26.

[3] 于玖成. 潜用惯性/地磁组合航姿基准系统研究[D]. 哈尔滨: 哈尔滨工程大学, 2013.

[4] 薛广龙. 惯导系统信息可靠性估计与故障诊断方法[D]. 哈尔滨: 哈尔滨工程大学, 2012.

[5] 罗建军. 组合导航原理与应用[M]. 西安: 西北工业大学出版社, 2012.

[6] 董燕琴, 陈效真, 王常虹. 导弹智能化对惯性技术发展需求[J]. 导航与控制, 2020, 19(4): 48-52.

[7] 冯杨. 惯性仪器通用测试与故障诊断系统设计[J]. 仪表技术, 2014(5): 32-34.

[8] 陈效真, 周姣, 董燕琴, 等. 大数据理论在高精度惯性导航系统测试技术中的应用[J]. 导航与控制, 2018, 17(1): 11-20,33.

[9] 周维正, 赵赛君, 李学锋, 等. 冗余捷联惯组故障重构策略研究[J]. 战术导弹技术, 2018(5): 68-72.

[10] 郭承军. 多源组合导航系统信息融合关键技术研究[D]. 成都: 电子科技大学, 2018.

[11] 陈功, 傅瑜, 郭继峰, 等. 飞行器轨迹优化方法综述[J]. 飞行力学, 2011, 29(4): 1-5.

[12] 黄国强, 陆宇平, 南英, 等. 飞行器轨迹优化数值算法综述[J]. 中国科学: 技术科学, 2012, 42(9): 1016-1036.

[13] 阮春荣. 大气中飞行的最优轨迹[M]. 北京: 宇航出版社, 1987.

[14] 刘春玲, 冯锦龙, 田玉琪, 等. 基于改进粒子群算法的无人机航迹规划[J]. 计算机仿真, 2023, 40(10): 38-43.

[15] 车双良. 高精度光电测控系统及其控制策略研究[D]. 西安: 西北工业大学, 2003.

[16] 李晓花. 基于信息融合的水下多目标跟踪技术研究[D]. 西安: 西北工业大学, 2016.

[17] 刘爽. 运载火箭飞行轨迹预测和状态监控及实现[D]. 重庆: 重庆大学, 2022.

[18] ZHANG H, TANG Z H, XIE Y F, et al. Siamese time series and difference networks for performance monitoring in the froth flotation process[J]. IEEE Transactions on Industrial Informatics, 2021, 18(4): 2539-2549.

[19] 孙滔, 周铖, 段晓东, 等. 数字孪生网络(DTN): 概念, 架构及关键技术[J]. 自动化学报, 2021, 47(3): 569-582.

[20] CHICCO D. Siamese neural networks: An overview[J]. Artificial Neural Networks, 2021: 73-94.

[21] 张璐. 基于星联网的航天器自主导航研究[D]. 长沙: 国防科学技术大学, 2016.

[22] 胡小平. 自主导航理论与应用[M]. 长沙: 国防科技大学出版社, 2002.

[23] 罗建军, 王明明, 马卫华. 在轨服务航天器导航系统仿真研究[J]. 宇航学报, 2010, 31(2): 380-385.

[24] 苏中, 李擎, 李旷辰, 等. 惯性技术[M]. 北京: 国防工业出版社, 2010.

[25] 吴在刚. 基于天体目标的航天器智能天文导航方法[D]. 哈尔滨: 哈尔滨工业大学, 2019.

[26] 杜永浩, 王凌, 邢立宁. 空天无人系统智能规划技术综述[J]. 系统工程学报, 2020, 35(3): 416-432.

[27] 李亮, 王洪, 刘良玉, 等. 微小卫星星座与编队技术发展[J]. 空间电子技术, 2017, 14(1): 1-3.

[28] SHEARD B S, HEINZEL G, DANZMANN K, et al. Intersatellite laser ranging instrument for the GRACE follow-on mission[J]. Journal of Geodesy, 2012, 86(12): 1083-1095.

[29] HONG S H, WDOWINSKI S, KIM S W, et al. Evaluation of TerraSAR-X observations for wetland in SAR application[J]. IEEE Transactions on Geoscience and Remote Sensing, 2010, 48(2): 864-873.

[30] SEIDELMANN P K, ARCHINAL B A, A'HEARN M F, et al. Report of the IAU/IAG Working Group on Cartographic Coordinates and Rotational Elements[J]. Celestial Mechanics and Dynamical Astronomy, 2007, 98: 155-180.

[31] 郭文静, 郑来芳. 基于遗传神经网络的机器人视觉控制方法[J]. 电子测量技术, 2017, 40(12): 93-97.

[32] 刘东兴, 周旭. 基于混合算法的航天器轨道规划方法[J]. 计算机测量与控制, 2021, 29(2): 212-217.

[33] 王军, 曹雷, 陈希亮, 等. 多智能体博弈强化学习研究综述[J]. 计算机工程与应用, 2021, 57(21): 1-13.

[34] YUAN Y, WANG Z D, GUO L. Event-triggered strategy design for discrete-time nonlinear quadratic games with disturbance compensations: The noncooperative case[J]. IEEE Transactions on Systems, Man, and Cybernetics: Systems, 2017, 48(11): 1885-1896.

[35] BERTSEKAS D P. Reinforcement Learning and Optimal Control[M]. Belmont: Athena Scientific, 2019.

[36] 谭浪. 强化学习在多智能体对抗中的应用研究[D]. 北京: 中国运载火箭技术研究院, 2019.

第 5 章

智能技术在航天器控制中的应用

传统控制理论在处理现代工业控制系统时存在局限性，主要由于其基于线性系统模型，难以有效应对复杂、非线性、时变和参数不确定的系统。它需要精确的数学模型和复杂的计算，这导致在实际应用中受限，智能控制理论则展现出显著优势。它通过模拟人脑的计算模式，能够自主学习、适应环境变化，并处理复杂问题。智能控制理论作为一种新兴的控制方法，在航空航天、工业控制、机器人控制等领域获得了广泛的应用[1]。

人工智能技术和计算资源的进步使人们能够开发出以更智能、更高效的方式执行任务的机器和方法。在过去的几十年中，在应用人工智能技术解决各种工程问题方面取得了重大成就。尽管基于人工智能的技术在空间/航空航天相关实践中的应用，如最优制导和控制系统的设计仍处于早期阶段，但人们应用人工智能的兴趣很高，并且已经将人工智能与最优制导和控制问题联系起来[2]。

受益于机器学习、人工智能和深度学习技术的显著进步，可以在文献中发现应用人工神经网络或深度神经网络来实现空间飞行器/航天飞行器的在线制导和控制的新兴趋势[3]。它们能够保留基于优化理论的控制方法的明显优势，同时保持较低的实时计算负担。人们努力开发和研究不同的网络模型，并探索这类方法在空间或航空航天相关的应用，包括最优行星际轨迹的设计，稳定轨道或角运动的控制器的合成，编队控制，以及在天体表面着陆的控制律的设计[4]。

5.1 智能控制系统基本概念

5.1.1 智能控制系统概述

科技的发展已经超越了传统的自动控制系统，朝着更为复杂的系统框架迈进。在这个新框架下，传统的单一控制模式、数学工具和计算机仿真已经不能很好地解决实际工程问题。相比之下，复杂系统需要更加灵活、智能的控制方法。在复杂生产过程中，熟练的操作工、技术人员或专家扮演着关键的角色，将这些人员的经验知识与控制理论相结合，成为解决复杂控制问题的关键。在这一过程中，计算机控制技术发挥着重要的作用，通过计算机处理图像、符号逻辑、模糊信息、知识和经验等功能，可以构建智能控制系统。这些系统不仅能够快速地适应不断变化的环境，还能够直接将人的知识经验应用于生产过程中。它们能够达到甚至超越人的操作水平，使得生产过程更加高效、精确和可靠[5]。控制科学发展过程如图 5-1 所示。

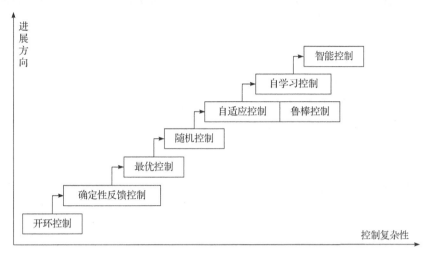

图 5-1　控制科学发展过程

智能控制以控制理论、计算机科学、人工智能、运筹学等学科为基础，扩展了相关的理论和技术。其中，模糊逻辑、神经网络、专家系统和遗传算法等方法展现出强大的智能处理与决策能力。同时，自适应控制、自组织控制和自学习控制等技术的引入，使得智能控制系统能够灵活应对复杂多变的环境，实现高效、智能的自动化控制。

1. 智能控制系统的定义

(1) 智能控制是智能机自动地完成其控制目标的过程。其中，智能机可在熟悉或不熟悉的环境中自动地或人机交互地完成拟人任务。

(2) 由智能机参与生产过程自动控制的系统称为智能控制系统。

2. 智能控制系统的特点

(1) 智能控制系统融合了以知识表示的非数字模型和数字模型，具备学习、抽象、推理、决策等功能，并能适应环境变化。

(2) 智能控制系统采用分层信息处理和决策结构，模仿人类神经结构和专家决策结构，实现任务的分块和分散控制。高层控制负责环境或过程的组织、决策和规划，低层控制则采用常规控制方法。

(3) 智能控制系统具有非线性特性，模仿人类思维进行决策。

(4) 智能控制系统具有变结构特征。当无法通过调整参数来满足控制要求时，智能控制系统可以根据当前偏差和变化率的大小和方向，以跃变方式改变控制器的结构，提高系统性能。

(5) 智能控制系统具有总体自寻优特点。通过在线特征辨识、特征记忆和拟人的特点，在整个控制过程中实现实时处理和优化，以获取整体最优控制性能。

3. 智能控制系统的研究对象

智能控制代表了控制理论的高级阶段，它专注于解决传统方法难以应对的复杂系统控制问题。这些系统包括智能机器人、工业生产过程、航空航天、社会管理、交通运输、环保和能源等系统。这些系统的特点在于其模型的不确定性、高度的非线性和控制任务的复杂性，具体如下：

(1) 模型的不确定性。这包括模型的未知性，以及模型结构和参数可能在大范围内变化的情况。传统方法难以应对这些挑战，而智能控制方法致力于解决这一问题。

(2) 高度的非线性。系统的输入输出关系复杂多变，不符合简单的线性关系，非线性控制理论尚未成熟，传统的线性控制方法难以有效应对。相比之下，智能控制方法能更有效地解决非线性系统的控制问题。

(3) 控制任务的复杂性。智能控制系统面临的控制任务往往更为复杂，在航天器系统中，系统需要有自主导航与定位、自主决策与规划、自主飞行控制、自适应、资源管理等能力。

5.1.2 智能控制系统原理及特点

智能控制系统是一种高度自主化的系统，旨在通过驱动智能机器来达成既定目标，这一过程无需人工直接参与。其典型的原理框图如图 5-2 所示。系统的广义控制对象包括被控对象及其所处的外部环境，这意味着系统需同时考虑内部状态与外部条件的动态变化。为了精确感知这些变化，系统配备了关节位置传感器、力传感器、触觉传感器和视觉传感器等。感知信息处理模块负责对传感器采集到的原始信息进行深度加工与提炼，尤其是视觉信息，需经过复杂的图像识别与处理技术，以提取出对控制决策有用的有效信息。认知模块是系统的智能核心，它不仅接收、存储和处理信息、知识、经验和数据，还利用这些资源进行深入的分析、推理与决策。其决策结果将直接指导后续的规划与控制过程。通信接口在系统中扮演着至关重要的角色，它不仅是人机交互的桥梁，实现了人与系统之间的信息交换与指令下达，还确保了系统内各模块之间的无缝连接与协同工作，保障了信息的传递。规划和控制模块则是整个系统的指挥中心，它根据任务的具体要求、实时反馈的信息和长期积累的经验知识，进行自动的搜索、推理、决策与动作规划。最终，通过执行器将控制指令转化为对被控对象的实际操控。

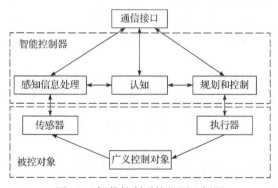

图 5-2 智能控制系统的原理框图

5.1.3　智能控制系统的类型

1. 分层递阶智能控制

智能控制系统的分层递阶结构如图 5-3 所示。系统分为执行级、协调级和组织级，每个层级都承载着独特的功能和特性。在执行级，系统依赖于精确的数学模型来确保控制任务的精确执行。协调级负责规划执行级的动作，接收来自组织级的指令，并根据执行级的反馈数据进行相应的调整，以实现合适的协调作用。位于最顶层的组织级，其功能是将人类的语言(自然语言)转化为机器可理解的指令(机器语言)。整个分层递阶架构呈现出控制精度和智能程度逐级递增的特点。从执行级到组织级，控制精度逐步提高，智能程度则从底层向高层逐渐增强。这种结构使得智能控制系统在保持精确控制的同时，还具备了高度的灵活性和适应性。

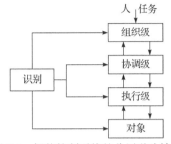

图 5-3　智能控制系统的分层递阶结构

2. 专家智能控制

专家智能控制是以专家系统技术为基础的控制方法，利用人类专家的知识和经验指导系统的决策和行为。这种控制方法将专家知识转化成规则、推理或模型的形式，以辅助系统做出决策，并实现对复杂系统的自主控制，是智能控制领域一个具有广阔应用前景的方向。专家控制器的原理框图如图 5-4 所示。它通常由知识库、信息获取与处理、推理机构和控制规则集四个部分组成。

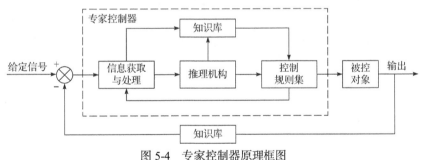

图 5-4　专家控制器原理框图

3. 仿人智能控制

仿人智能控制的核心在于模仿人类的智能行为进行控制和决策。仿人智能控制的焦点不在于被控对象，而在于控制器本身。它致力于研究如何更好地模拟专家大脑的结构和行为功能，从而提升控制系统的整体性能。仿人比例控制系统的原理框图如图 5-5 所示，其中，r 为输入值，y 为输出值，$e_0(n)$ 为累加误差，k 为增益。

4. 自学习智能控制

自学习智能控制系统的关键在于系统具备在线实时学习的能力。这意味着系统能够不断地从环境中获取知识，并将这些知识应用于控制过程中，以不断改善控制性能，从

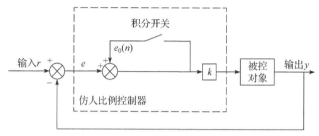

图 5-5   仿人比例控制系统原理框图

而更好地满足实际应用的需求，其原理框图如图 5-6 所示。

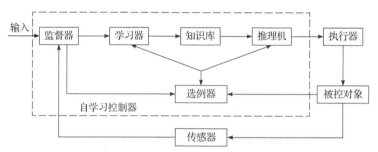

图 5-6   自学习智能控制系统的原理框图

自学习智能控制系统的核心组成部分是自学习控制器，它由选例器、知识库、学习器、推理机和监督器五个关键环节组成。自学习控制器的设计旨在赋予系统从环境中获取知识、自我改进和适应变化的能力。选例器负责从环境中选择关键信息以进行学习。知识库存储着系统所学到的知识和经验。学习器负责从环境中获取新知识，并将其整合到系统的知识库中。推理机利用已有的知识和经验进行推理和决策，以应对不同的控制情境。监督器负责监控系统的运行状态，及时纠正和指导系统的学习和决策过程。这些组成部分共同作用，构成了一个具有自适应、自学习功能的智能控制系统。

5. 基于神经网络的智能控制

基于神经网络的智能控制系统是一种通过模拟神经元网络的结构、功能以及信息传递、处理和控制机制而设计的控制系统。神经网络具有多项优异性能，包括强大的学习能力、快速的并行处理能力、良好的鲁棒性和容错性等。这些特点使得基于神经网络的智能控制系统成为目前智能控制技术的高级形式，但其仍面临着硬件实现、学习精度与进度、稳定性和收敛性等问题，以及多层多节点带来的新挑战。神经网络的并行机制、模式识别、记忆和自学能力赋予了智能控制系统更高的智能水平，使其能够更好地适应环境并自动学习和调整过程参数，从而有效解决复杂生产过程的自动控制问题。

神经网络和专家控制器混合的控制系统的原理框图如图 5-7 所示。它将神经网络(NN)和专家控制器的优点结合起来，充分发挥各自的优势，是一种有着广阔发展前景的自动控制系统结构。该系统首先建立专家控制器来管理被控对象，然后将部分功能交由神经网络来完成，并由运行监视器实时管理神经网络的运行状态，使得专家控制器和神经网络可以独立运行或同时运行。

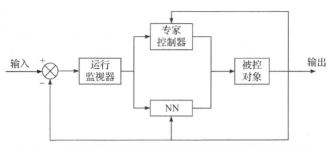

图 5-7 神经网络和专家控制器混合的控制系统的原理框图

代码

6. 强化学习控制

强化学习控制将复杂的系统辨识和最优控制问题转化为机器学习问题，通过在线学习的方式解决复杂的优化难题，并实时计算出最优的控制动作。其显著优势在于无须预先构建精确的数学模型，而是可以直接利用非线性仿真模型进行学习。强化学习控制的灵活性也体现在其对模型类型的广泛适应性上。这种灵活性使得强化学习成为一种通用且强大的控制方法，为处理多目标、高不确定性的控制系统提供了新的解决思路。

7. 遗传算法的智能控制

遗传算法(GA)是一种基于自然选择和生物进化的计算模型和搜索算法。在复杂多变的工程系统中，遗传算法在优化计算领域展现出了非凡的效能，它成功解决了众多传统方法难以应对的优化难题。通过不断地迭代和优化，遗传算法能够逐步逼近问题的最优解，为复杂系统的优化控制提供了强有力的支持。图 5-8 为带遗传算法的模糊控制系统的原理框图，图中 k 为模糊量化因子。

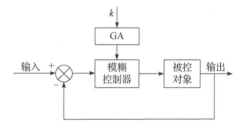

图 5-8 带遗传算法的模糊控制系统的原理框图

8. 模糊控制

模糊控制是智能控制领域中的一个重要分支，其核心思想是将人类专家对特定被控对象或过程的控制策略总结为一系列以"IF(条件)THEN(作用)"产生形式表示的控制规则，这些规则通过模糊推理产生控制作用集，用于影响被控对象或过程的行为。控制作用集为一组条件语句，状态条件和控制作用均为一组被量化了的模糊语言集。模糊控制的一般结构如图 5-9 所示。

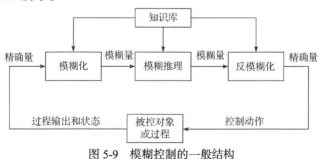

图 5-9 模糊控制的一般结构

5.2 智能控制在导弹控制系统中的应用

5.2.1 导弹控制系统

导弹纵向通道控制系统由俯仰角速率反馈回路、俯仰姿态角反馈回路组成，其结构如图 5-10 所示。俯仰角速率反馈回路的基本作用除为其提供足够的阻尼外，更重要的是增加回路的稳定性[6]。舵机按照接收电信号的大小，相应地转动导弹的操纵面。

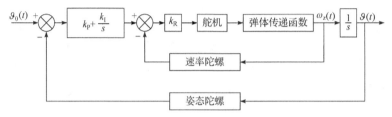

图 5-10　导弹纵向通道控制系统

为了提高导弹抗干扰能力，在导弹俯仰姿态角反馈回路引入了比例积分(proportional integral，PI)校正。弹体姿态角的测量不是直接由姿态陀螺测量得到的，而是由速率陀螺积分得到的，积分初值由弹载火控系统装订。输出变量是导弹的俯仰角 $\vartheta(t)$，其随给定的 $\vartheta_0(t)$ 变化。导弹纵向通道自动驾驶仪的设计参数有姿态角控制增益 k_P、姿态角积分控制增益 k_I 和角速率控制增益 k_R，这些参数的合理选择可以保证导弹纵向通道具有较强的动态性能和抗干扰能力。

在导弹、火箭等飞行器的飞行过程中，参数通常会迅速、大范围地变化，同时外部环境也复杂多变。例如，气动力受非定常流场影响而呈现非线性，结构发生大变形引起几何非线性等。这些非线性因素导致导弹的动力学和运动学微分方程也呈现出非线性特征[7]。智能控制具有强大的学习和优化能力，能够有效弥补比例-积分-微分(PID)控制调参困难的缺点。因此，在实际研究中，经常将智能技术与 PID 控制相结合，以优化飞行器的控制效果[8-9]。

5.2.2 具有 PID 功能的模糊控制器

在常规控制中，PID 控制是最简单实用的一种控制方法。模糊控制一般均假设用误差 e 和误差导数 $\dot{e}$ 作为模糊控制器的输入量，因而它本质上相当于一种非线性比例微分(proportional differential，PD)控制。为了消除稳态误差，需要加入积分作用。图 5-11 给出了典型的具有 PID 功能的模糊控制器结构，简称为模糊 PID 控制器结构。

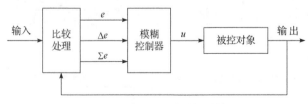

图 5-11　模糊 PID 控制器结构

理论分析和实验结果表明,仅仅依赖模糊控制器进行系统控制通常无法满足所有被控对象的指标,特别是在控制低层时。一般情况下,系统控制器由模糊控制器和传统 PID 控制器串联组成。

图 5-12 为基于模糊逻辑控制分配策略的 PID/滑模复合控制自动驾驶仪,针对传统过载自动驾驶仪在参数摄动情况下容易造成鲁棒性变差的问题,结合 PID 控制简单易用、滑模控制鲁棒性强的优点,设计了采用模糊策略优化的导弹 PID 控制器,通过设置虚拟控制量调节模糊逻辑[10]。

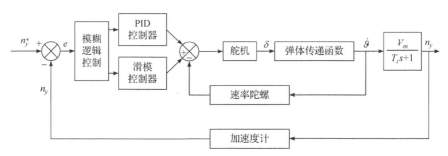

图 5-12　基于模糊逻辑控制分配策略的 PID/滑模复合控制自动驾驶仪

5.2.3　基于 BP 神经网络整定的 PID 控制系统

反向传播(back propagation,BP)神经网络拥有逼近各种非线性函数的能力,通过神经网络的学习过程,能够寻找到使系统性能最优化的 PID 参数。这种方法不仅能够提高系统的响应速度和稳定性,还可以更好地适应不同的工作环境和需求。基于 BP 神经网络整定的 PID 控制系统如图 5-13 所示,控制器由两个部分组成:经典的 PID 控制器,其直接对被控对象进行闭环控制,并且 k_P、k_I、k_D 三个参数为在线整定;神经网络,其根据系统的运行状态调节 PID 控制被控对象的参数,以期达到某种性能指标的最优化。输出层神经元的输出状态对应于 PID 控制器的三个可调参数 k_P、k_I、k_D,通过神经网络的自学习、调整权系数,使其稳定状态对应于某种最优控制律下的 PID 控制器参数。

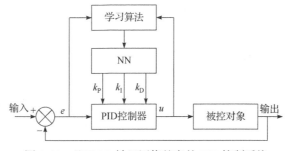

图 5-13　基于 BP 神经网络整定的 PID 控制系统

5.2.4　基于遗传算法的 PID 整定

目前,有多种优化 PID 参数的方法,包括间接寻优法、梯度法、爬山法等,虽然这些方法都有良好的寻优特性,但也存在一些问题。遗传算法是一种不需要初始信息,能够寻求全局最优解的高效优化方法。

采用遗传算法进行 PID 整定，可以解决对初始参数敏感的问题，即使初始条件选择不当，遗传算法也能找到合适的参数，满足控制目标的要求。遗传算法操作简便，速度快，可以从多个点开始并行操作，在解空间中进行高效的启发式搜索，克服了从单点出发的弊端和盲目搜索，从而提高了寻优速度，避免了过早陷入局部最优解。遗传算法还适用于多目标寻优。

5.2.5 基于深度强化学习的驾驶仪参数快速整定方法

以控制参数快速设计方法为基础，构建面向飞行器全飞行包络范围的近端策略优化离线训练方法，使得可以快速完成对设计参量在线调节的多层感知器(multilayer perceptron，MLP)神经网络的训练。将训练完成的 MLP 神经网络进行在线部署，根据当前实际的飞行状态(高度、马赫数、攻角)，由 MLP 神经网络实时计算得到设计参量，并直接调用快速设计方法中的极点配置算法，从而快速完成控制参数的自适应调整[11]。深度强化学习控制参数自整定框架如图 5-14 所示。

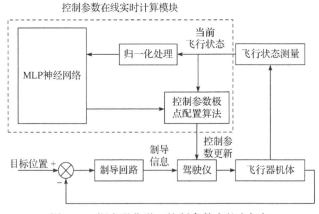

图 5-14　深度强化学习控制参数自整定框架

5.3　运载火箭自适应飞行控制技术

5.3.1 运载火箭控制系统的主要组成和功能

运载火箭的控制系统分为箭上系统和地面系统。箭上系统称为飞行控制系统，地面系统称为测试发射控制系统。飞行控制系统通过惯性测量装置、中间装置、执行机构、时序配电装置和飞行控制软件完成对运载火箭运动状态参数的测算。根据运动状态参数生成制导信号，使运载火箭进入预定轨道。在被动飞行阶段中，飞行控制系统根据当前的状态参数和预设的程序控制要求，生成控制信号，以调整运载火箭的姿态，确保飞行的稳定性。该系统还确保火箭各部件能够协同工作，共同实现导航、制导、姿态控制和电源配电功能。测试发射控制系统的主要功能是在地面对飞行控制系统进行参数和功能检测，并控制运载火箭的发射。

典型运载火箭控制回路如图 5-15 所示[12]。控制器为 "PD+校正网络" 控制器，输入参数分别为姿态角偏差和角速率。惯组平台测量获得姿态角与姿态角指令并作差获得姿态角偏差，速率陀螺测量获得角速率，分别乘以静态增益、动态增益，经过各自的校正网络，相加形成摆角指令，控制伺服机构运动进而控制发动机喷管摆动，控制运载火箭飞行。控制回路中静态增益、动态增益和校正网络中的参数即为可调整的姿态控制参数。

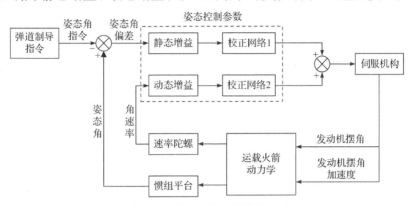

图 5-15　典型运载火箭控制回路

5.3.2　运载火箭控制技术进展

常规 PID 控制是基于标准弹道采用离线增益定序设计的 PID 控制参数，但在实际飞行中无法实时应对各种外界干扰。近年来，为解决这一问题，发展了自适应增广控制 (adaptive augmenting control，AAC) 方法[13]，其核心思想是通过多种控制回路提高传统控制器应对不同飞行环境的能力，同时引入在线自适应调整增益参数的能力，从而在面临各种挑战时保持良好的控制性能，增强控制系统的鲁棒性，提高火箭飞行的稳定性。

传统火箭姿态动力学模型通常基于小偏差假设下的线性化方法得到。因此，姿态控制 (简称姿控) 系统设计方法主要采用"小扰动线性化"的增益预置法。这种方法具有操作性强的优点，旨在改进传统的增益预置法的控制性能，但设计效率严重依赖设计者的经验。随着控制理论的不断发展，各种先进控制理论也被纳入运载火箭的姿态控制系统设计中，如自适应控制理论、变结构控制理论、H$_\infty$ 方法、结构奇异值方法、反馈线性化方法等[14]。针对运载火箭飞行过程中弹体参数变化范围较大的挑战，自适应控制理论逐渐被引入控制系统设计中。它具有良好的适应性，可以有效地抑制弹体振动对控制系统的影响。

5.3.3　自适应控制技术

在运载火箭系统中应用自适应控制技术中的自抗扰控制方法，将系统内的非线性和不确定性整合成"总干扰"并进行实时观测和补偿，从而增强系统对不确定性的适应性。然而，运载火箭模型存在多种不确定性，如气动参数、转动惯量和力矩等，这些因素对控制器的性能影响各异。有些参数的不确定性可能对系统稳定性产生较大影响，因此需要采取相应的智能自适应策略，实时辨识系统当前参数的不确定性，并对模型进行修正以调整控制器的参数。这种方法可有效提高运载火箭系统的稳定性和鲁棒性。

为了进一步优化自抗扰控制方法的精度和稳定性，可以将影响较小的参数纳入"总干扰"中，并利用扩张状态观测器进行实时观测和补偿，而对于影响较大的参数，则采用智能自适应的参数辨识方法进行识别和调整[15]。

智能自适应控制设计的应用能够有效保持运载火箭的姿态稳定。传统的飞行器控制方法通常依赖于静态气动参数和模型动态额定值，由于实际飞行环境的变化和试验数据的局限性，这些参数可能存在偏差，影响系统的控制性能。因此，采用智能自适应参数辨识技术对气动参数进行动态修正，并将对系统稳定性影响较小的参数视为一个时变整体，通过自抗扰控制方法进行实时补偿，从而实现对运载火箭的智能自适应姿态控制[16]。运载火箭的智能自适应姿态控制方法设计结构图如图 5-16 所示。

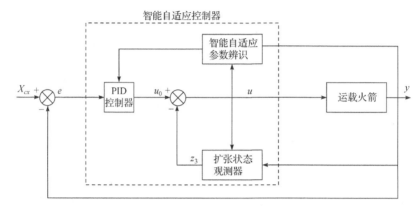

图 5-16　运载火箭的智能自适应姿态控制方法设计结构图

飞行器模型表示为

$$Y_{t+1} = F_t + \Phi_t\theta + V_{t+1}, \quad t \geqslant 0 \tag{5-1}$$

式中，F_t 表示除参数 θ 外，对稳定性影响较小的不确定参数、不确定性和时变干扰的集合。

运载火箭的智能自适应姿态控制方法设计方案如下。

步骤 1：生成初值 θ_0、Z_0、$\hat{F}_0$、$P_0 > 0$，得到量测 Y_{t+1} 和舵偏输入 $\delta_{n,t}$。

步骤 2：利用量测 Y_{t+1} 和舵偏输入 $\delta_{n,t}$，基于切比雪夫神经网络对非线性模型中的主要参数进行辨识，得到全局光滑的参数方程。

步骤 3：利用扩张状态观测器方法对剩余不确定性进行估计：

$$\begin{cases} Z_{t+1} = \hat{F}_t + \Phi_t\theta_t - B_1(Z_t - Y_t) \\ \hat{F}_{t+1} = \hat{F}_t - B_2(Z_t - Y_t) \end{cases} \tag{5-2}$$

步骤 4：设计智能自适应控制器：

$$u_{t+1} = \frac{1}{\hat{b}_{f3,t+1}}\left(-\hat{b}_{f2,t+1}\alpha - \cdots - \hat{F}_{t+1} + \delta_{n,t+1}\right) \tag{5-3}$$

式中，$\delta_{n,t+1}$ 可以根据稳定裕度、截止频率等要求设计相应的校正网络或者 PID 反馈控制。

通过以上步骤可以得到基于神经网络参数辨识的自抗扰控制方法流程图，如图 5-17 所示。

从参数辨识的角度来讲，自抗扰控制方法弥补了不可辨识参数的估计问题，对于不可辨识的参数，将其与不确定状态的组合当作"总扰动"，利用扩张状态观测器实时估

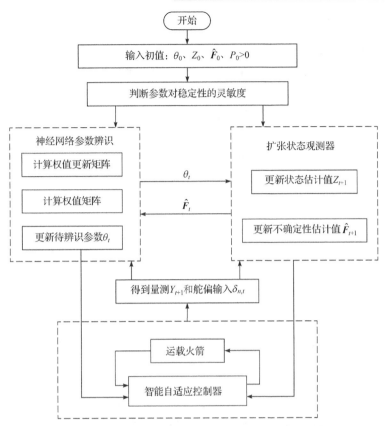

图 5-17　基于神经网络参数辨识的自抗扰控制方法流程图

计出来，而对辨识度较大的参数考虑直接利用递推最小二乘法将其辨识出来，从而利用模型中各部分偏差特点设计不同估计器，提高估计精度。

从自抗扰控制器角度来讲，自抗扰控制器常常对于舵偏系数 b_3 较为敏感，b_3 如果不准确会影响自抗扰控制器的稳定性，实际中 b_3 往往由标称值代替，与飞行过程中的 b_3 有较大偏差，从而影响控制精度与稳定性。因此利用参数辨识方法将 b_3 在线实时辨识出来，并利用辨识出来的 b_3 估计值设计自适应的自抗扰控制器，以提高自抗扰控制器的控制精度与稳定性。

智能自适应控制涵盖了两个关键方面。一方面，在航天器结构或参数发生变化时，系统能够自动地调整控制器的结构和参数，以维持原先设计的控制性能水平，可以应对外部环境变化和内部系统变动，从而确保控制性能的稳定性和有效性。另一方面，智能自适应控制还包括了如何引入智能技术，以使系统具备处理定性和定量、模糊和精确信息的能力。这种智能技术的应用使得系统能够更加灵活地适应各种复杂的环境和状况，不仅可以处理清晰明确的数据，还可以处理模糊不确定的状态变量，并做出相应的决策和调整。

在实践中，智能自适应控制系统不仅要具备快速、准确的响应能力，还需要具备一定的智能化水平，能够根据环境变化和系统需求做出相应的调整和优化。这种技术的应用提高了系统的自适应性和鲁棒性，为系统的智能化发展提供了重要的支持和保障。

5.3.4 基于强化学习的姿态控制律设计

通过智能体与环境的交互和试错，利用评价性的反馈信号实现决策的优化。将强化学习理论应用于火箭控制系统中，通过模拟智能体与实际物理环境间的互动，火箭控制系统能够不断地学习和调整控制策略，从而增强系统的自适应能力[17]。

应用强化学习方法指导姿态控制律的设计，将学习过程抽象为一个动态规划问题，并使用迭代形式的值函数来逼近最优值函数。通过在线求取最优策略，能够对姿控系统中的姿态控制律进行优化。这不仅提高了火箭的姿态控制精度，还极大地增强了系统的鲁棒性和可靠性。基于强化学习的姿态控制系统框图如图 5-18 所示。

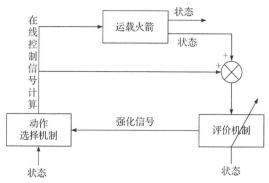

图 5-18 基于强化学习的姿态控制系统框图

图 5-18 中，评价机制是强化学习的核心，其影响智能体在面对特定情境时作出动作选择的决策过程。智能体执行一个动作后，评价机制会根据智能体当前状态和智能体所处环境的状态产生瞬时奖惩，这个奖惩信号作为对当前动作的直接评价，以强化信号的形式迅速反馈给动作选择机制。基于这个反馈，动作选择机制会相应地更新其策略，以优化未来的动作选择。同时，评价机制也会根据智能体和环境的实时状态自动进行微调，以确保评估的准确性和适应性。

5.3.5 基于智能自适应的多执行器协同控制技术

在建立运载火箭的各飞行任务所对应的气动舵/推进控制系统(reaction control system，RCS)的基础上，将多执行器协同控制设计分为多执行机构组合/切换/分配智能优化和相应的自适应协同控制律设计。通过基于深度学习的协同控制策略，利用自适应控制律调整控制器参数，实现基于智能自适应的多执行器协同控制。

针对多执行器的智能组合和切换策略，根据运载火箭在不同飞行阶段中的飞行环境、飞行任务和执行机构的效率，对空气动力控制/RCS 控制进行智能自适应的协同控制。针对运载火箭的多执行机构组合/切换，分析各执行机构在不同飞行阶段下的控制效率、控制力和控制力矩约束，设计控制效率特征指标。通过分析运载火箭的状态量变化和控制量变化，建立协同控制的实时性能指标。通过深度学习、神经网络、模糊控制等智能优化技术实现多执行机构的最优组合和切换方案，满足飞行任务要求[18]。

在运载火箭的多执行机构的智能组合/切换得到各执行机构控制姿态所需等效力矩的基础上，考虑多个气动舵之间的最优自适应分配问题。通过分析各气动舵在不同飞行条件,如不同速度、高度攻角条件下对运载火箭各个通道的姿态控制效率,以及运载火箭自身的控制特点,如荷兰滚、滚转、螺旋模态下的极点特征,在动态分配的过程中利用最优控制满足运载火箭的控制需求。

考虑气动舵连续控制与 RCS 离散控制的工作特性,采用离散系统控制方法,抑制姿态控制中的抖动问题。同时对于多任务的运载火箭而言,其飞行环境变化较大,运载火箭模型中会产生参数不确定性,从而影响控制性能。因此,对于自适应动态规划的协同控制律设计,采用干扰观测器观测对模型产生重大影响的外界干扰,利用自适应控制方法自适应调整控制参数,实现在参数变化和外部干扰条件下的最优控制。

5.3.6　基于自适应动态规划的运载火箭容错控制技术

以运载火箭为研究对象,考虑姿态控制器包含 RCS 和气动舵在高速飞行环境下,很可能会发生 RCS 故障和气动舵故障的情况。将 RCS 故障模式分为两种:喷管失效(RCS 零推力)和喷管常开。当喷管常开时会持续产生推力,直至推进剂耗尽。运载火箭操纵舵面故障主要分为三种情况:气动舵部分失效(实际偏转角度与指令不一致)、舵面卡死在某个角度和舵面积损失。舵面积损失主要由热烧蚀或者其他原因造成,在这种情况下,舵面仍具备产生操纵力矩的能力,但操纵能力降低。为了方便研究,假设气动舵故障只对气动特性产生影响。

运载火箭的容错控制技术,首先研究在上述故障情况下,执行机构故障对运载火箭气动特性的影响。然后研究故障容忍度范围,如果在容忍度范围内,执行机构故障对气动特性影响较小,则可以不用进行容错控制。

在执行机构故障对气动特性影响的基础上,研究基于自适应动态规划的容错控制技术。容错控制技术有很多种类,目前基于智能技术的容错控制方法主要是用非线性控制方法(如反馈线性化、变结构控制)设计控制器,然后用智能技术设计相应的故障补偿算法[19]。利用智能技术估计系统的不确定项、未知扰动和故障函数,可以避免设计复杂的非线性系统的观测器或滤波器。

基于神经网络的故障估计器设计[20],考虑在满足匹配的不确定性和故障情况下,设计模型网络在线逼近系统动态故障;设计神经网络离线逼近系统特性,利用非线性控制方法和神经网络所得参数和偏微分等信息,完成在上述故障类型情况下基于自适应动态规划的控制器设计,所设计的控制器构成执行网络;根据故障估计信息和飞行状态设计评价网络,选择合适评价指标,最后通过在线学习参数增益,从而形成新的在线重构控制律。最终得到一种基于自适应动态规划的运载火箭容错控制技术。

5.4　卫星姿轨智能控制技术与应用

随着高性能微型计算机的可用性和人工智能技术的重大进展,智能控制技术已被应用于航天器制导和控制当中。针对空间飞行器智能自主控制的技术特点和功能特征,根据系统对地面的依赖程度和处理复杂任务的智能水平,以运动控制、感知认知、决策规划、操作执行和健康管理为能力要素,提出空间智能自主控制的分级方法,如表 5-1 所示[21]。

表 5-1　空间智能自主控制的分级方法

等级	基本特征	运动控制	感知认识	决策规划	操作执行	健康管理
1	姿态稳定 轨道程控	中心刚体 姿态定常控制	姿态确定	—		地面监测 硬件冗余
2	自主位保 制导规划	大挠性附件，姿态自 适应控制，自主位保	自主定轨	制导律规划	—	地面专家系统解 析冗余
3	目标识别 自主机动	变结构体机动控制交 会对接控制	相对导航典型特 征识别	任务和路径规划	人在回路中的遥 操作	信息融合自主诊 断与重构
4	自我学习 博弈操控	大尺度全柔性体分布 式控制 复杂组合体控制	多元数据融合感 知场景理解	优化决策 动态博弈	主动学习 灵巧操控	数据与知识融合 故障预警与健康 评估
5	知识迁移 群体协同	多智能体姿态轨道协 同控制	协同感知 推理认知	群体决策与任务 分配 群智涌现	多任务操控学习 协同操控	寿命预测 进化自修复

　　航天器的制导与控制属于经典闭环控制过程，完整的姿态和轨道(简称姿轨)闭环控制流程如图 5-19 所示[22]。规划环节根据航天任务需求规划航天器任务轨迹并生成相应的控制指令，控制环节根据这些指令输出控制信号并由执行环节中的执行机构实施控制，测量环节利用传感器监测航天器实时状态并反馈至规划环节和控制环节，健康管理环节对航天器的姿轨闭环控制系统的运行状态进行实时监测。

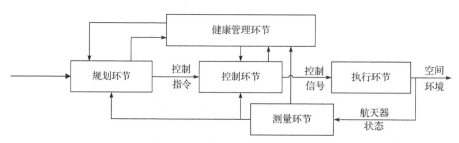

图 5-19　姿轨闭环控制流程图[22]

　　航天器姿态控制子系统结构图如图 5-20 所示。在设计姿态控制时需要考虑很多准则：计算时间、控制功耗、所设计控制系统的鲁棒性、内部和外部干扰与不确定性、输出的精度、先前补偿姿态控制系统的改进、航天器处理所设计控制器的能力[23]。

　　面向未来航天任务制导控制，人工智能技术的引入可以实现对动力学模型不确定性的识别和逼近，提高姿态跟踪控制的精度和鲁棒性。通过在传统姿轨控制架构中引入人工智能技术，生成相应的控制指令和控制信号，其示意图如图 5-21 所示。

5.4.1　模糊控制技术的原理及其在卫星姿轨智能控制中的应用

　　模糊系统理论是由美国加州大学伯克利分校著名教授 Lotfi A. Zadeh 于 1965 年创立的[24]。从广义上来讲，模糊控制是基于模糊推理，模仿人的思维方式，对难以建立精确数学模型的对象实施的一种控制策略。它是模糊数学同控制理论相结合的产物，同时也是智能控制的重要组成部分[25]。

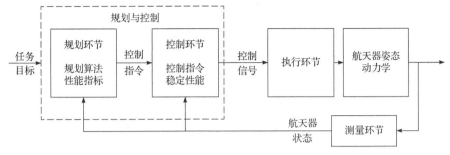

图 5-20　航天器姿态控制子系统结构图[23]

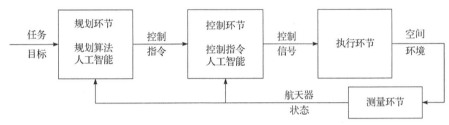

图 5-21　智能制导与控制示意图[22]

从应用角度看，模糊控制又有以下的优势：

(1) 方便易懂。模糊控制使用语言信息进行控制，控制原理不难理解。

(2) 执行简单。模糊逻辑系统具有高度的并行处理能力。

(3) 开发成本低廉。

(4) 控制系统的鲁棒性强。

模糊控制器是按照设计者的经验，也就是总结出的模糊规则库来运行的。建立模糊控制器首先要对系统的输入和输出有清晰的认识，将输入量进行模糊化，经过模糊推理，输出量也是模糊量，再将模糊量清晰化转为确定量。模糊控制器推理过程如图 5-22 所示。

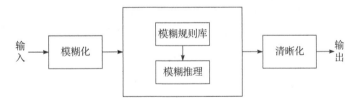

图 5-22　模糊控制器推理过程[26]

由图 5-22 所示，模糊控制器可以分为四个部分[26]：

(1) 模糊化。将准确的输入量转变为模糊量，然后进行模糊推理。采用何种模糊推理方式对模糊化的影响巨大。

(2) 模糊规则库。模糊控制算法是将输入量模糊化，通过对比已经设计好的模糊规则库得出响应的模糊输出，进而进行接下来的清晰化，从而控制执行机构。因此，模糊规则库是模糊控制算法的核心部分。

(3) 模糊推理。在模糊控制中常用的推理语句是"若 A 且 B 则 C"。在实际的模糊控制中，不仅要考虑给定值和输出值的误差，还要考虑误差的变化率。因此，通常采用双输入的形式。按照已知的模糊规则进行推理,得出最终的输出模糊量。

(4) 清晰化。在模糊推理之后得到的仍然是一个模糊结果,要经过清晰化才能变成一个确定量,这样传递给执行机构后才能完成控制任务。

对具有未知或不确定惯性矩阵和外部干扰的非线性航天器系统,可以采用模糊逻辑系统作为自适应模糊控制器的基本构成模块,如图 5-23 所示,利用自适应模糊逼近方法,对不确定非线性模型进行估计,通过 H_2 和 H_∞ 混合姿态控制设计,可以抑制外部干扰和模糊逼近误差对航天器姿态的影响,使控制器的跟踪误差和能量消耗最小,实现对航天器的姿态控制[27]。

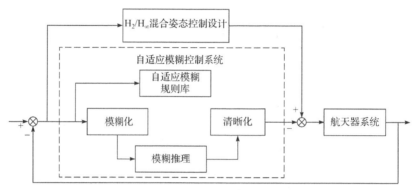

图 5-23   航天器姿态控制的模糊逻辑系统[27]

代码

5.4.2   神经网络控制技术的原理及其在卫星姿轨智能控制中的应用

神经网络控制是在相应的控制系统结构中将神经网络当作控制器或辨识器[28]。基于神经网络的智能模拟用于控制,是实现智能控制的一种重要形式,近年来获得了迅速的发展。

图 5-24 为采用多层前馈网络结构神经控制器的控制系统框图。神经网络接收结构的当前状态,同时根据相对于静止状态的状态误差,通过参数自适应调整其突触权重[29]。然后,网络输入通过隐含层传播到输出层,产生应用于结构的控制信号。神经控制器通过基于状态误差的参数调整来调节系统。任何非零状态都代表干扰,通过适当的训练方法来调整突触权重,从而使下一个控制信号能够减少状态误差。

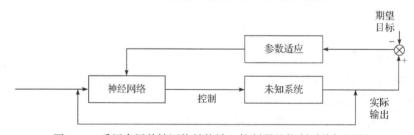

图 5-24   采用多层前馈网络结构神经控制器的控制系统框图[29]

三层前馈神经网络原理图如图 5-25 所示。用矩阵 $W(1)$、$W(2)$ 和 $W(3)$ 分别表示输入层与隐含层、隐含层与输出层和输入层与输出层之间的互联权重。还可假设输入层和输出层的神经元具有线性输入—输出响应,隐含层的神经元具有正弦响应。

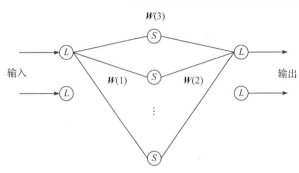

图 5-25　三层前馈神经网络原理图[29]

自从神经网络被证明是一种通用的平滑函数近似器，现在它已被开发为一种有效的控制方法，可用于非线性、不确定性和未建模动态系统。神经网络技术不依赖固有模型，具备良好的泛化能力，可对强非线性环境实现较好的逼近效果。

智能姿态控制系统示意图如图 5-26 所示，神经网络用于估计和消除带有不确定参数的未知函数，鲁棒控制器用于增强控制系统对近似误差和外部干扰的鲁棒性[30]。

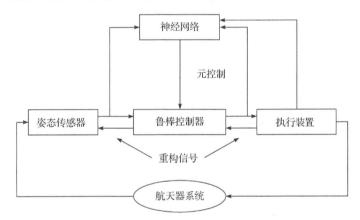

图 5-26　智能姿态控制系统示意图[30]

5.4.3　基于模型的深度强化学习控制技术的原理及其在卫星姿轨智能控制中的应用

基于模型的深度强化学习算法由以下三个部分组成：模型网络、策略网络和启发式搜索[31]。如图 5-27 所示，模型网络为启发式搜索提供动力学模型，并且从实际执行的数据中学习，提高模型的精度。

应用强化学习算法对不确定性进行在线识别逼近，实现智能自适应姿态控制，对不确定性干扰下的航天器姿态自适应控制具有一定的普适性[32]。

利用深度强化学习来解决传统卫星控制方法在卫星遇到未知扰动后很难重新稳定的问题，这一过程可分为两个步骤：首先，构建一个动态环境模型，该环境模型模拟了在近地空间飞行的航天器的动态。该模型的输入是控制力矩，输出是航天器的姿态角速度。其次，使用深度 Q 网络(deep Q network，DQN)算法对控制力矩进行深度强化训练。基于深度强化学习的卫星姿态控制方法草图如图 5-28 所示[33]。

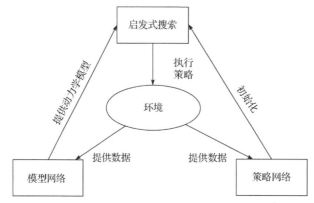

图 5-27　基于模型的深度强化学习算法原理图[31]

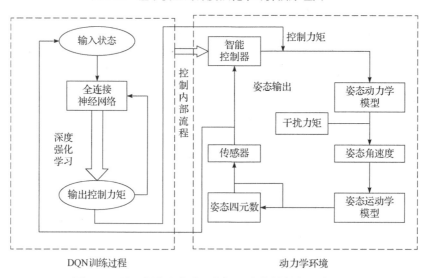

图 5-28　基于深度强化学习的卫星姿态控制方法草图[33]

应用深度强化学习算法——深度 Q 网络，在动态环境中对卫星进行智能自主姿态控制训练。构建全连接神经网络作为智能代理，以航天器姿态为输入，输出卫星的控制力矩。如图 5-29 所示，在每个时间步长，控制力矩被送回动态环境，动态环境继续输出航天器姿态，反馈给神经网络进行持续的深度强化训练。

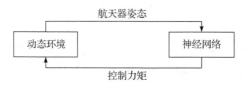

图 5-29　动态环境与神经网络的互动过程[33]

轨道控制过程中消耗推进剂导致质心、转动惯量变化，影响控制精度，将自适应径向基函数(radial basis function，RBF)神经网络与滑模控制器结合。如图 5-30 所示，给出卫星推进剂消耗率和转动惯性变化规律，建立系统动力学模型，利用 RBF 神经网络补偿小卫星轨道转移引起的耦合干扰力矩和空间环境扰动，可以实现力和力矩有限的情况下小卫星的高精度的姿态与轨道耦合控制[34]。

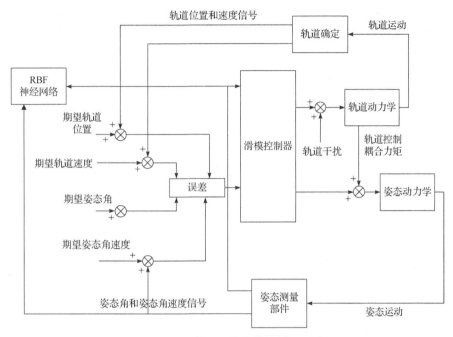

图 5-30　RBF 神经网络滑模控制原理图[34]

5.4.4　基于粒子群优化算法的控制技术的原理及其在卫星姿轨智能控制中的应用

粒子群优化(PSO)算法是一种智能技术，在鸟群、鱼群和人类社会的行为规律中受到启发而发展起来，被广泛应用于解决优化问题中[35]。它可以优化有很少或几乎没有假定的问题，而且在可选解中能搜索很大的空间。PSO 这样的元启发式算法不能保证每次找到的解都是最优的，具体而言，PSO 算法不是用问题的梯度进行优化的，不要求优化问题是可微分的[36]。因此，PSO 算法也可以应用于不规则的、多噪声的和随时间变化的优化问题等。

标准 PSO 算法是通过一个有候选解决方案(被称作粒子)的群体(被称作群)来工作的。这些粒子，根据一些简单的公式，在搜索空间里四处移动，搜索空间中已知的粒子自身最好位置和整个群体最好位置，引导着粒子移动。一旦发现更好的位置就会指导群体运动。这个过程将会一直重复，直到发现一个令人满意的解决方案。

自适应惯性权重的改进 PSO 算法流程如图 5-31 所示，该算法通过比较每个点在单次迭代前后的评价值，将评价值升高的粒子的惯性权重设置为 0，减少了无效迭代次数，具有更高的收敛率和更快的收敛速度[37]。

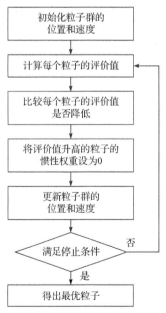

图 5-31　自适应惯性权重的改进 PSO 算法流程[37]

在组合体航天器协同控制的力矩分配中应用改进 PSO 算法，可以实现对状态的快速控制，如图 5-32 所示。在组合体航天器的协同控制过程中，为了姿控的稳定性，相邻两个控制周期的姿态角和角速度不应出现很大波动，因此上一控制周期中 PSO 算法搜索出的最优分配方案在当前控制周期中的评价值仍不会太高，可以继承使用，加快收敛速度。

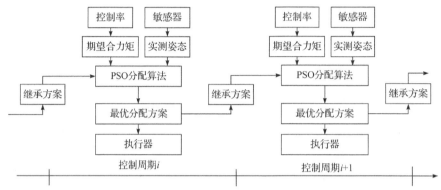

图 5-32　基于初值分配和继承迭代的 PSO 算法的控制流程图[37]

混沌粒子群优化算法是将混沌寻优的概念引入标准粒子群优化算法，以混沌运动的遍历性、随机性等特点来改善粒子群优化算法摆脱局部极值点的能力，避免由于粒子停滞而陷入局部最优的缺陷，提高了算法精度与解空间中分布的均匀性和多样性[38]。

5.4.5　模糊神经网络控制技术的原理及其在卫星姿轨智能控制中的应用

神经网络和模糊系统均属于无模型的估计器，但神经网络适合于处理非结构化信息，而模糊系统对处理结构化信息更为有效。将模糊系统和神经网络适当结合起来的模糊神经网络控制器，可构成比单独神经网络系统或单独模糊系统性能更好的系统。

针对航天器姿轨耦合动力学模型，采用混沌粒子群优化算法(CPSO，将混沌寻优的概念引入)对可调参数进行优化，如图 5-33 所示。

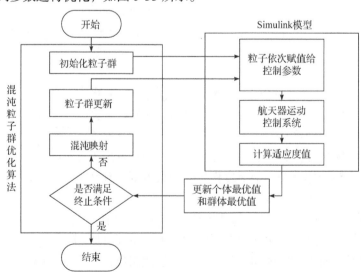

图 5-33　CPSO 优化航天器运动控制系统参数流程图[38]

模糊模型的表示主要有两类：一类是模糊规则的后件是输出量的某一模糊集合，称为模糊系统的标准模型；另一类是模糊规则的后件是输入语言变量的函数，通常称其为模糊系统的 Takagi-Sugeno 模型。如图 5-34 所示，该模型具有计算简单、利于数学分析的优点，且易于和 PID 控制方法及优化、自适应方法结合[24]。

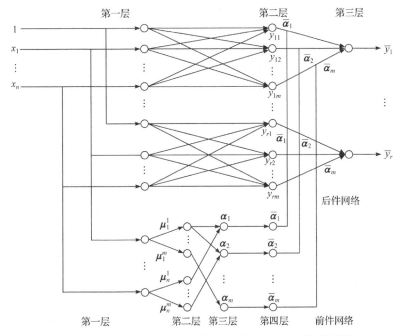

图 5-34　基于 Takagi-Sugeno 模型的模糊神经网络结构图[24]

根据 Takagi-Sugeno 型模糊推理的特点，将其与神经网络进行结合，用于构造具有自适应学习能力的神经模糊系统，同时具有模糊逻辑易于表达人类知识和神经网络的分布信息存储以及学习能力的优点，可以应用到卫星姿态控制器设计之中，如图 5-35 所示[39]。

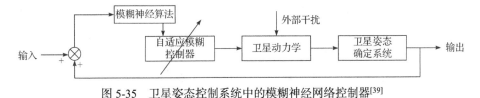

图 5-35　卫星姿态控制系统中的模糊神经网络控制器[39]

5.5　空间机器人智能抓捕控制技术与应用

近年来，越来越多的卫星被发射升空，尽管卫星任务失败大部分是因为运载火箭发射失败，但在轨故障也是导致卫星任务失败的重要原因，还有许多卫星因为燃料耗尽或电力供应不足而无法继续完成工作，这严重影响卫星的使用寿命[40]。

太空中的空间目标一般分为合作目标与非合作目标。空间机器人之前的在轨实验技术验证都主要为合作目标服务，而非合作目标的空间机器人技术仍然是一个面临诸多技术挑战的研究领域。

要实现对目标的接管或精细操作，需要对非合作目标进行捕获，如表 5-2 所示，按照捕获后形成连接类型，非合作目标捕获手段包括远程柔性捕获与抵近刚性捕获[41]。远程柔性捕获的优点在于对控制精度要求较低，缺点是不便于后续提供维修或燃料加注等精细服务。抵近刚性捕获的优点在于目标卫星与服务星之间为刚性连接，对接比较稳固，但该方式对控制性能要求比较高。机械臂捕获是指采用一个或多个机械臂结合末端抓捕工具，末端抓捕工具与目标接触时会产生碰撞力，可能带来目标损坏或翻滚，捕获对操控力的柔顺性、安全性和平滑性提出了要求，因此翻滚目标特定部位的柔顺捕获控制是核心挑战[42]。

表 5-2 非合作目标捕获[42]

捕获类型	捕获装置	平台控制	装置控制
远程柔性捕获	飞网	精确目标指向 发射干扰估计与补偿	释放动力学与控制 柔性展开动力学与控制
抵近刚性捕获	捕获机械臂	相对位姿同步稳定跟踪 动作干扰估计与补偿 变连接远程柔顺捕获联合控制	多关节动力学与零干扰运动规划 末端精确抵达控制 捕获末端柔顺接触连接控制

空间机器人是目前被认为最有前途的在轨服务的方法之一，空间机器人在轨服务可以替代航天员完成舱外作业，使得航天员不与外界太空环境直接接触，从而避免了航天员舱外空间作业风险。

智能抓捕控制是将模糊控制、神经网络控制和强化学习等智能控制方法应用于机械臂柔顺抓捕控制中，基于机械臂末端视觉和力传感器，实时监测机械臂的位置、姿态和力学状态，提高机械臂抓捕稳定性和适用范围。

5.5.1 模糊控制在空间抓捕中的应用

在航空航天领域中，为了完成搬运物体、维护空间站等任务，大型轻质的机器人投入使用[43]。由于在质量和长度需求方面的折中考虑，机器人操作臂由刚性变为柔性。柔性机械臂是一个无穷维的分布参数非线性对象，精确的数学建模相当困难，这就需要应用模糊控制自动调整控制器参数的方法，以使控制器能够满足不同的工况条件[44]。

针对柔性空间机器人难以建立精确数学模型的特点，提出一种模糊模型参考自适应控制策略。首先利用一种模糊模型后件参数迭代学习算法，根据实验数据建立起柔性空间机器人的初始模糊逆动力学模型，再将经验规则融合到这个初始模型中，形成最终的模糊逆动力学模型，在此基础上完成模糊模型参考自适应控制策略的设计。

针对单柔性连杆空间机器人的模糊模型参考自适应控制系统如图 5-36 所示，由四部分组成，即模糊控制器、被控对象(柔性机械臂)、学习机构和参考模型。

5.5.2 神经网络控制在空间抓捕中的应用

大型空间机械臂关节处呈现一定的柔性特征，这会导致空间机械臂在运动过程中产生振动[45]。基于神经网络的空间机器人控制系统如图 5-37 所示。

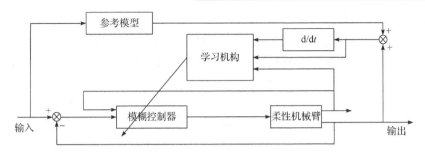

图 5-36　单柔性连杆空间机器人的模糊模型参考自适应控制系统[43]

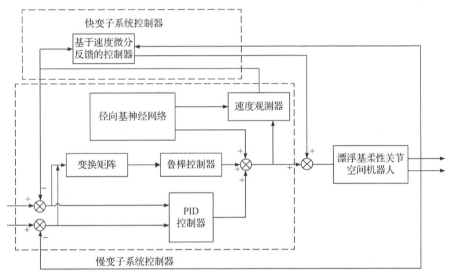

图 5-37　基于神经网络的空间机器人控制系统[46]

对于载体自由漂浮的空间机器人来说，若忽略关节柔性的存在，其控制系统的精度和稳定性都将受到影响，采用传统的控制方法难以实现高精度控制。在空间机器人的控制设计中，应用神经网络控制来补偿系统中的未知非线性，设计基于神经网络的速度观测器和鲁棒控制器，以应对空间机器人的关节柔性和低速工况下的信号噪声问题。

5.5.3　强化学习的原理及其在空间抓捕中的应用

强化学习是在与环境的相互作用中进行学习，学习到最优的控制策略，其典型的目标是最大化奖励或者最小化成本[40]。强化学习把学习过程看作是试探过程，其基本模型如图 5-38 所示。代理者智能体在外界环境处于状态 s 时，根据以往经验选择一个动作 a 执行；动作 a 与外界环境作用，状态 s 发生变化变为新的状态，得到一个反馈的奖赏 r；代理者智能体根据奖赏 r 与当前状态 s 继续选择下一个执行的动作 a，选取动作的原则

图 5-38　强化学习基本模型图[40]

就是能够获得更多的奖赏。从强化学习的学习过程可以看出，代理者智能体采取的动作 a，会使得外界环境的状态发生变化，也会影响获得的奖赏值和最终的强化值。

代码

Q 学习算法是一种无模型的强化学习算法，具有较好的收敛性质，是目前比较有效的与模型无关的强化学习算法之一。Q 学习是对状态—动作对的值函数进行估计，采用离线学习的方式对策略进行更新，每次的动作更新并不是严格依据交互序列进行选择，而是借鉴了前面积累的经验来选择最优的动作进行策略更新。强化学习的训练流程如图 5-39 所示，经过强化学习的训练过程，Q 表中的值不断更新收敛，最后稳定到最优 Q 值。

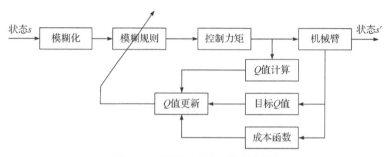

图 5-39　强化学习的训练流程[40]

一种基于强化学习的抓捕控制方法如图 5-40 所示，所设计的控制系统包含两个回路。在外回路中，设计 PD 控制器以保证抓捕过程中空间机器人基座平台的姿态稳定；在内回路中，设计基于强化学习的机械臂运动控制器以实现对非合作目标的抓捕机动。其中，强化学习控制方法不需要获知机械臂的动力学模型，是在与外界环境的交互中学习得到控制律，能提高空间机器人系统在轨工作的自主性[47]。

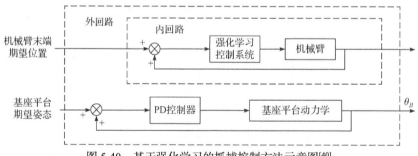

图 5-40　基于强化学习的抓捕控制方法示意图[40]

为成功完成空间机器人抓捕非合作目标的空间任务，提高空间机器人抓捕的精度和稳定度，需要同时控制机械臂的运动以及基座平台轨道和姿态的稳定。另一种基于强化学习的抓捕控制方法如图 5-41 所示，内回路是基于强化学习的机械臂运动控制系统，外回路为基座平台的姿态与轨道稳定控制系统。

5.5.4　模糊回归神经网络控制的原理及其在空间抓捕中的应用

模糊神经网络既是一个全局逼近器，又是一个模式存储器，但缺点是仅适用于静态问题，而模糊回归神经网络能以任意精度逼近任意非线性动态系统[48]。传统的 BP 神经网络、小波神经网络等前馈神经网络均很难识别空间机器人这类具有时变、强耦合的复

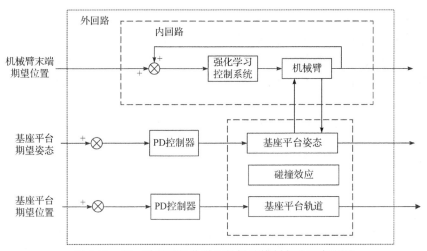

图 5-41　另一种基于强化学习的抓捕控制方法示意图[47]

杂非线性系统。基于此,可采用模糊回归神经网络对空间机器人系统进行在线辨识。

基于双臂关节柔性空间机器人递阶动力学模型,设计基于模糊回归神经网络的非奇异终端滑模控制算法和基于有限差分法的滑模控制算法。采用模糊回归神经网络逼近系统的不确定部分。为避免复杂的求导计算和角加速度可测要求,利用基于有限差分法的滑模控制来抑制柔性关节振动。由于设计控制器过程中未涉及惯常的奇异摄动双时标分解操作,该控制算法理论上具有适合任意大小关节柔性刚度的优点。该控制算法的显著优点:在设计控制算法过程中未涉及奇异摄动方法中常用的双时标分解操作,设计的控制方案理论上不受关节刚度大小约束,适于实际应用。

由于惯常柔性关节空间机器人控制系统的设计仅适用于柔性关节刚度较大的情况。这里采用智能递阶控制方法设计控制器进行轨迹跟踪控制并抑制关节振动,图 5-42 为基于智能递阶控制方法的控制系统。

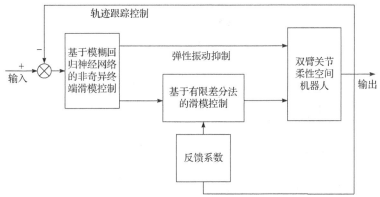

图 5-42　基于智能递阶控制方法的控制系统[49]

5.6　多星智能组网编队技术协同控制、队形保持

航天器编队飞行系统利用成本低、研制周期短、性能好的小型航天器来实现复杂的

大型航天器的功能，通过选择不同构型来满足不同的任务需求。目前编队飞行航天器主要用来进行科学实验、近地观测、深空探测和在轨服务等[49]。

航天器编队具有两大特性：航天器具有高度自主性，整个系统可以在整体到达目标轨道后利用空间机动能力完成系统构型；航天器间需要通信与控制耦合，编队航天器间的相对运动往往是非线性时变的，依靠航天器间的通信链路进行姿态等实时信息的交换，可以更有效地进行编队队形控制，保证任务的实时开展[50]。

5.6.1　模糊控制在多星智能组网编队中的应用

应用模糊控制设计卫星编队的姿态协同控制器，适用于期望姿态信号为常值的情况[51]。首先分别给出主从星的 PD 姿态控制器，考虑到若希望获得满意的控制效果，则 PD 姿态控制器的参数选择至关重要。理想情况是对其进行实时调节来满足控制过程中复杂因素的变化，但是实时调节的方案操作起来存在一定的困难。在这种情况下，以 PD 姿态控制器的结构为基础，设计基于 Mamdani 模糊推理法的姿态协同控制器。

基于绝对期望姿态为时变信号，设计主从模式卫星编队的自适应模糊滑模姿态协同控制器。考虑到卫星的转动惯量和外界干扰存在不确定性，设计合适的滑模变量，运用滑模控制理论进行控制器的设计。滑模控制律中的切换控制项一方面保证了系统的鲁棒性，另一方面却会造成系统高频的抖振。为了尽可能地减弱滑模控制中由切换控制项引起的抖振现象，同时又不以失去系统的鲁棒性为代价，设计自适应双模糊系统对抖振加以抑制。首先构造自适应模糊系统逼近切换控制项中的符号函数项，然后运用模糊逻辑规则将整个切换控制项进行模糊化，利用双模糊系统有效地减弱了滑模控制中由切换控制引起的抖振，在对抖振现象实现抑制的同时，又保证了系统在面对姿态控制的过程中出现的不确定性因素能够表现出强抗干扰特性。

5.6.2　神经网络在多星智能组网编队中的应用

在机器学习和认知科学中，人工神经网络(ANN)是一类统计学习方法，通常用于估计未知函数，已经被广泛应用于各个领域，特别是模式识别、系统辨识、参数估计和动态系统控制等方面。与一般的自适应控制器相比，神经网络在提供理想的系统性能方面更具优势。

前馈神经网络(feedforward neural network，FFNN)模拟时序信号从一组神经元到另外一组神经元的传播。前馈神经网络神经元搭建结构如图 5-43 所示，采用逐渐增加神经元的方式搭建网络结构，从一个隐含层神经元开始，当训练算法连续几次陷入局部最小值以后，可以增加隐含层神经元，使得最终的神经网络是需要构建的非线性映射所对应的最小结构。

考虑不确定性的上界问题，需要同时考虑在大控制增益和强控制抖振的情况下保证系统鲁棒性。除此之外，考虑航天器的控制器输出限制问题，针对主从式航天器群中从航天器围绕主航天器进行空间圆轨道运行的情况，利用主航天器与从航天器之间相对位置和姿态误差，设计神经网络滑模控制器，利用神经网络对不确定性进行补偿，消除了滑模控制器的抖振和需要较大输入的缺点。

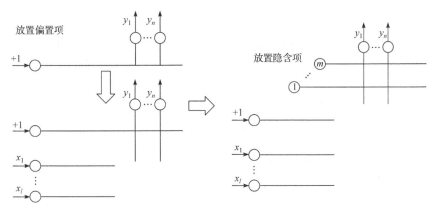

图 5-43　前馈神经网络神经元搭建结构[50]

在神经网络滑模控制器的基础上引入随机学习算法，求解简单的线性回归问题并进而计算网络权值，在其他网络权值与阈值通过概率分布随机生成且无需调整的情况下，克服了传统 BP 神经网络法所遇到的瓶颈问题。

随机权值单隐含层前馈神经网络结构如图 5-44 所示。

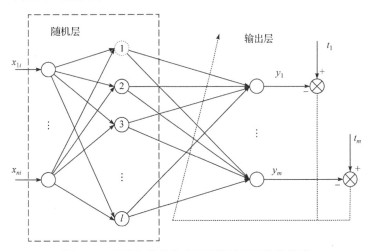

图 5-44　随机权值单隐含层前馈神经网络结构[50]

应用基于随机权值学习算法的单隐含层前馈神经网络，只对神经网络的输出权值进行训练，而隐含层节点的网络权值随机设置且固定不变，以此提高整个神经网络的训练效率。

由此，实现基于随机权值神经网络滑模控制器的航天器群队形重构控制器设计。采用随机权值学习算法训练前馈神经网络，使得该神经网络能够自主确定隐含层初始权值，实现航天器群队形重构的同时使得航天器达到期望轨迹。

习　　题

5.1　试简述智能控制系统包含哪些控制方法，并分析每种方法的优劣势及在航天器控制中的应用场景。

5.2　试简述导弹纵向通道控制系统的工作原理，并分析各种智能控制方法在导弹控制中的优缺点。

5.3　试简述运载火箭控制系统由哪些部分组成，并分析各个部分的主要功能。介绍一种人工智能方法并分析如何应用到运载火箭的姿态控制中。

5.4　试简述智能控制在卫星姿轨控制中的应用，并给出控制流程图。

5.5　试简述智能控制算法在空间抓捕中应用的优势。

5.6　调研目前空间机器人智能抓捕控制技术的最新研究成果和特点。

参 考 文 献

[1] 符文星, 朱苏朋. 导弹计算机智能控制系统[M]. 北京: 科学出版社, 2018.

[2] CHAI R, TSOURDOS A, SAVVARIS A, et al. Review of advanced guidance and control algorithms for space/aerospace vehicles[J]. Progress in Aerospace Sciences, 2021, 122(4): 100696.

[3] IZZO D, MÄRTENS M, PAN B, et al. A survey on artificial intelligence trends in spacecraft guidance dynamics and control[J]. Astrodynamics, 2019, 3(4): 287-299.

[4] SHIROBOKOV M, TROFIMOV S, OVCHINNIKOV M, et al. Survey of machine learning techniques in spacecraft control design[J]. Acta Astronautica, 2021, 186(5): 87-97.

[5] 刘金琨. 智能控制[M]. 4 版. 北京: 电子工业出版社, 2017.

[6] 李新国, 方群. 有翼导弹飞行动力学[M]. 西安: 西北工业大学出版社, 2005.

[7] 杨新状, 许承东, 李怀建. 智能控制理论在导弹控制中的应用概述[J]. 航空兵器, 2004, 41(2): 23-26.

[8] 夏凌晨, 严洪森, 刘希鹏. PID 神经网络算法在巡航导弹控制系统中的应用[J]. 工业控制计算机, 2016, 29(8): 48-49, 51.

[9] 刘俊杰, 郝明瑞, 孙明玮, 等. 基于强化学习的飞航导弹姿态控制 PID 参数调节方法[J]. 战术导弹技术, 2019(5): 58-63.

[10] 陈喆, 吕瑞, 杜肖, 等. 基于模糊逻辑的导弹 PID/滑模复合控制器设计[J]. 兵器装备工程学报, 2022, 43(4): 237-242.

[11] 万齐天, 卢宝刚, 赵雅心, 等. 基于深度强化学习的驾驶仪参数快速整定方法[J]. 系统工程与电子技术, 2022, 44(10): 3190-3199.

[12] 张荣升, 袁晗, 王紫扬, 等. 大型液体运载火箭姿态控制参数智能设计方法[J]. 宇航学报, 2023, 44(12): 1883-1893.

[13] 韦常柱, 琚啸哲, 何飞毅, 等. 运载火箭主动段自适应增广控制[J]. 宇航学报, 2019, 40(8): 918-927.

[14] 张亮. 重型运载火箭自适应控制方法研究[D]. 哈尔滨: 哈尔滨工业大学, 2019.

[15] 邵梦晗, 胡海峰, 潘豪, 等. 一种运载火箭弹性自主辨识与自适应控制方法[J]. 宇航学报, 2023, 44(12): 1916-1924.

[16] 李超兵, 路坤锋, 尚腾. 运载火箭智能控制[M]. 北京: 中国宇航出版社, 2020.

[17] WAXENEGGER-WILFING G, DRESIA K, DEEKEN J, et al. A reinforcement learning approach for transient control of liquid rocket engines[J]. IEEE Transactions on Aerospace and Electronic Systems, 2021, 57(5): 2938-2952.

[18] SARI N N, JAHANSHAHI H, FAKOOR M. Adaptive fuzzy PID control strategy for spacecraft attitude control[J]. International Journal of Fuzzy Systems, 2019, 21: 769-781.

[19] 马艳如, 石晓荣, 刘华华, 等. 运载火箭姿态系统自适应神经网络容错控制[J]. 宇航学报, 2021, 42(10): 1237-1245.

[20] LI B, RUI X T, TIAN W, et al. Neural-network-predictor-based control for an uncertain multiple launch rocket system with actuator delay[J]. Mechanical Systems and Signal Processing, 2020, 141(3): 106489.

[21] 袁利, 黄煌. 空间飞行器智能自主控制技术现状与发展思考[J]. 空间控制技术与应用, 2019, 45(4): 7-18.

[22] 黄旭星, 李爽, 杨彬, 等. 人工智能在航天器制导与控制中的应用综述[J]. 航空学报, 2021, 42(4): 106-121.

[23] 胡庆雷, 邵小东, 杨昊旸, 等. 航天器多约束姿态规划与控制: 进展与展望[J]. 航空学报, 2022, 43(10): 403-431.

[24] 曲汝鹏. 卫星大角度姿态机动的智能控制方法研究[D]. 哈尔滨: 哈尔滨工业大学, 2007.

[25] 何通杰. 基于对偶四元数的航天器姿轨耦合动力学与自适应控制[D]. 呼和浩特: 内蒙古工业大学, 2023.

[26] 周湛杰. 卫星姿态快速稳定智能自适应控制方法研究[D]. 哈尔滨: 哈尔滨工业大学, 2018.

[27] CHEN B S, WU C S, JAN Y W. Adaptive fuzzy mixed H_2/H_∞ attitude control of spacecraft[J]. IEEE Transactions on Aerospace and Electronic Systems, 2000, 36(4): 1343-1359.

[28] HUANG X Y, WANG Q, DONG C Y. Neural network adaptive robust attitude control of spacecraft[C]. 2009 IEEE International Conference on Intelligent Computing and Intelligent Systems, Shanghai, China, 2009: 747-751.

[29] GATES R, MYUNG C, BISWAS S, et al. Stabilization of flexible structures using artificial neural networks[C]. Proceedings of 1993 International Conference on Neural Networks Nagoya, Nagoya, Japan, 1993: 1817-1820.

[30] MURUGESAN S. Application of AI to real-time intelligent attitude control of spacecraft[C]. Proceedings of IEEE International Symposium on Intelligent Control 1989, Albany, USA, 1989: 287-292.

[31] 许轲, 吴凤鸽, 赵军锁. 基于深度强化学习的软件定义卫星姿态控制算法[J]. 北京航空航天大学学报, 2018, 44(12): 2651-2659.

[32] VAN BUIJTENEN W M, SCHRAM G. Adaptive fuzzy control of satellite attitude by reinforcement learning[J]. IEEE Transactions on Fuzzy Systems, 1998, 6(2): 185-194.

[33] MA Z, WANG Y, YANG Y, et al. Reinforcement learning-based satellite attitude stabilization method for non-cooperative target capturing[J]. Sensors, 2018, 18(12): 4331.

[34] 王国刚. 遥感卫星自主轨道机动与姿轨耦合系统控制研究[D]. 长春: 长春工业大学, 2022.

[35] 刘汉敏. 卫星姿态控制智能算法研究[D]. 武汉: 中国地质大学, 2014.

[36] 喻祥, 孙辉, 赵嘉, 等. 自适应多策略粒子群优化算法的研究综述[J]. 南昌工程学院学报, 2016, 35(3): 71-75.

[37] 吴佳奇, 康国华, 华寅淼, 等. 组合体航天器智能协同姿态控制研究[J]. 中国空间科学技术, 2020, 40(4): 44-53.

[38] 陈杰, 张文栋, 苏琳琳, 等. 基于 Lyapunov 稳定性及 CPSO 的航天器姿轨控制[J]. 计算机工程与应用, 2019, 55(24): 229-234, 240.

[39] 张静, 樊春玲, 田蔚风. 模糊神经网络控制器在卫星姿态控制系统中的应用[J]. 航天控制, 2003(2): 6-13.

[40] 刘帅, 邬树楠, 刘宇飞, 等. 空间机器人抓捕非合作目标的自主强化学习控制[J]. 中国科学: 物理学 力学 天文学, 2019, 49(2): 113-122.

[41] 刘付成, 韩飞, 孙玥, 等. 在轨服务航天器的制导、导航与控制关键技术[J]. 中国惯性技术学报, 2023, 31(9): 849-860, 869.

[42] 刘付成. 人工智能在航天器控制中的应用[J]. 飞控与探测, 2018, 1(1): 16-25.

[43] 朱文彪, 孙增圻, 高晓颖, 等. 柔性空间机器人的自适应模糊控制[C]. 全国第十二届空间及运动体控制技术学术会议, 桂林, 中国, 2006: 419-424.

[44] 王文露. 空间抓捕机构控制系统实现与参数智能调节研究[D]. 哈尔滨: 哈尔滨工业大学, 2020.

[45] 曾晨东. 空间机器人捕获卫星操作动力学模拟及减撞柔顺控制研究[D]. 福州: 福州大学, 2021.

[46] 张文辉, 沈金森, 游张平, 等. 空间机械臂基于速度观测器的神经网络控制[J]. 空间控制技术与应用, 2022, 48(6): 12-21.

[47] 刘帅. 空间机器人抓捕非合作目标的智能控制与识别[D]. 大连: 大连理工大学, 2020.

[48] 梁捷, 秦开宇. 基于有限差分法的双臂关节柔性空间机器人智能递阶控制策略[J]. 空间科学学报, 2020, 40(6): 1125-1134.

[49] 张剑桥, 叶东, 孙兆伟. SE(3)上姿轨耦合航天器高精度快速终端滑模控制[J]. 宇航学报, 2017, 38(2): 176-184.

[50] 史超. 基于神经网络的航天器群智能控制技术研究[D]. 南京: 南京航空航天大学, 2020.

[51] 朱莎莎. 微纳飞行器群姿态智能协同控制研究[D]. 南京: 南京航空航天大学, 2016.

第 6 章

智能技术在航天器健康管理中的应用

航天器智能健康监测的目标是通过实时监测和分析航天器的关键参数，提供健康状态评估和决策支持，以确保航天器的正常运行和安全性。这些技术和方法的应用可以提高航天器的可靠性，降低故障风险，并为航天任务的成功提供支持。值得注意的是，航天器智能健康监测是一个复杂且多学科的领域，需要涉及传感器技术、数据分析技术、通信技术和系统工程等多个领域的知识和专业技能。

航天器故障诊断技术可以迅速检测出早期和隐藏的微小故障，并进行故障识别和隔离，通过相应的维修保障处理，能够避免灾难性故障的发生。因此，开展航天器故障诊断是确保其安全运行的核心技术和关键手段。

随着我国航空航天技术的不断进步，对大型空间设备和系统的需求日益迫切。由于客观条件的限制，直接将大型空间设备发射入轨十分困难。因此将其分成多个子系统模块，分批发射后进行在轨组装，是当前最具可行性的方案。在轨组装技术对于未来航空航天事业的发展具有重要意义，因此在轨组装维修技术对于航空航天技术发展也尤为重要。

6.1 航天器智能健康监测技术

6.1.1 航天器智能健康监测技术的基本原理与方法

航天器智能健康监测是指通过传感器、数据采集与分析等技术，对航天器的各项关键参数进行实时监测与分析，以确保航天器的正常运行和安全性。主要涉及的原理有传感器技术、数据采集与存储技术、数据分析与处理技术、健康状态评估技术、健康管理技术、远程监控技术等。

常见的传感器包括：①温度传感器，用于监测航天器各个部件的温度变化，以确保其在设定的工作温度范围内运行。②振动传感器，用于监测航天器的振动频率、振幅和谐波等，以评估机械系统的运行状况。③压力传感器，用于监测航天器内外的压力变化，如在燃料供应系统和密闭舱室中的压力变化。④加速度传感器，用于检测航天器的加速度和振动情况，以评估结构的稳定性和动力学性能。⑤光学传感器，用于监测航天器表面的光学特性，如反射率、吸收率和发射率，以检测表面缺陷或损坏。

数据采集与存储技术需要数据采集系统和数据记录器，数据采集系统负责收集航天器的传感器产生的数据，并将其转换为数字信号以供进一步处理和分析。数据记录器用于存储大量的传感器数据。这些数据可以用于在航天器返回地球后进行分析，以获取更多关于航天器运行情况的信息。

在存储了想要的数据后，需要进行数据分析与处理。应用数字信号处理技术，如滤波、频谱分析和时频分析，对采集到的数据进行预处理和降噪。模式识别算法使用机器学习，对数据进行分析，可以检测航天器运行中的异常情况和故障。统计分析方法还可以应用统计学方法对传感器数据进行分析，用以评估航天器的性能指标、寿命预测和可靠性分析。

在进行健康状态评估时，首先采用故障诊断，基于数据分析结果，识别和定位航天器可能存在的故障或异常情况，以采取相应的维修措施；其次进行性能评估，通过对传感器数据的分析，评估航天器的性能指标，如推进系统效率、姿态稳定性和能量利用率等；最后进行寿命估计，使用数据分析和可靠性分析方法，预测航天器关键部件的寿命，并计划维护和更换计划。

评估航天器的健康状态后，须采取相应的健康管理策略，基于健康状态评估的结果，制定航天器的健康管理策略，包括定期维护、检修和部件更换计划。进一步需要建立决策支持系统，利用数据分析和预测模型，为航天器操作人员和管理者提供决策支持，以优化航天器运行和维护计划。

远程监控技术是对航天器的健康监测处理技术，包括卫星通信系统与地面控制中心的数据与指令交换，还有航天器内部不同部件之间的无线通信技术。

智能健康监测旨在执行多项任务，如故障检测、定位和量化，以保持整个结构的完整性。尽早发现损坏，以便可以采取适当的维护程序，从而确保结构的完整性和可靠性。智能健康监测系统包括以下三个主要元素[1]：

(1) 使用可以永久部署在结构上的传感技术，以便记录响应数据，并将其传输到控制中心，以监测航天器的健康状况。

(2) 记录的数据需要通过控制中心的高性能计算设施进行处理，以便对航天器进行实时状态监测。

(3) 研究记录的数据是否损坏，需要强大算法，以保证数据能够抵御多种因素，如测量噪声和环境干扰。

6.1.2　航天器智能健康监测的关键技术

航天器智能健康监测的关键技术主要分为传感器技术、数据融合技术、故障预警技术和寿命评估技术，下面分别介绍这几项技术。

1. 传感器技术

(1) 光纤传感技术是随着光纤通信技术发展起来的一种新型传感器技术，工作原理是光在光纤中传输时，其特征参量振幅、波长、相位、偏振态等会受到外界因素，如温度、应力应变等的调制而发生直接或间接的变化，只要通过解调受调制光的各种本征参数即可获得外界物理量的信息[2-3]。光纤传感器的传感灵敏度比传统传感器高许多倍，且具有耐高温、耐腐蚀、抗电磁干扰、传输损耗小等优点[4]。由于光纤传感技术可以通过一根光纤实现众多传感器的多路复用，因此利用光纤传感器进行航天器智能健康监测，可以简化布线并减轻质量。

光纤布拉格光栅(fiber Bragg grating，FBG)传感器是应用最广泛的光纤传感器之一，具有光的选择性。当光在光纤中传播时，满足布拉格条件的光会被反射回来，其余的光则继续向前传播，如图 6-1 所示。研究结果表明，温度、应变等物理量会引起 FBG 中心波长的变化，二者呈线性关系且具有良好的重复性，因此可以利用 FBG 中心波长实现对温度、应变等物理量的测量，进而根据结构温度、应变等物理量的变化情况实现对结构的健康状态监测[5]。

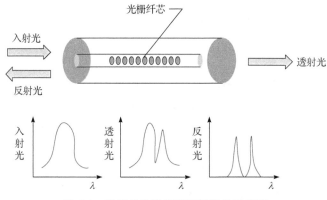

图 6-1　光纤布拉格光栅透射特性示意图

(2) 无线技术作为一种数据传输方式正被广泛应用。无线传感器系统不仅能显著缩短测控仪器的建造时间，还能改善传感器的信噪比，并提高测控系统的灵活性。此外，无线数据收集方法为人工采集机器健康评估数据带来了诸多便利。在结构健康监测中，无线传感器的应用能够解决传统传感器需要大量布线以供电和数据通信的问题。

(3) 微机电系统利用微制造技术，将机械零件、传感器、作动器和电子元件集成在一个硅片上，形成一个独立的智能系统，主要包括传感器、作动器、电源、信号处理和控制电路。传感器可以永久安装在结构中，通过无线或有线数据收集单元进行周期性查询，为检测高价值结构中的故障提供了一种低成本、非侵入式的方法。

与单一传感器系统相比，多个传感器提供的信息具有冗余性、互补性和关联性。基于分布式多传感器的融合系统具有较强的容错能力和高可靠性。成熟的多传感器信息融合方法包括经典推理法、贝叶斯估计法、物理模型法、参数模板法、品质因数法和专家系统法等。航天器状态监控系统采用多传感器信息融合技术，能整合来自温度传感器、加速度传感器等的多维信息，并进行处理，使航天器发动机的工作状态更为准确和可靠，有助于实现精确的状态监控和故障诊断。

2. 数据融合技术

数据融合技术是指利用遥测数据驱动模型生成可靠的仿真数据，并用这些仿真数据来补充遥测数据。数据融合过程大致如下：根据数据特性将遥测数据分为环境参数和状态参数，二者输入模型的频率不同。为了确保航天器数字模型与物理实体的运行环境一致，环境参数，如太阳光照强度、太阳入射角和轨道信息需要在每个仿真步中输入数字模型；设备功耗、母线电压电流、器内温度、航天器姿态角和姿态角速度等状态参数则作为数字模型初始状态输入一次即可，后续仿真值由模型原理推导获得。随着仿真时间的推进，状态参数仿真数据与遥测数据的误差会累积，直至超过预设阈值。此时，可以通过人工或自动方式将这些状态参数的遥测数据再次注入模型，以同步数字模型与物理实体的状态，确保数字模型的准确性。遥测数据与数字模型的融合具体表现如图 6-2 所示。

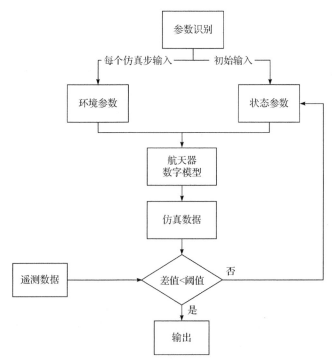

图 6-2　遥测数据与数字模型融合过程

3. 故障预警技术

航天器控制系统的故障预警技术，能够提取微小故障的特征信息，对系统未来可能发生的故障进行预测，并在故障发生之前给出报警，采取适当的处理策略进行及时干预，尽量使故障不扩大、不扩散，有效避免航天器任务中断，最大限度发挥航天器能力。因此，故障预警技术是实现控制系统健康管理，确保航天器安全稳定运行的重要前提[6]。故障预警技术主要分为基于模型和基于数据驱动两种。

基于模型的故障预警技术通过定性描述和定量表示，建立了研究项目失效机理的数学模型，并考虑到物理实现过程和各部件之间的相互作用，从机制实现的角度对系统的故障特征进行全面评估，预测系统的未来状态[7]。

近年来，基于数据驱动的故障预警技术得到广泛发展。例如，各种基于支持向量机的方法[8]可以提取潜在的有用信息，将异常数据与正常样本区分开来；文献[9]中基于分类的全连通层方法取得了应用；基于神经网络的故障预测也是近年来研究的主题。但是，这些方法需要大量的标记数据和足够的数学能力，需要调整大量的参数来保证模型的性能，并且参数调整工作需要足够的经验。

随着智能技术的发展，长短期记忆(long short-term memory，LSTM)网络、卷积神经网络(CNN)和自编码器等深度学习模型均能自动地提取复杂的非线性特征，在卫星等航天器故障预警问题中表现出明显优势，具有重要研究价值。其中，CNN模型常用于时序数据特征提取，自编码器主要用于时序数据的特征提取与重构，而LSTM网络等循环神经网络因其优异的时序数据关系提取能力，不仅适用于特征提取和重构，还可用于时序数据的预测。

4. 寿命评估技术

航天器控制系统的寿命评估技术，能够根据当前航天器的实际在轨运行状态，构建出"正常到异常到失效"的故障演化模型，进而可以提前预知航天器的在轨剩余服役时间，为后续任务调整、重构方案实施、离轨策略制定等提供科学依据。因此，寿命评估技术是实现航天器健康管理，确保安全稳定运行的重要手段。

按照研究对象等级的不同，寿命评估技术一般可以分为两类，即系统级和部件级。目前，寿命评估技术的研究成果多集中于部件级，部件级又可以细分为基于失效机理模型、基于数据驱动和基于混合模型三种[6]。

部件级的寿命评估技术中，基于失效机理模型的寿命评估技术是对部件的性能特征进行分析，并根据其性能退化特征建立相应的数学模型。基于该模型，对部件的退化演变趋势和剩余使用寿命进行评估与分析。基于数据驱动的寿命评估技术无需研究设备的失效机理，仅通过设备的监测数据或历史数据，运用概率统计、数据挖掘等相关技术完成预测和评估等功能。基于混合模型的寿命评估技术通过将不同模型(包括历史数据与物理模型)进行组合，建立不同模型、数据以及数据与模型之间的函数关系来完成寿命评估。

系统级寿命评估的研究思路具体分为两种：①将完整系统的寿命评估转化为关键脆弱部件的寿命评估；②直接对完整系统进行寿命评估。主要研究方法包括[10-13]：佩特里(Petri)网、动态故障树(DFT)等。

6.1.3　智能健康监测技术应用

1. 在火箭发动机中的应用

20世纪70年代以来，为了提高航天飞行的可靠性与安全性，NASA每年都会增加在健康监测科研与项目管理财政预算方面的投入，并相继研制了多个发动机健康监测系统。近年来，在集成空间运输计划(integrated space transportation plan，ISTP)[14]的指导下，NASA已深入开展智能健康监测技术的研究和系统的研制。

俄罗斯针对RD-170研制了健康监测、寿命评估与预测系统[15]；欧洲航天局在提出的未来运载火箭技术方案中，将发动机的健康监测列为重要研究项目[16]；日本在H-2液体火箭发动机的健康监测方面也加大了研发力度[17]。

液体火箭发动机健康监测系统的发展主线是集成化、平台化和工程实用化。其集成化包含三个层次的意义：

(1) 功能集成。包括故障检测与隔离、故障预测与预报、寿命估计和维修计划等多种功能，使发动机健康监测从单一监测扩展到综合健康管理。

(2) 方法集成。整合基于规则、统计和模型的方法，提高系统的检测与诊断能力。

(3) 技术集成。融合专用传感测量技术与诊断技术，如用于识别航天飞机主发动机(SSME)轴承和燃烧室故障的羽流光谱技术，以及监测涡轮叶片温度分布和健康状况的光学高温测量技术。

固体发动机由于其使用特点，通常采用无损健康监测方法，目前常用的结构损伤探测方法有射线计算机断层扫描法、超声波检测法、电磁超声检测法、激光全息检测法、红外法等[18]。但是这些方法所使用的设备一般比较庞大、昂贵且维护费用较高。因此，人们迫切希望能够通过监测系统对损伤程度进行评估，并可以得到损伤的发展状况与规律。传感器可以通过被动或主动方式对固体火箭发动机实时监测，区别在于有无输入信号。因此，固体火箭发动机健康监测技术主要分为被动健康监测与主动健康监测。

被动健康监测技术方面，目前使用较多的传感器是美国研制的双波段应力和温度传感器(dual-band stress and temperature sensor，DBST)，其技术成熟度已经达到 6 级。该传感器经过长时间反复改进，工作性能稳定。美国加州大学的 Le 等[19]结合有限元技术模拟了 DBST 埋入发动机后因脱黏和裂纹引起的读数变化，以此建立了脱黏角、裂纹深度和传感器读数之间的对应关系。Miller[20]还利用 DBST 所测数据建立了推进剂无应力温度和径向应力之间的函数关系，以此来确定固体推进剂的模量。相比 DBST，光纤传感器质量轻、体积小、耐腐蚀、不受电磁干扰、精度和灵敏度都较高，受到很多学者的关注。张磊等[21]将聚合物封装的 FBG 传感器埋入端羟基聚丁二烯(HTPB)推进剂/衬层界面黏接试件中，进行了应力响应测试试验。光纤传感器虽然有一些优点，但还是存在脆弱易损、光栅之间相互串联容易发生故障、对埋入工艺要求比较高等问题。

主动健康监测技术方面，Lopatin 等[22]设计了基于磁感应激励的主动传感器系统，该系统利用观测光纤布拉格光栅测量磁致伸缩材料在磁场下的变形情况来监测推进剂缺陷。张守诚等[23]利用粘贴于模拟发动机壳体的压电式主动激励传感器，对模拟发动机结构健康状态监测进行了数值仿真和压电式主动激励试验。主动监测相比于被动监测，最大优势是压电式传感器不用埋入发动机内部，可以实现无损伤的实时监测，具有良好的应用前景，但也正因其不接触推进剂药柱，对于药柱细微的力学性能变化能否有效监测还需进一步验证。

2. 在卫星/空间站姿控系统的应用

现有的卫星姿控系统的健康监测方法可以分为两类：知识驱动和数据驱动的方法。知识驱动的方法包括基于模型和基于规则两种方式。这类方法的优点是如果知识是准确和完整的，那么它们能够详细地诊断出异常情况。这类方法的缺点主要是使用专家知识构建和维护规则集和系统模型的成本非常高，而且由于依赖领域专家知识和经验的层面，评定和预测的主观性强。例如，在异常监测中，目前典型的方法是由工作人员经验设定阈值，得到重要遥测参数的门限以检测异常，这种方法需要根据工程经验设置阈值，如果阈值设置不合理，易引发检测结果出现虚警或漏警。单点阈值方法往往无法挖掘多参数间相关性的异常变化。简单阈值检测层面，无法对多元异常进行检测，多元异常是指单一遥测数据本身并未发生异常，而是多元遥测数据之间的相关关系发生了变化。这需要明确多个遥测数据之间的关联关系。因此，这使得异常分析与诊断具有盲目性，不能明确研究的焦点和方向，需要领域专家提供假设与引导方向。

数据驱动的方法，如深度神经网络，近年来被广泛应用于系统健康监测问题。数据驱动的方法具有更好的适应性和灵活性。它们可以很容易地应用于许多不同的系统，这是因为它们从数据中自动学习统计模型，而不需要专门的知识[24]。与知识驱动的方法相比，数据驱动的方法更适合于监测系统的健康状态，其优点是可以检测到过去数据中不包含的异常模式，并且也适用于多维数据的监测与检测。

基于数据驱动的监测方法主要可分为基于机器学习和基于统计的异常检测方法[25]。其中，基于机器学习的异常检测方法包括基于聚类、基于子空间和基于时间序列预测等方法。基于聚类的方法中，k均值聚类算法在卫星异常检测领域最常见，通过距离作为相似性评价指标，目的是得到紧凑且独立的聚类簇，操作简单，易于实现且收敛速度较快，对异常值较为敏感，而且涉及的参数较少，仅需要调试类别参数k。基于子空间的方法通过将数据映射转换到低维特征空间，使得正常数据和异常数据更容易区分[26]，可以使用$T2$统计量来检测卫星在轨运行中是否异常，$T2$统计量可以衡量变量在主成分空间的变化。优点是将单变量统计过程检测的原理扩展到多变量统计过程的检测。基于时间序列预测的异常检测方法在卫星领域被广泛研究。这种方法通过对历史数据进行时间序列建模，预测未来的数据值，并将实际观测值与预测值之间的差异作为异常分数[27]。常用的时间序列预测方法包括自回归移动平均模型、季节性分解时间序列、长短时记忆网络等。这些方法可以对时间序列数据进行建模和预测，最后检测异常值。

基于统计的异常检测方法包括概率统计方法、假设检验方法和统计模型方法等。统计模型方法通过统计学方法来计算数据点的异常概率，常用的方法包括高斯混合模型方法和概率图模型方法等[28]。概率统计方法通过建立概率分布模型来描述正常数据的分布情况，通过比较观测值与概率分布模型之间的差异来检测异常值，常用的方法包括基于概率密度函数的方法等。假设检验方法主要可分为参数化方法和非参数化方法。参数化方法基于对数据分布的参数估计，假设数据服从某种特定分布，通过参数模型来检测异常，而非参数化方法不对数据分布做任何假设，直接估计概率密度来检测异常，如高斯过程回归是一种常用的非参数化模型，它使用高斯过程先验对数据进行回归分析。高斯过程具有良好的性质，但由于计算量大，通常在低维和小样本的回归问题中使用。

3. 在电源系统的应用

根据所需要满足的功能需求，实时监测与故障诊断模块主要分为数据采集、实时监测与故障诊断、数据保存三大功能模块，模块架构框图如图6-3所示。数据采集模块需灵活配置并下放采样参数，准确采集实验数据；实时监测与故障诊断模块需实时显示并诊断数据波形，当诊断到异常波形后立即发出预警信息，提示操作人员关注数据波形及时发现故障；数据保存模块需将海量实验数据和实验信息同步保存至本地和实验数据库中预定的路径位置，便于后期开展数据查询和数据处理等相关操作[29]。

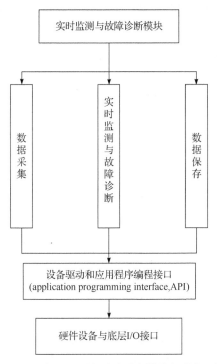

图 6-3　实时监测与故障诊断模块架构框图

(1) 数据采集模块：其工作流程具体为首先指定所使用的采集仪，然后进行采样参数设置、通道设置和触发设置，设置好采样参数后启动采集。各参数下放至所使用的采集仪，等待采集触发信号开始采集，待电源进行充电和放电结束后，点击停止采集按钮结束采集过程。

数据采集工作主要包含采样参数设置、通道设置和触发设置三大功能。采样参数设置方法为，先选定采集设备，然后设置采样参数并下放。选择采集设备，安装驱动库，设计最小采样率、最小记录长度、输入阻抗、最大输入频率、偏移量等采样参数设置栏。

通道设置为，设置 CH0 为电压通道，CH1 为电流通道。电压和电流经高压差分探针和电流互感器以及光纤隔离仪传输后已转换为模拟弱电信号，需设定相应输入幅值用以区分过滤干扰信号，即需进行输入幅值设置。高压差分探针和电流互感器的积分器等传感器在测量信号时包含了灵敏度，需依照传感器设置相应通道的灵敏度，以还原电压和电流信号的真实值，即需进行灵敏度设置。每个通道还需确定耦合方式为直流耦合或交流耦合，即需进行耦合方式设置。因两个通道输入参数不同，需要分别对通道 CH0 和通道 CH1 进行相应设置。数据采集的触发设置为指定触发信号源，选择触发信号为上边沿触发或下边沿触发，以及设置触发幅值和触发延迟时间等[29]。

(2) 实时监测与故障诊断模块：在采集过程中实时显示电压、电流的波形，同时依据快速判据诊断电压、电流波形是否正常，便于实验人员实时监控电源系统的工作情况，及时进行维护。

实时监测采用波形图表控件实现。将采集到的静态数据转换为动态数据后输入波形图表中，波形图表可将每一个动态数据在前面板中进行展示和更新。波形图表还可调用放大镜控件，对前面板上显示的波形进行放大和缩放，以方便实验人员实时查看波形细节，掌握电源系统的工作情况。

电源系统的当前电压值和电流峰值用于量化评估电源系统工作是否达标。将采集到的电压数据存入电压数组，取数组中的最后一个数输出至数据显示控件，用以显示当前电压值。对于电流峰值，同样将采集到的电流数据存入电流数组，取最大值函数计算得到电流数组的最大值，将该最大值连接输出至前面板得到电流峰值。

充电电压故障诊断流程：当电压值大于 0 即开始充电时，将采集到的实时电压数据与预先设定的电源系统正常工作的标准波形进行对比，计算当前时刻电压与标准电压的偏差值。设定偏差阈值为 10%，若偏差值超过阈值，则警报灯亮起提示故障出现。

放电电流故障诊断流程：测量放电电流的放电脉宽，与预先设定的电源系统正常工作的标准放电脉宽进行对比，计算放电脉宽与标准脉宽的偏差值。同样设定偏差阈值为 10%，若偏差值超过阈值，则警报灯亮起提示故障出现，提示实验人员关注电源系统故障情况[29]。

(3) 数据保存模块：电源系统的充放电数据，因采样率高且采样时间长，具有数据量极大的特征，因此需采用高效的存储方式。一般采用 txt 文本储存，txt 格式的文本文件存储方式具有节省存储空间、读写速度快、兼容性好、方便存储且易与数据处理软件交互等优点，非常符合电源系统数据的存储。

对于电源系统充放电实验，往往需要在较短时间内进行多次实验，保存多份数据，因此根据实验时间命名实验数据，命名时间包含实验当天的年月日和时分，精确至分可保证数据清晰不混乱。同时为保证高效存储，避免内存冲突，在上位机内存中为实验数据开辟专门的存储空间，将数据文件保存至专门的内存中，这就需要在前面板中显示该数据的存储路径，方便实验人员在实验后能够快速找到本次实验数据，帮助实验人员集中查找或转存数据[29]。

6.2 航天器智能故障诊断技术

6.2.1 航天器智能故障诊断技术的基本原理与方法

1. 故障与人工智能

故障是指系统(或设备)宏观上无法正常工作，输出发生异常状况，甚至严重偏离预期运行。系统发生故障是不可预测和不可避免的，但通过一些科学合理的故障诊断工作，采用一定的预防或者校正方法，可以极大地减小故障带来的损失和危害。

故障具有多种类型，如按发生故障的器件分类可以分为执行机构故障和测量机构故障等，按故障发生的表现形式可以分为突变故障和缓变故障等。突变故障在故障发生前没有任何的预告信息，基本无法通过前期的检测和预防措施来解决，且这种故障发生的时间较短并可能导致极大的破坏性。缓变故障可能是系统使用时间长使得机构疲劳和损伤，并积累到一定程度后导致的故障。

航天器执行机构故障可以按以下三种情况进行分类[30]：

(1) 根据故障发生位置进行分类，可分为执行机构故障、被控对象故障与敏感器故障，如图 6-4 所示[30]。

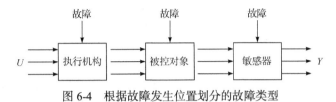

图 6-4　根据故障发生位置划分的故障类型

(2) 根据故障对系统性能的影响进行分类，可分为加性故障与乘性故障，如图 6-5 所示[30]。

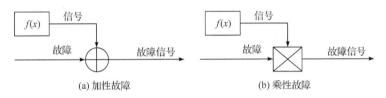

(a) 加性故障　　　　　　　　(b) 乘性故障

图 6-5　根据故障对系统性能的影响划分的故障类型

(3) 根据故障时间特性进行分类，可分为突变故障、缓变故障和间歇故障，如图 6-6 所示[30]。

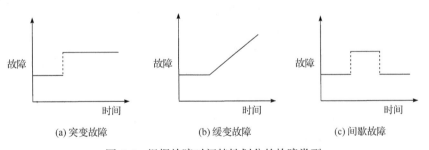

(a) 突变故障　　　　(b) 缓变故障　　　　(c) 间歇故障

图 6-6　根据故障时间特性划分的故障类型

人工智能在 1956 年由多名科学家共同提出，其目的是通过计算机进行复杂系统构建，使其具备类似人类思考的能力。传统的人工智能包括专家系统、多目标系统、模糊逻辑、粗糙集和推荐系统等。但是由于当时计算机的发展刚刚起步，其算法求解和运算能力都很低，对复杂问题的求解显得捉襟见肘，因此人工智能一直受到许多学者的诟病。直到 21 世纪，特别是 2010 年之后，随着工业数据的暴增、计算机运行能力的快速提升，机器学习和深度学习逐渐受到了学术界和工业界的关注，人工智能的概念又重新回到了大众视野。智能故障诊断是人工智能和传统故障诊断的结合体。通过专业知识和人工智能技术的应用，实现对设备或系统故障的快速识别、解释和预测。

2. 故障诊断及其分类

故障诊断是利用各种检测和测试方法，识别出系统是否存在故障，并对故障进行定位，通常包含故障检测、故障隔离和故障识别等三个主要步骤。故障诊断技术研究的早期是对故障直接进行检测，经过发展转变为根据积累的经验进行故障诊断，目前故障诊断技术正在向智能化转变，其内容在不断的发展过程中逐渐丰富。故障诊断技术目前主要用于研究系统是否发生了故障，甚至判断故障发生的具体位置和故障类型。故障诊断的首要任务是获取故障的特征，并且根据故障特征对故障进行检测、分离和辨识，进而实现故障决策。故障诊断过程就是系统自身根据测量得到的信息通过相关的算法，计算系统状态特征，诊断系统是否发生故障。

研究人员先后开发了基于专家系统和基于模型的故障诊断方法，并在航天器中得到了广泛的应用，对提升航天器的故障诊断水平起到了极大的促进作用。

基于专家系统的故障诊断方法的主要思路：计算机通过航天领域的专家在实践中所积累的大量故障诊断经验和规则，实现对航天系统的故障诊断。专家系统可以将领域专家的相关经验知识保存在记忆库中，能够把所有有效的诊断知识融合在一起解决实际的故障问题，针对某一故障现象，当把前期专家获取的诊断经验知识存入故障诊断系统的记忆库中，之后同样的故障现象再次发生时，就能很快地排除或解决相应的故障。例如，崔俊峰等[31]以故障诊断专家系统理论为依据，开发了一种地面模拟设备，以此完成航天器的在轨故障诊断，实现了基于专家系统推理机制的故障诊断方法。知识驱动的故障诊断方法主要依赖于强大的专家系统和严谨的系统推理能力，可快速、准确地识别或推理出已发生的故障。这种方法主要适用于对故障模式的定性研究。但是，由于专家系统只能根据已有的知识储备进行逻辑规则的推理，因此无法从推理过程中进行新知识的积累和挖掘，对设备出现的新故障或新设备的故障诊断能力较弱。

在基于模型的故障诊断方法中，关于系统定性模型或定量模型的先验知识是假设已知的，且系统的输入/输出、状态、参数等之间的关系由系统模型所确定。系统故障诊断的功能通常经由定性模型分析、定量的观测器/滤波器、变化检测和分类与推理等方法予以实现[32]。

定量模型也称为分析模型(analytical model)，通过描述不同变量之间的关系，定量模型被用于表示系统过程、执行器和传感器之间的关系。基于定量模型的故障诊断方法通常包含如下几方面步骤[32]：

(1) 基于解析数学模型，由系统的输入信号、输出信号等计算得到特征数据(包括状态估计量、参数估计量、输出估计量等)；

(2) 基于特征数据，计算表征系统运行状态的与故障相关的系统特征量；

(3) 结合系统正常运行时的特征，对计算得到的系统特征量进行评估，得到表征系统是否出现故障征兆(fault symptom)；

(4) 获得故障征兆之后，通过系统模型，或分类、推理等方法，确定故障的大小、时间等[32]。

综上所述，基于专家系统的故障诊断方法需要大量的专家经验和人工参与的特征提取过程；基于模型的故障诊断方法需要对设备或系统的组成、故障机理、因果逻辑等关系有深入的了解，并建立精确的物理或者数学模型。这些缺点都阻碍了故障诊断技术的进一步应用。在这种背景下，基于数据驱动的故障诊断方法表现出了优异的性能，它以传统的机器学习算法为基本理论，利用数据挖掘技术进行故障特征学习和提取，建立故障特征和故障模式之间的联系，从而达到检测与诊断的目的。

代码

3. 智能故障诊断方法

从航天器的工作环境来看，随着航天器技术不断发展，航天器的寿命越来越长，系统功能也越来越复杂，热环境、等离子体环境、轨道碎片、太阳环境、电离辐射等多类空间环境对航天器的危害也越来越大。当前在航天器故障诊断领域中，存在的一个关键问题就是航天器的故障机理往往非常复杂。尤其是在复杂多变的空间环境下，对于同一个航天器故障或异常事件，涉及的故障原因往往不止一个。例如，引起航天器姿态故障的原因可能是姿控发动机故障、动量轮故障、陀螺工作异常，也可能是航天器内部通信故障等[33]。因此，传统的基于模型和基于信号处理的航天器故障诊断方法是很难准确表征航天器异常事件与故障产生原因之间较为复杂的非线性关系的。

航天器智能故障诊断方法的优点在于：该方法避免了对特定的统计模型的依赖，其能够有效利用专家经验和被诊断对象的相关信息，通过特征提取、模式分析和聚类分析等方法来实现故障的识别与诊断[34]。特别是多隐含层的人工神经网络，其优异的特征学习能力能够更本质地刻画航天器环境数据，从而能够发现航天器环境数据的分布式特征表示[35]。根据所采用的智能方式的不同，可以将该方法分为基于人工神经网络的、基于模糊神经网络的和基于深度学习的故障诊断方法。具体如下：

1) 基于人工神经网络的故障诊断

人工神经网络具有高度的自适应和自学习能力，因而基于人工神经网络的航天器故障诊断方法能够实现航天器故障的模式匹配，并建立航天器环境数据之间复杂的非线性映射关系，解决实际的航天器故障诊断问题。人工神经网络在航天器故障诊断领域的应用主要包括两种方式：一种是将神经网络作为分类器实现故障诊断，如利用 BP 或 RBF 神经网络作为分类器时，可以取得较好的诊断效果；另一种是将人工神经网络与其他方法结合使用，如将专家系统与神经网络相结合来解决知识获取问题[36]。基于人工神经网络的故障诊断过程主要分为学习和诊断两个阶段。其中，学习阶段是利用训练数据集来训练人工神经网络，并获取各种网络参数；诊断阶段是将预处理后的数据利用训练好的网络进行特征提取，之后再由分类器进行故障诊断[37]。

2) 基于模糊神经网络的故障诊断

模糊逻辑系统能处理模糊信息，可以在航天器故障诊断领域中发挥关键作用。但由于一般的模糊逻辑系统通常需要提前知道推理规则，对于复杂的航天器系统来说这个要求是很难实现的。然而，模糊神经网络克服了上述缺点，其不但具有较强的自学习能力，而且可以有效处理模糊信息，网络的输出结果可以通过模糊理论进行表达，是当前故障诊断领域研究较多的一种智能技术[38]。

3) 基于深度学习的故障诊断

深度学习方法是在传统神经网络的基础上提出的。传统神经网络的结构包括 1 个输入层、1 个隐含层和 1 个输出层，而深度神经网络的结构中包含 2 个或 2 个以上的隐含层。正是由于多个隐含层的设计，深度神经网络才可以提取原始数据中的数据特征信息，提高了模型的智能化程度。在神经网络发展初期，学者们就提出通过增加网络层数提高预测精度。但是随着网络层数增加，神经元的输入输出函数(Sigmoid 函数)就会出现严重的"梯度消失"问题，从而导致局部最优。直到 2006 年，Hinton 等[39]设计了一个具有 7 个隐含层的神经网络，使用线性整流函数(rectified linear unit，ReLU)、Maxout 等激活函数代替了 Sigmoid 函数，并通过预训练方法有效缓解了局部最优问题。至此，深度神经网络的研究才算真正开始。

虽然深度神经网络的局部最优问题得到了解决，但是由于神经元在网络层间的连接属于全连接，因此大大增加了算法求解的难度和计算机的运行压力。在图片识别过程中，卷积神经网络(CNN)方法并不需要对图片中的每个局部特征进行处理，而只需对关键特征进行识别即可。例如，在识别公交车的任务中，图片的局部关键特征是车内座椅、车外装饰、车的高度和外观等，因此只需要有效识别这几个特征就可以知道该图片大概率是一张公交车的图。CNN 的最大特点就是加入了用于提取原始数据中关键特征的卷积层。之后，学者们又提出了很多 CNN 的变形发展方法，这些改进的 CNN 已被广泛应用于智能故障诊断领域。

4. 智能故障诊断流程

一般来说，实现智能故障诊断的前提是具备充足且有价值的数据，而数据中蕴含的故障"信息"和"知识"需要通过智能故障诊断技术进行挖掘和分析。因此，智能故障诊断流程包括以下几个步骤：数据收集与存储、数据预处理、数据分析、数据可视化和智能决策。

1) 数据收集与存储

在进行数据分析之前，需要根据分析目的进行现场数据采集。常用的数据采集设备包括数据采集与监视控制系统(SCADA)和先进的传感器设备，如红外传感器(用于采集温度数据)和高速摄像机(用于捕捉设备的实时运行状态)。随着深度学习的发展，图像数据也逐渐在故障诊断中得到应用。收集的数据通过网络在设备间和系统间传输，最终存储于数据库中。

2) 数据预处理

数据预处理是大数据分析流程中的关键环节，其有效性对分析结果有决定性影响。由于现场环境多变、传感器误差、数据采集延时和不同传感器数据结构的差异，数据往往表现出多样性、冗余和噪声等特点。因此，在分析之前，需要对数据进行降噪、合并、拆分和结构转换等预处理工作，以确保后期分析结果的准确性和有效性。未经预处理的数据称为"数据"，而经过预处理后可用于分析的数据称为"信息"，包含与故障相关的关键信息。

　　3) 数据分析

　　数据分析是智能故障诊断流程中的重要环节，其结果直接影响故障诊断的有效性和及时性。通过对故障相关信息的分析，可以获得故障特征和位置等信息，为后续的故障修复和容错控制做好准备。

　　4) 数据可视化

　　数据可视化是智能故障诊断流程中的重要部分，旨在以直观有效的方式展示数据特征和分析结果。通过图表、动画和仿真等手段，数据可视化可以帮助识别、处理和呈现数据或分析结果。在故障诊断领域，经过数据分析和可视化处理后，这些信息被称为"知识"，即从数据中提取出的知识或经验，用于智能决策。

　　5) 智能决策

　　智能决策基于数据分析结果，通过总结"知识"来制定决策。在故障诊断中，决策包括根据获得的故障模式或潜在故障制定维护策略和更换损坏部件的计划等。

6.2.2　航天器智能故障诊断的关键技术

　　航天器智能故障诊断的关键技术主要分为故障模式识别技术、故障预测技术、故障隔离技术和故障估计技术，下面分别介绍这几项技术。

　　1. 故障模式识别技术

　　模式识别是研究模式自动处理和判读的方法，主要任务是模式分类和模式分析。基于模式识别的故障诊断技术主要是使用历史数据训练分类器进行故障诊断。模式识别算法可以分为有监督学习算法和无监督学习算法。由于航天器的故障数据有限，通常不足以训练有监督学习算法，所以很多方法用的是无监督学习算法。故障模式识别技术是在未知故障模式的情况下，通过未标签数据识别出可能存在的故障模式。聚类算法是无监督学习算法中的代表性算法。聚类的目的是把具有相似特征的数据通过分类的方式划分成不同的分组或聚类簇(cluster)。经过聚类的故障数据，每个子集中的数据代表一种故障模式，具有相似的故障特征。式(6-1)为故障模式识别的数学表达式[40]：

$$y_i = F(X) \tag{6-1}$$

式中，y_i 为第 i 个故障模式；$F(\cdot)$ 为聚类算法；$X = [x_1, x_2, \cdots, x_n]$，为原始数据。

　　随着人工智能的发展，结合人工智能的模式识别方法得到了广泛应用。模式识别神经网络的故障诊断是用神经网络作为分类器实现故障识别的技术。例如，对于复杂的航天器而言，地面测控中心需要通过航天器下行遥测数据实现系统的状态监测，状态监测的任务是使航天器系统遥测参数不偏离正常范围并预防航天器各个分系统的功能失效，而当航天器系统遥测参数偏离正常范围时，则必须分析参数偏离的原因。如果发生故障，则需要进一步给出故障发生的位置，显然，如果事先对航天器可能发生的故障模式给出分类，则故障诊断就转换为把系统现行遥测参数归纳为哪一类的问题。

　　与传统模式识别故障诊断技术不同，神经网络作为模式识别技术，不需要预先给出关于故障模式的先验知识和判别函数，它可以通过自身的学习机制自动形成所要求的故障决策区域。神经网络可以充分利用航天器的状态数据，并对来自不同状态的数据逐一训练以获得某种映射关系。可以用故障特征数据作为神经网络的输入向量，建立故障模拟训练样本集对网络进行训练。当网络训练完毕时，对于每一个新输入的数据，网络将迅速给出分类结果[41]。

2. 故障预测技术

预测学是一门新兴学科，它根据历史数据和状态数据，在相关理论和方法的指导下，分析和推断研究对象未来的发展状态和趋势，预测技术目前已经被广泛应用在工业、商业、金融、气象等领域。状态预测技术是依据设备运行状况，评估设备当前状态并预测未来状态。故障预测技术是通过退化机理模型的构建或数据趋势的智能分析，达到推断出航天器关键部件或系统的剩余有效寿命或未来故障时间的目的。其也是在故障模式识别技术的基础上，根据历史故障数据训练故障预测模型，实现对当前设备运行状态的预判。一般地，用于故障预测的监督学习又称为分类预测。与聚类分析不同，分类预测的原始数据 X 中提供了每个数据对应的标签数据，即故障模式。因此，用于分类预测的原始数据为 $[X,Y] = \left[(x_1,y_1),(x_2,y_2),\cdots,(x_n,y_n)\right]$。式(6-2)为分类预测的数学表达式[40]：

$$y_i' = G(X,Y) \tag{6-2}$$

式中，y_i' 为预测模型的第 i 个故障模式；$G(\cdot)$ 为预测模型。

根据预测方法的应用程度、预测精度和相关成本可以将故障预测技术分为以下几种：基于可靠性理论的故障预测技术、基于数据驱动的故障预测技术和基于失效物理模型的故障预测技术。下面对各类故障预测技术进行简单介绍。

1) 基于可靠性理论的故障预测技术

可靠性是指产品在规定条件下和规定时间内完成规定功能的能力，这里的产品可以泛指任何系统、设备和元器件。传统的可靠性技术关注产品全生命周期过程中故障的发生和发展规律，基于可靠性理论的故障预测技术着眼于预测总体的故障分布规律[42-44]。

2) 基于数据驱动的故障预测技术

基于数据驱动的故障预测技术通过分析输入、输出和状态参数之间的关系建立各种数学模型(如人工神经网络模型、卡尔曼滤波模型等)，并从大量历史数据中学习输入与输出之间的映射关系，再在内部建立非线性、非透明的模型，用以计算未来值，从而进行故障预测[42-44]。

目前基于数据驱动的故障预测技术是人们研究和应用的热点，数据驱动的模型构建过程相对简单，在获取数据资源的前提下，只需要描述数据输出关系和相关参数即可进行状态预测，不需要建立精确的物理模型。常用的数据驱动方法有时间序列预测法、人工神经网络预测法、卡尔曼滤波预测法等[42-44]。

3) 基于失效物理模型的故障预测技术

失效物理模型是基于产品的全生命周期和失效机理知识进行的产品可靠性评估模型。基于失效物理模型的故障预测技术通过对设备、产品或系统的潜在失效机理和失效位置进行识别，从而评估和预测其可靠性。该技术将传感器获得的数据与模型相结合，可以实时识别当前状态与运行状态的偏离程度，并且预测系统未来的状态，具有较高的预测精度[42-44]。

在故障预测过程中失效物理模型需要具备以下特征[45]：提供可复验的结果，能预测产品在整个应用过程中的可靠性，考虑应力、材料、几何结构与产品寿命的关系。然而，对于复杂装备系统而言，基于失效物理模型的预测技术通常不是最合理的解决方案，这是因为实际系统的物理特性具有较强的复杂性和随机性，难以完全建立其物理模型。因此，该技术在实际应用过程中受到一定的限制[42,44]。

3. 故障隔离技术

故障隔离技术是在检测出故障后，区别出故障发生位置在执行器、传感器还是被控对象中的技术。借助于对 TS 模糊模型(Takagi-Sugeno fuzzy model)的一套理论描述，文献[46]提出了一种新的故障隔离方案。它由一组模糊的观测器组成，每个观测器对应于一个指定的传感器。与现有的故障隔离方法不同，其在故障隔离观测器中使用了不依赖于指定传感器输出而依赖于其他传感器输出的前提变量，这提高了故障隔离性能。针对有故障的飞机模型，文献[47]提出了一种滑模切换的效率损失隔离观测器，故障隔离则是通过寻找与当前系统模型匹配的观测器生成的最小残差函数来实现。文献[48]针对一类利普希茨(Lipschitz)不确定非线性系统的传感器故障检测和隔离问题，设计两个滑模故障检测观测器进行故障检测，之后又设计两个滑模故障观测器用于故障隔离。

4. 故障估计技术

在分离出故障后，如何准确估计故障的大小已经成为研究者广为关注的一个热点。文献[49]提出了刚性卫星姿态系统的主动容错控制新方案，所研究对象受参数不确定性(系统中某些参数是不确定的，所选的参数值是在一定范围内的)、未知外源扰动和执行器时变故障的影响。值得注意的是，执行器时变故障的上界和广义扰动是未知的。设计的新自适应滑模故障估计观测器可以获得未知时变故障的估计值。文献[50]提出了一种新的基于未知输入观测器的分布式故障估计观测器设计方法，并用于具有外部干扰的互联系统。其中，互联子系统之间的耦合项用于构造分布式故障估计观测器。同时，根据未知输入观测器的特性，外部干扰被完全去耦，这可以提高故障估计的鲁棒性。文献[51]建立了一种新型的连续有限时间扩展状态观测器，以同时观测姿态角速度和故障。与现有的观测器设计不同，该观测器使用了有限时间策略和扩张状态观测器，实现了姿态角速度和状态观测误差的有限时间统一。

6.2.3　智能故障诊断技术应用

航天技术的快速发展改变了人们的生活方式，但空间中的复杂恶劣环境使得航天器非常容易出现故障，姿态控制系统是保证航天器稳定运行的重要子系统。系统中的执行器和传感器故障发生率较高。故障诊断技术在姿态控制系统中的应用可以有效地对系统出现的故障做出反应，避免更严重的故障发生，使航天器能够在空间中安全稳定地运行。本小节主要介绍航天器智能故障诊断技术在液体火箭发动机、航天器姿控和电源系统等领域的应用。

1. 液体火箭发动机应用

液体火箭发动机工作在恶劣物理条件下，作为火箭的动力核心，运行过程中一旦发生故障，会造成巨大灾难。自 1967 年 1 月 "阿波罗 4A" 号发生严重事故，到 2006 年为止，在美国等国家进行的共 249 次载人航天发射飞行中，出现故障 166 起，其中动力系统故障占航天系统总故障的 60% 以上[52]。

因此，及时准确发现发动机运行过程中的异常，对于及时补救和完善操作规程，进行飞行控制重构以尽可能挽救任务具有重要意义。

液体火箭发动机的结构极其复杂，是包含多个树形分支子系统的复杂系统，可分为管路系统、涡轮泵系统和推力室系统，每个系统又由多个部件耦合连接。当故障发生时，环境干扰和故障多样性、故障信息耦合的复杂性，给液体火箭发动机故障诊断和预测带来了极大挑战。液体火箭发动机的健康监测包括故障检测、故障诊断和故障控制等。故障检测是利用各类传感器测量和提取得到的发动机运行过程数据，对发动机的工作状态有无异常做出可靠判断；故障诊断是根据经验和推测所获得的异常状态信息，对发生故障的类型、程度和部位进行分类诊断，从而确定故障时间，估计故障程度并实现故障模式的分离；故障控制是在检测到故障并诊断其原因后，通过一系列控制措施和策略来限制故障对系统的影响，维持系统的稳定运行。

在对液体火箭发动机进行故障诊断之前，需要提取发动机运行过程中的信号。对于液体火箭发动机来说，其结构紧凑，传感器布置位置和数量受到限制，这意味着液体火箭发动机信号表征不强，会给物理信息的获取带来困难，常见的液体火箭发动机监控信号如表 6-1 所示。

表 6-1　常见的液体火箭发动机监控信号

序号	传感器信号种类	检测对象
1	压力	燃烧室、泵
2	温度	燃烧室、泵
3	转速	泵
4	流量	燃料
5	推力	发动机
6	振动信号	整体结构

已有文献对故障检测和监控进行了详细的综述。近年来基于人工智能的液体火箭发动机智能故障诊断技术得到了应用和广泛重视。

神经网络凭借其具有的高度自适应能力和极强的容错性等特点，在液体火箭发动机智能故障诊断领域得到了极大的发展和应用[53]。主要的神经网络模型有自适应共振理论(ART)神经网络模型、BP 神经网络模型、动态神经网络模型等。

ART 神经网络属于无监督自适应神经网络，可以对二维模式进行自组织和大规模并行处理。ART-2 神经网络模型对于非平衡、不可预测的故障检测环境，具有自稳定、自组织和弹性应变等特点。经过训练的 ART-2 神经网络模型，可形成分别表征正常状态和故障状态的权值数据，试验输入输出故障检测与诊断系统经对比分类，得到正常状态或有故障特征的输出结果[54]。

BP 神经网络模型可将传统的故障模式识别和分类方法中的三步，即测量、特征提取、分类，融合在一起，自动提取故障特征。

动态神经网络模型用于发动机故障检测时，不需要发动机系统的工作特性模型，仅通过基于传感器测量所得数据，即可根据状态特征辨识产生的残差值来检测故障，并通过辨识残差相关函数对故障类型实现分类，满足对故障检测与分离的实时性工程要求[55]。

现代计算机技术、先进传感器技术、信号处理技术、人工智能技术、液体火箭发动机故障诊断技术正朝着智能化、高效化、泛化的方向发展。但部分故障特征相似、传感器参数耦合带来的影响以及大容量模型带来的预测速度慢和实时性差等问题仍制约着液体火箭发动机故障诊断技术的发展。

2. 航天器姿控和电源系统应用

航天器中应用故障诊断技术可以让航天器在空间中平稳工作运行，目前国外的航天器故障诊断技术已经成功应用在航天器的飞行任务中且其智能性很高。

美国自 20 世纪 70 年代，便将基于状态监测的故障诊断方法大量应用于其航天发射任务中。"双子星座"载人飞船采用了故障检测系统，结合地面的数据检测系统与舱内宇航员的手动操作完成姿态控制系统等数据的状态监测。监测这些状态参数可以及时发现航天器发生的故障并采取相应的措施，确保航天飞行任务的顺利完成。"阿波罗"系列飞船有一套基于故障诊断的安全保障系统，这套系统可以进行故障状态的检测与处理，并且知识丰富的航天领域专家也参与分析，这使得"阿波罗"系列飞船计划取得了很大的成功。后来，NASA 经过全方位的探索与研究，在航天器故障诊断领域建立了完善的体系，形成了健康管理系统[56]。

俄罗斯在有关航天器故障诊断的工作中获得了大量的经验，通过这些经验，他们对航天器的状态进行检测和分析，并且通过在地面进行仿真模拟来确保航天器飞行任务的成功。其他的欧洲国家以德国和法国为主导，也对航天器故障诊断技术进行了探索和发展，并且设计了一系列用于航天器的故障诊断系统，大多数系统具有实用的价值。法国设计了一套系统应用于火箭发动机的故障诊断中，这套系统不仅能够准确及时地在故障发生时诊断出故障，还可以针对故障采取补救措施。

卫星和空间站等航天器故障诊断与预测技术大多集中在姿控系统和电源系统，主要包括执行器、敏感器和蓄电池等关键单机部件。

电源系统的常见故障包括：蓄电池性能下降、单电池短路、开路和充放电异常等；姿控系统常见故障包括：执行器恒速、卡死、空转、功耗增加和极性错误等，电机摩擦增大、磁通降低和引线断开等，敏感器漂移、恒值偏差、增益下降、跳变、失效和信号丢包等。

随着计算机技术的发展和航天器诊断需求的增多，基于人工智能的方法作为数据驱动方法的最新进展，已初步在航天器自主故障诊断得到了应用。各种启发式仿生算法层出不穷，如遗传算法和人工免疫系统仿生算法等[57]。为了提升性能，Brown 等[58]从实际诊断需求中多个参数的角度出发，基于蝗虫群和群粒子波的概念融合开发了一种基于多最优群算法的故障诊断算法，并应用在了载人航天器的导航系统中。Suo 等[59]通过借鉴人类在决策中的自然认知行为，开发了一种基于决策理论粗糙集的软决策策略，提高了航天器在轨自主健康管理能力。深度学习方法旨在对遥测数据的高层表示进行建模，并通过信息处理模块多层堆叠学习其与最优表征的非线性映射关系，从而达到故障诊断或预测的目的。随着前馈神经网络(feed forward neural network，FNN)、CNN 和深度信念网络(deep belief network，DBN)等经典神经网络的成功应用，集成学习也成为研究热点。

对于航天器这样一个试验成本高昂和故障模式多样的物理模型，无理论解释的"黑箱"、降维等数据驱动方法存在特征物理意义不足和鲁棒性较差的问题。为此，学者们已经开始探究基于模型、基于知识与数据驱动方法相结合的混合智能对策。航天器的安全飞行在很大程度上取决于由多级火箭和包括发射台在内的其他发射设施组成的所有系统的正常运行。Cha 等[60]从可重复使用发动机的多元线性回归故障诊断技术的角度出发，基于发动机设计过程中的能量平衡方程实施回归，提高了诊断精度并节约了诊断模型开发成本。Omran 等[61]从 Prony 方法的角度出发来分析姿控系统的遥测信号特征并输入 FNN，有效地分离了反作用轮故障。Ibrahim 等[62]从 t 分布随机邻域嵌入(t-distributed stochastic neighbor embedding，t-SNE)降维、k 均值聚类提取的特征构建故障树分支方法出发，开发了针对电源系统的故障诊断技术。混合智能能够实现物理原理和故障机理与大数据的有机融合，可以预见到未来混合智能的航天器故障诊断技术将百花齐放。

综上所述，目前航天器自主故障诊断与预测技术研究对象以姿态轨道控制系统的执行器和敏感器以及电源系统的蓄电池为主[63]。国际开展航天器自主健康管理技术研究的国家主要有美国、中国、加拿大、意大利、德国、法国等。

6.3　空间机器人在轨组装维修技术

航天发射任务并不总是按预先的计划进行。1973 年，第一个空间站——"天空实验室"(Skylab)，在发射过程中出现了问题。在入轨过程中，"天空实验室"失去了部分外部防护罩，使得空间站内的温度不适合计划上天的三名航天员居住。在这种情况下，NASA 紧急设计、制造和测试了一个隔热罩。随后，三名航天员携带类似遮阳伞的隔热罩飞入太空，并在舱外展开，拯救了"天空实验室"，为美国人提供了第一次在太空生活的机会。从此，在轨维修诞生了。

继"天空实验室"之后，NASA 又维修了以探测太阳为主要任务的卫星(SolarMax)。这颗设计用于研究太阳耀斑和其他现象的卫星，在 1980 年遇到了导致稳定性丧失的姿态控制问题。这次，NASA 的工程师们利用了任务的模块化设计。与 Skylab 不同的是，SolarMax 的零部件设计得很容易更换和升级，就像一块乐高拼接到另一块乐高上一样。1984 年，执行航天飞机 STS-41C 任务的航天员成功地在轨拆除并更换了姿态控制系统故障模块，这个姿态控制系统故障模块就是支持模块化设计的一个例子，也为今后的卫星维修任务奠定了基础。SolarMax 卫星如图 6-7 所示[64]，哈勃太空望远镜的维修工作如图 6-8 所示[65]。

图 6-7　SolarMax 卫星[64]　　　　　图 6-8　哈勃太空望远镜的维修工作[65]

　　受制于技术，早期的在轨服务均采用类似的人工作业方式。相较于人工操作，机器人操作模式具有更高的效率和安全性，通过机械臂捕获卫星示意图如图 6-9 所示[64]。空间机器人技术逐渐成为在轨服务领域的研究对象，受到市场的青睐。2000 年后，基于机器人操作模式的在轨服务技术得到空前关注和发展。

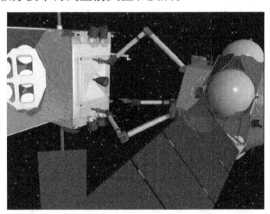

图 6-9　机械臂捕获卫星示意图[64]

　　空间机器人在轨组装维修技术的发展对太空任务具有重要意义。它可以延长卫星、空间站和其他太空设施的使用寿命，减少维修任务的成本和风险。这些技术也为未来的深空探测任务奠定了基础，这是因为它们可以为宇航员提供支持，并在无人飞行任务中执行关键任务，如修复损坏的设备或安装新的科学仪器。

6.3.1　空间机器人在轨组装维修技术的基本原理与方法

　　进入 21 世纪，包括中国、美国、俄罗斯、日本、欧洲在内的世界主要航天国家和地区纷纷提出各自的空间探测发展战略和发展规划。为实现多名航天员巡防、长期居住和工作、进行大型空间科学试验和载人登月的目标，需要建造长期在轨的大型且复杂的空间设施，如空间站、月球基地等。受火箭运载能力、整流罩包络和航天器复杂度等限制，大型空间设施无法实现运载火箭单次发射入轨，运载系统技术途径已从"一次性直接入轨"向"人货分运、轨道对接"的在轨组装方式转变。空间机器人作为一种典型的智能操作系统，其应用正逐渐改变航天运输、在轨建造、在轨维护、星球探测的传统模式，是未来无人、载人航天任务的重要使能手段之一。在载人航天探索活动中，空间机器人扮演了载人活动前的探路者、载人活动中的助手、载人活动后的维护者的角色；在无人航天探索活动中，空间机器人更是有效扩展了人类的活动和操控范围。

空间机器人在轨组装维修是指对于在轨航天器，通过空间机器人对其组装、检查、维护、维修、升级改装等，以延长航天器寿命、提高航天器性能和执行新任务的能力。

在轨服务机器人的主要任务是开展航天器抵近勘察，航天器在轨组装，燃料加注与消耗品补给，功能升级与部件修理，轨道保持、修正与重定位等非接触或接触的维护操作。目前已成功在轨验证的在轨服务机器人主要包括两类：一类是太空机械臂，如航天飞机遥控机械臂系统、空间站远程操纵器系统、空间站机械臂，上述太空机械臂能够在航天员的遥操作下执行航天员出舱活动辅助、舱外载荷部署等任务，如图 6-10 所示[65]，宇航员在早期国际空间站建设中使用遥控机械臂技术来移交桁架。另一类是服务航天器，主要包括早期由地面遥操作执行的试验工程卫星技术验证任务、机器人自主在轨运行的自主交会技术验证飞行计划、试验系统卫星-11、轨道快车计划、自主纳卫星护卫者和近期的商业在轨服务——任务扩展飞行器(mission extension vehicle，MEV)任务。总结上述任务可以看到：在轨服务由有人在轨服务发展到无人在轨服务，以及在轨服务航天器的自主控制；在轨服务的场景更加丰富，如机械臂捕获目标后的部件更换、升级，以及对接目标航天器后的轨道保持和重定位；在轨服务也在向商业化发展，据统计，未来十年，卫星在轨延寿、轨道重定位、离轨操作等机器人在轨服务的市场总规模预计超过百亿美元。

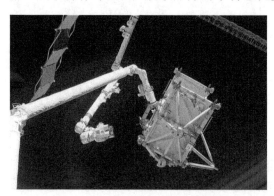

图 6-10　太空遥控机械臂移交桁架[65]

在轨组装维修的基本原理是空间机器人临近目标航天器并通过临近感知来识别并锁定目标航天器，再通过绳系系统与目标航天器完成柔性交会对接，并通过自主导航定位前往目标区域进行维修或组装作业。

航天器在轨服务过程中最关键的阶段是在轨服务航天器与目标航天器的近距离相伴飞行和对目标航天器实施服务操作。在轨服务航天器需要处理特殊的轨道动力学和空间光照环境，完成对目标航天器复杂结构和运动特性的感知，进而完成具体的服务操作。

临近飞行运动控制的目的就是建立与目标航天器的期望相对状态，为目标航天器的观测和服务操作奠定相对构型基础。

临近感知是指在轨服务航天器通过可见光、红外、雷达等敏感器，对目标航天器进行成像、测量，完成对目标航天器的相对位姿测量、三维重构和部组件识别。当然，上述三类感知任务并不是独立的，而是耦合嵌套的，如可以利用三维重构的结果完成部组件识别，或通过特殊部组件的几何特征，如圆形和矩形完成位姿估计或三维重构。

绳系交会对接主要利用系绳与目标航天器连接后的自动收绳装置完成柔性交会对接，此过程中，目标航天器无须安装合作感知设备，服务航天器也不用安装捕获对接的复杂机械系统。这种模式既能满足对接任务需求，也可以简化机构设计、降低复杂性，使得微纳卫星/微型机器人作为服务航天器成为可能。这就从系统工程角度降低了在轨服务的复杂性，实现低成本在轨抢救高价值航天器的任务目标。

空间绳系系统是通过柔性绳将两个或更多的航天器连接在一起所构成的飞行器系统，具有多种优点：①通过系绳约束为操作提供安全保障；②辅助航天器制导、导航与控制系统工作；③可针对非合作目标执行任务；④利用系绳可辅助在轨机动。

空间绳系系统的动力学分析中最常用的是无质量细绳连接两质点模型，其两端分别为空间机器人和目标航天器，因此被形象地称为哑铃模型。在实际计算中要考虑诸多因素，以建立精度更高的模型并设计相应的控制器，如表 6-2 所示。

表 6-2　空间绳系系统模型的影响因素

序号	影响因素	影响方式
1	绳的柔性变形	动力学行为和稳定性
2	绳长变化	控制精度和力的传递
3	地球 J_2 摄动	轨道和姿态变化
4	非平面运动	动力学耦合
5	大气阻力	动态特性和轨道维持

在轨服务多足机器人着陆于目标航天器表面，利用多足机器人运动系统在航天器表面吸附爬行，自主导航移动到期望位置开展状态监控和维护操作。航天器表面光照环境复杂，过度曝光、阴影和光照角度变化等不利条件限制了视觉图像质量，机器人的视觉导航须克服上述不利光照环境的影响。与此同时，机器人不受重力约束，在爬行和操作时需要能够稳定吸附在航天器表面，同时还需高效地进行移动和操作的状态和步态切换。

综上所述，在轨组装维修的基本流程是空间机器人靠近目标航天器，利用接近感知技术来识别和确定目标，然后利用空间绳系系统与目标航天器进行柔性交会对接。接下来，通过自主导航定位技术，前往目标区域执行维修或装配任务。

6.3.2　空间机器人在轨组装维修的关键技术

空间机器人是多学科交叉融合的典型应用对象，涉及系统构型、操作机构、移动机构、驱动器件、感知测量、导航控制、运动规划、动力学与控制、遥操作与人机交互、自主智能、地面试验验证等多方面的共性关键技术。针对具体的空间机器人及其不同的应用任务，其涉及的技术难点也各不相同。随着后续需求和任务的复杂化，空间机器人也在现有基础上提出了新的技术增量需求。当前空间机器人在轨服务的关键技术主要包括自主导航技术、机械臂操作技术等。

1. 自主导航技术

自主导航技术是指机器人在没有外部引导或干预的情况下，通过利用自身携带的传感器和计算系统，实现在全部未知或部分未知环境中的定位和导航。这一技术使得机器人能够独立地执行任务，而无须人类的直接操控，通常涉及使用惯性导航、星载导航、相对导航和视觉导航等技术，以及实时定位系统等方法。

自主导航技术是航天器表面吸附爬行的多足机器人的基本能力。多足机器人可基于视觉感知信息进行同时定位与地图构建(SLAM)来完成自主导航任务，SLAM 技术能够解决环境建模和目标定位的问题。也就是构建空间机器人周围环境并定位目标航天器。根据不同的航天器，SLAM 技术可以分为不同的类型，如表 6-3 所示。

表 6-3　SLAM 技术分类

传感器类型	SLAM	优点	缺点
单/双目相机、RGB-D 相机	视觉 SLAM	成本低 信息丰富	受光照影响 计算复杂
2D/3D 激光雷达	激光 SLAM	精度高 适应性强	成本高 数据处理复杂
相机+IMU	视觉惯导 SLAM(视觉惯性里程计(visual-inertial odometry，VIO))	鲁棒性强 精度高	计算复杂 依赖环境
激光雷达+IMU	激光惯导 SLAM(激光雷达惯性里程计(lidar-inertial odometry，LIO))	精度高 环境适应性强	成本高 计算复杂

在太空复杂光照环境下，SLAM 技术的应用还面临以下挑战：在太空不利光照条件(过度曝光、低光等)下，相邻帧图像特征出现较大差异或者难以提取特征点，特征匹配错误导致视觉里程计跟丢；太空光照角度发生变化时，地球漫反射效果微弱且空间光照为平行光，视觉传感器获取的信息会发生剧烈变化，这导致地图信息与传感器信息存在差异，难以进行重定位。

对于不利光照条件造成的视觉 SLAM 失效，可通过感知增强方法进行解决。研究思路可分为三种：一是调整相机参数配置，增强不同光照环境下的鲁棒性[66]；二是对不利光照环境下获取的图像进行直接增强[67]；三是设计对光照变化鲁棒的视觉里程计，包括利用结构信息提高里程计鲁棒性、提取域不变局部特征提高图像匹配准确率等[68]。

合作标识[69]能够为机器人的视觉定位提供具有稳定特征的视觉参考。在多数情况下，合作标识还具有特定的编码信息，以防止误检测和误匹配。当已知合作标识的视觉坐标时，机器人通过估计本体同合作标识的相对坐标，便能够解算自身在环境中的位置。国际空间站的旋翼拍摄机器人 Int-Ball 便是在舱壁上布置了两个红色的立体合作标识，用于舱内导航定位。

尽管基于合作标识的视觉导航方法具有较高的鲁棒性和定位精度，但也存在弊端，如需要额外布置标示、可能存在的标示遮挡等，限制了其应用场景。一种有效的方法是利用视觉 SLAM 来高效地完成导航与定位，但是其舱内相关应用也存在一些挑战。例如，机器人在与航天员协同工作时，航天员的舱内活动可能给机器人的导航定位带来动态干扰；机器人在舱内微重力环境下运动时的姿态多样、视角变化大等。相比导航地图的长周期变化，舱内活动机器人视觉导航算法对人机交互过程中瞬时动态场景的抗干扰能力是值得关注的问题。

2. 机械臂操作技术

机械臂操作技术可分为空间机器人机构设计、关节与驱动控制以及末端抓取和操作技术。

机构是空间机器人的核心组成部分，其提供了满足空间机器人系统任务功能要求的基本结构[70]。从空间机器人发展的历史而言，早期成熟应用的加拿大 II 臂 SSRMS、日本实验舱机械臂 JEMRMS 等可看作单机械臂形式的机构构型，其特点是机构构型采用单臂多关节串联结构，5 到 7 自由度，由关节、臂杆、末端效应器等组成。在单臂机器人的应用基础上，各国又发展了双臂机器人，如灵巧机械臂 SPDM、机器人宇航员 Robonaut，其特点是机器人系统由两条或以上机械臂组成，部分在躯干部分也设置自由度，构成拟人双臂的特征，各个单臂一般采用 7 自由度冗余度机械臂，具有更强的避障能力，双臂可并行操作或协调工作，特别是双臂机器人可完成类人的操作。目前在空间应用或验证的机器人系统中，比较复杂的机器人系统为机器人宇航员 Robonaut2，全身共 42 个自由度，可达到类似宇航员的工作能力。机器人宇航员 Robonaut2 在国际空间站测试图如图 6-11 所示[64]。

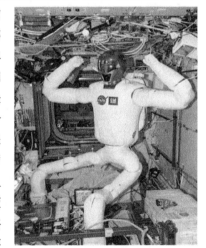

图 6-11　机器人宇航员在
国际空间站测试图[64]

针对后续空间机器人任务和功能需求，空间机器人在机构构型上的技术挑战主要体现在：①进一步增强空间机器人操作的灵巧性和精度，具备开展精细化操作的能力；②进一步增加对大型航天器广域工作空间的操作覆盖能力，进一步增加对狭小空间的操作可达能力；③针对复杂多变、操作尺度不一的任务和多样化的环境，机器人具备灵活、可靠、自主地达到期望构型的能力和方法。

此外，一些仿生构型的机器人也被设想应用于空间在轨服务与维护。南京航空航天大学针对空间站机器人应用，提出了仿壁虎机器人概念，该机器人脚掌上布置了仿壁虎脚底刚毛结构的黏附材料结构，仿壁虎机器人实现了在 90°的墙面上的爬行，如图 6-12(a) 所示[71]。北京航空航天大学针对空间站舱上监测操作，设计了一种腿臂融合的四足机器人，该机器人具有腿臂功能复用的分支，可实现行走和操作，如图 6-12(b) 所示[72]。

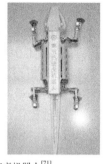
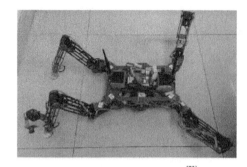

(a) 仿壁虎机器人[71]　　　　　　　　　　　　　(b) 腿臂融合的四足机器人[72]

图 6-12　仿生机器人

彩图

　　空间机器人的驱动关节等驱动器是机器人产生力和力矩以实现运动的组件，是组成机器人机构系统的基础运动单元。对于已在轨应用的大型空间机械臂，如航天飞机遥操作机械臂(SRMS)、空间站遥控机械臂(SSRMS)等，一般由直流无刷电机、旋转变压器、多级行星齿轮减速箱、关节绝对位置传感器、摩擦制动器、关节控制器等组成，每一个关节都是一个在轨可替换单元(ORU)，且每一个关节都包含两套相同的关节电子单元和电机模块进行备份。对于中小型空间机械臂，如 Robonaut、ROKVISS 等，采用谐波减速器替代了行星减速器，增加了关节的被动柔性，且电机和控制器一般没有额外备份。目前，机器人宇航员 Robonaut 腿部关节是当前空间应用水准较高的驱动关节，其功重比为 100N·m/kg、速度为 1.2 rad/s、最低工作温度为–20℃。针对空间机器人后续应用对驱动关节的需求，机器人驱动关节的技术挑战主要体现在：①提高驱动关节力矩感知、绝对位置感知能力；②关节进一步轻质化，提高关节输出功率密度；③提高驱动关节应对外部力时的柔顺能力。

　　作为机器人的执行器件，末端机械臂是机器人实现抓取、维修、装配的基本器件，直接决定了机械臂的先进性和智能化程度。从空间机器人末端抓取与操作的发展来看，早期的末端执行器一般以抓取操作为主，且操作目标是合作的目标适配器，如加拿大机械臂Ⅱ的末端锁定效应器(LEE)和目标适配器电力数据抓取装置(power and data grapple fixture, PDGF)，均为执行确定任务、功能相对单一的专用末端效应器。随着空间操作任务的复杂化，具有多种功能的可切换工具和多指灵巧手也开始了在轨的演示验证。空间机器人末端抓取与操作的技术挑战主要体现在：①进一步提升对非合作目标的抓取能力；②进一步提供多功能、精细化维修维护操作；③进一步提供近似人类的通用化抓取和操作能力。

6.3.3　应用前景和发展趋势

　　空间机器人在提高空间任务的安全性和经济性方面发挥着重要作用，不仅增强了航天员的操作能力，还突破了人类太空探索的局限，正在改变人们对未来太空探索的思维模式。作为一种关键的空间操控设备，空间机器人在执行如空间碎片清除、空间飞行器维护和地外设施建设等任务时至关重要，它在推进航天强国建设中起到了举足轻重的作用。空间机器人集成了机械、电气、材料科学和控制工程等多学科的最新技术成果，展现了一个国家的综合科技实力，助力提升其在国际舞台上的影响力。此外，空间机器人的在轨组装维修技术与国家的安全利益息息相关，因此，掌握这一技术已成为全球航天强国在科技领域中的战略制高点，其技术发展水平也将直接影响全球航天领域的竞争格局和国家安全。

1. 应用前景

空间机器人的应用前景十分广阔，在未来的太空探索、航天器维护、空间站建设和空间碎片清理等领域将发挥重要作用。随着智能技术的不断进步，空间机器人将在在轨组装、维修和自主操作等任务中实现更高的精度和效率，大幅度降低任务风险和成本。此外，空间机器人还将在地外资源开发、行星探测和深空探测中成为不可或缺的工具，其自主决策能力和适应复杂环境的能力将助力人类突破太空探索的边界，使得长时间、远距离的深空任务成为可能。未来，随着人工智能、先进材料和传感器技术的发展，空间机器人将进一步实现与人类的高度协同，开启智能化太空探测的新篇章。

2. 发展趋势

空间机器人的操控模式经历了遥操作、局部自主操作到全局自主操作的演变，以适应不断变化的空间任务需求。20 世纪 80 年代，早期的空间机器人完全依赖于人类远程操控，仅能完成一些简单的任务，如抓取、搬运和探测等，智能化程度较低。进入 21 世纪后，随着机械、计算机、控制等基础学科的蓬勃发展，以及智能算法和视觉识别技术的跨越式进步，空间机器人逐步迈入了自动化与智能化的时代，能够通过局部自主操作辅助航天员执行在轨任务，从而显著提升了任务的效率、安全性和经济性。近年来，人工智能的引入进一步提升了空间机器人的智能化水平，使其具备了感知、学习、推理和决策能力，能更好地适应复杂的空间环境。如今的空间机器人已逐渐演变为人类在太空中的"智能伙伴"，在一些危险和复杂任务中代替人类完成作业，其发展趋势如图 6-13 所示[73]。

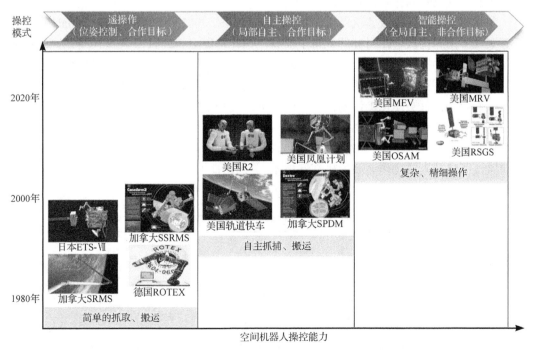

图 6-13　空间机器人操控能力的发展过程与发展方向[73]

展望未来，随着先进材料、高性能传感器和人工智能技术的不断发展，智能操控能力将在空间机器人技术的迭代中发挥核心作用，与人类智慧、感知能力和学习能力进行深度融合，将是其实现完全自主操控的重要路径，最终使得空间机器人能够独立探索未知且危险的宇宙领域，成为真正的"机器人探险家"。

空间机器人能够适应空间极端环境，突破人类太空探索的极限，极大地提高空间操控的安全性和经济性，是提升空间科学技术水平的核心装备，可为航天事业发展提供重要支撑和有力保障。本节将从国内外两个方面介绍空间机器人在轨服务的发展现状及趋势。

1) 国外发展现状及趋势

1981 年，加拿大研制出了世界上第一个轨道空间机械臂——航天飞机机械臂(SRMS)，先后顺利完成了哈勃太空望远镜维修、国际空间站建设与维护等任务，由此正式揭开了空间机器人技术发展的序幕。

2010 年，美国政府发布了《国家太空政策》，指出美国需要在太阳系中保持机器人的持续存在，以进行空间科学研究，并为未来人类探索太空做准备。

2016 年，美国 19 所大学联合推出的《美国机器人技术路线图：从互联网到机器人》重点论述了空间机器人关键技术的未来发展路线，指出了空间机器人潜在的社会效益和经济效益。2020 年，美国又先后更新《美国机器人技术路线图：从互联网到机器人》和《国家太空政策》，提出将前沿技术应用于机器人太空探索任务，确保美国在空间机器人技术领域的领导地位。此外，2014 年欧盟制定了《欧盟机器人研发计划》，该计划从空间机器人未来市场的角度阐述了其发展的重要性。2021 年英国发布了首个《国家太空战略》报告，明确空间机器人在轨服务与建造是未来太空领域的重点建设项目，以确保太空的可持续性、安全性和保障性发展。

美国主要空间在轨服务机器人项目如表 6-4 所示，2007 年，轨道快车(Orbital Express)任务实现了国际首次合作目标的半自主捕获，在此基础上，2011 年美国国防部高级研究计划局(DARPA)提出了凤凰计划(Phoenix Program)，计划对 GEO 退役卫星中仍可发挥功能的部件进行再利用，将在轨服务技术从单项技术演示扩展到系统集成。2011 年启动的机器人燃料加注任务(RRM)计划已在国际空间站完成了第三阶段技术验证，首次遥操作机械臂实现了仿真实卫星的燃料加注试验，为未来在轨服务、装配和制造任务(OSAM-1)奠定了技术基础。2011 年，NASA 将首个仿人型空间机器人 Robonaut2 送入国际空间站，在轨验证了机器人灵巧作业和人机交互技术。美国诺斯罗普·格鲁曼公司于 2020 年、2021年两次完成了卫星的接管控制，率先实现了高轨卫星的在轨延寿。

表 6-4　美国主要空间在轨服务机器人项目

年份	名称	经费	意义
2007	Orbital Express	超过 3.0 亿美元	首次实现合作目标的在轨半自主捕获
2011	RRM	约 7.5 亿美元	首次遥操作机械臂实现仿真实卫星的燃料加注试验
2011	Robonaut2	超过 1700 万美元	首个仿人型空间机器人
2011	Phoenix Program	约 1.9 亿美元	多机械臂、高轨道、非合作目标

续表

年份	名称	经费	意义
2016	RSGS	2015—2017 财年：4900 万美元，2020 财年：6460 万美元	集合感知、攻击、维护于一体的多功能项目
2018	OSAM	OSAM-1：2.3 亿美元，OSAM-2：7370 万美元	首次在轨服务、装配、制造任务
2020	MEV、MRV	MEV-1：2019—2024 年，平均每年 1300 万美元	首次实现卫星的在轨延寿

此外，加拿大在空间站机械臂方面处于领先地位，迄今为止已设计了 Canadarm 和 Canadarm2 两款空间机械臂，并正在研发针对月球轨道空间站的 Canadarm3 空间机械臂，预计于 2026 年发射入轨。德国和日本也是较早开展空间机器人技术研究的国家，其中，德国在 1986 年和 2002 年分别发起了 ROTEX 项目和 ROKVISS 项目，主要进行地面遥操作机器人系统的技术验证；日本的 ETS-Ⅶ项目(1997 年)、OMS 项目(2004 年)和 SDMR 项目(2009 年)主要进行空间碎片的在轨捕获和离轨操作的技术验证。

2) 国内发展现状及趋势

国内的空间机器人技术虽然起步较晚，但经过 30 年来的迅速发展也取得了一系列瞩目成果。空间机器人是我国重大战略需求的重大科学研究方向，是加快建设航天强国，实现空间高水平科技自立自强的重要抓手，为此，我国制定了一系列发展规划[73]。国务院于 2006 年发布的《国家中长期科学和技术发展规划纲要(2006—2020 年)》就已经将"载人航天和探月工程"列入国家科技重大专项。2016 年，国家航天局制定了空间机器人发展路线图，指出将开展空间在轨服务机器人等一系列关键技术攻关，使我国空间机器人技术达到世界先进水平。同年，"十三五"规划纲要根据未来发展的重大需求提出了"科技创新 2030—重大项目"，其中将深空探测及空间飞行器在轨服务与维护系统列为待启动项目之一，拟重点突破星球探测机器人和空间机器人技术，提高我国空间资产使用效益。此外，多项国家规划也将发展空间机器人作为重要的推广应用计划。2021 年，《"十四五"机器人产业发展规划》提出将大力推动面向航天领域的机器人研发创新，结合具体空间场景开发机器人产品和解决方案。空间站机械臂系统是我国空间站四项关键攻关技术之一，核心舱、实验舱机械臂系统已分别于 2021 年、2022 年发射至空间站，在轨完成了当前全部预定的在轨测试、支持航天员出舱、载荷安装等任务，还将持续协助完成空间站长期运行维护任务，其中首次实现了大小组合臂协同空间操作。

空间机器人的发展趋势呈现出高度智能化和自主化的方向。随着人工智能、机器学习、传感器技术和智能控制算法的不断进步，空间机器人正从依赖人工遥操作向全自主操作迈进，实现更高的任务效率和灵活性。同时，其操作能力也从简单的单机械臂操作逐步升级到多机械臂协同作业，并在复杂的空间任务中展现出更强的精细操作和适应性。此外，空间机器人正在向多功能化发展，能够使用多种灵巧工具执行不同类型的任务。在任务对象上，从低轨道到高轨道、从合作航天器到非合作目标，空间机器人的适应能力正在不断增强。这些发展趋势将使空间机器人在太空探索、空间站维护、卫星回收和深空任务中发挥越来越重要的作用。

习　题

6.1　试简述智能健康监测中数据融合技术的含义和主要流程。

6.2　试简述故障和故障诊断的含义，并总结航天器执行机构故障的几种分类方法。

6.3　试简述智能故障诊断的流程。

6.4　试简述人工智能方法在液体火箭发动机智能故障诊断技术中的应用及其原理。

6.5　试简述发展空间机器人在轨组装维修技术的意义和前景。

6.6　试简述空间机器人 SLAM 技术的具体类型，以及每种类型的优劣势。

6.7　试简述空间机器人在机构上的技术挑战，以及未来的发展趋势。

参 考 文 献

[1] HASSANI S, MOUSAVI M, GANDOMI A H. Structural health monitoring in composite structures: A comprehensive review[J]. Sensors, 2021, 22(1): 153.

[2] 张博明, 郭艳丽. 基于光纤传感网络的航空航天复合材料结构健康监测技术研究现状[J]. 上海大学学报 (自然科学版), 2014, 20(1): 33-42.

[3] 黎敏, 廖延彪. 光纤传感器及其应用技术[M]. 武汉: 武汉大学出版社, 2012.

[4] 王志明, 黄岳, 王春雨. 先进传感器技术在飞机故障诊断中的应用[J]. 工程与试验, 2009, 49(3): 53-55.

[5] 邵飞, 杨宁, 孙维, 等. 基于光纤传感的航天器结构健康状态监测研究[J]. 航天器工程, 2018, 27(2): 95-103.

[6] 袁利, 王淑一. 航天器控制系统智能健康管理技术发展综述[J]. 航空学报, 2021, 42(4): 122-136.

[7] ZHANG H P, LIU P, ZHANG X Y, et al. Spacecraft fault warning method based on adaptive trend filtering[C]. 2023 2nd Conference on Fully Actuated System Theory and Applications, Qingdao, China, 2023: 444-448.

[8] COULTER N, MONCAYO H. Artificial immune system optimized support vector machine for satellite fault detection[C]. AIAA SCITECH 2022 Forum, San Diego, USA, 2022: 1713.

[9] KWON D, KIM H, KIM J, et al. A survey of deep learning-based network anomaly detection[J]. Cluster Computing, 2019, 22: 949-961.

[10] QI H M, JIANG B, LU N Y, et al. The residual life prediction of the satellite attitude control system based on Petri net[C]. 2014 Prognostics and System Health Management Conference, Zhangjiajie, China, 2014: 266-270.

[11] 祁海铭, 程月华, 姜斌, 等. 基于多状态故障的卫星姿态控制系统剩余寿命预测方法[J]. 南京航空航天大学学报, 2015, 47(1): 29-36.

[12] CASTET J F, SALEH J H. Single versus mixture Weibull distributions for nonparametric satellite reliability[J]. Reliability Engineering & System Safety, 2010, 95(3): 295-300.

[13] CASTANEDA G A P, AUBRY J F, BRINZEI N. Stochastic hybrid automata model for dynamic reliability assessment[J]. Proceedings of the Institution of Mechanical Engineers, Part O: Journal of Risk and Reliability, 2011, 225(1): 28-41.

[14] ERICKSON T J, SUE J J, ZAKRAJSEK J F, et al. Post-test diagnostic system feature extraction applied to Martin Marietta Atlas/Centaur data[C]. AIAA, ASME, SAE, and ASEE, Joint Propulsion Conference and Exhibit, San Diego, California, 1994.

[15] KATORGIN B, CHELKIS F, LIMERICK C. The RD-170, a different approach to launch vehicle propulsion[C]. 29th Joint Propulsion Conference and Exhibit, Monterey, USA, 1993: 2415.

[16] BONNAL C, CAPORICCI M. Future reusable launch vehicles in Europe: The FLTP (Future Launchers Technologies

Programme)[J]. Acta Astronautica, 2000, 47(2-9): 113-118.

[17] KATO K, KANMURI A, KISARA K. Data analysis for rocket engine health monitoring system[C]. 31st Joint Propulsion Conference and Exhibit, San Diego, USA, 1995: 2348.

[18] 王宇泰, 高普云, 申志彬. 固体火箭发动机结构健康监/检测技术研究进展[J]. 武汉大学学报(工学版), 2021, 54(2): 95-101.

[19] LE A Q, SUN L Z, MILLER T C. Detectability of delaminations in solid rocket motors with embedded stress sensors[J]. Journal of Propulsion and Power, 2013, 29(2): 299-304.

[20] MILLER T C. Characterization of propellant modulus and rocket motor stress-free temperature using stress sensors[J]. Journal of Propulsion and Power, 2017, 34 (4): 901-908.

[21] 张磊, 常新龙, 张有宏, 等. 基于光纤传感器的 SRM 界面黏接应力监测[J]. 航空动力学报, 2018, 33(10): 2500-2507.

[22] LOPATIN C, GRINSTEIN D. Active sensing for monitoring the properties of solid rocket motor propellant grains[J]. Propellants Explosives Pyrotechnics, 2015, 40(2): 295-302.

[23] 张守诚, 屈文忠, 肖黎. 固体发动机界面结构试件脱粘健康监测研究[J]. 固体火箭技术, 2017, 40(3): 319-324.

[24] YAIRI T, TAKEISHI N, ODA T, et al. A data-driven health monitoring method for satellite housekeeping data based on probabilistic clustering and dimensionality reduction[J]. IEEE Transactions on Aerospace & Electronic Systems, 2017, 53(3): 1384-1401.

[25] 蒙杰. 基于因果图的卫星健康监测技术研究[D]. 上海: 中国科学院大学(中国科学院微小卫星创新研究院), 2024.

[26] FUJIMAKI R, YAIRI T, MACHIDA K. An approach to spacecraft anomaly detection problem using kernel feature space[C]. Proceedings of the eleventh ACM SIGKDD international conference on Knowledge discovery in data mining, Chicago, USA, 2005: 401-410.

[27] 顾昕雨. 基于 ARIMA-SVR 组合模型的卫星遥测数据预测研究[D]. 北京: 中国科学院大学 (中国科学院国家空间科学中心), 2021.

[28] BOTTONE S, LEE D, O'SULLIVAN M, et al. Failure prediction and diagnosis for satellite monitoring systems using Bayesian networks[C]. MILCOM, Military Communications Conference, San Diego, USA, 2008: 1-7.

[29] 张亚. 用于脉冲电源的故障检测与健康管理系统设计[D]. 南京: 南京理工大学, 2024.

[30] 韩治国. 航天器姿态控制系统故障重构与容错控制技术[D]. 西安: 西北工业大学, 2019.

[31] 崔俊峰, 魏传锋. 基于专家系统的航天器故障诊断地面模拟系统的研制[J]. 计算机测量与控制, 2005, 13(4): 307-308.

[32] 张筱磊. 基于概率模型的故障诊断及在航天器中的应用[D]. 哈尔滨: 哈尔滨工业大学, 2014.

[33] 汪广洪, 陈险峰. 基于 BP 神经网络和 DS 证据理论的航天器故障诊断方法[J]. 遥测遥控, 2009, 30(6): 52-55.

[34] 陈冠宇, 杨鹏, 陈宁. 基于随机森林算法的船舶电站故障诊断[J]. 船舶工程, 2023, 45(1): 116-119.

[35] 桂卫华, 刘晓颖. 基于人工智能方法的复杂过程故障诊断技术[J]. 控制工程, 2002, 9(4): 1-6.

[36] 蔡琳, 陈家斌, 黄远灿, 等. 基于神经网络专家系统的卫星姿态确定系统故障诊断[J]. 东南大学学报 (自然科学版), 2005, 35(A2): 181-184.

[37] 朱大奇, 于盛林. 基于知识的故障诊断方法综述[J]. 安徽工业大学学报, 2002, 19(3): 197-204.

[38] 高峰, 孙时珍, 曲建岭. 人工智能在故障诊断中的应用[J]. 科技信息, 2010, 2(23): 63-64.

[39] HINTON G E, SALAKHUTDINOV R R. Reducing the dimensionality of data with neural networks[J]. Science, 2006, 313(5786): 504-507.

[40] 罗帅. 基于深度学习的风机智能故障诊断方法及管理研究[D]. 天津: 天津大学, 2023.

[41] 闻新, 陈镝, 乔羽. 国内神经网络故障诊断技术及其在航天器中的应用[J]. 沈阳航空航天大学学报, 2018, 35(3): 17-26.

[42] 李向前. 复杂装备故障预测与健康管理关键技术研究[D]. 北京: 北京理工大学, 2015.

[43] 聂鹏辉. ZT 煤业主煤流系统设备故障管理方法研究及应用[D]. 青岛: 山东科技大学, 2020.

[44] 胡静, 吴迪. 基于改进神经网络的航空发动机故障预测[J]. 信息工程大学学报, 2020, 21(5): 534-538.

[45] SINGH P, VISWANADHAM P. Failure Modes and Mechanisms in Electronic Packages[M]. Berlin: Springer Science & Business Media, 1997.

[46] DONG J X, WU Y, YANG G H. A new sensor fault isolation method for T-S fuzzy systems[J]. IEEE Transactions on Cybernetics, 2017, 47(9): 2437-2447.

[47] ZHANG Z H, LI S J, YAN H, et al. Sliding mode switching observer-based actuator fault detection and isolation for a class of uncertain systems[J]. Nonlinear Analysis: Hybrid Systems, 2019, 33: 322-335.

[48] ALLAHVERDI F, RAMEZANI A, FOROUZANFAR M. Sensor fault detection and isolation for a class of uncertain nonlinear system using sliding mode observers[J]. Automatika, 2020, 61(2): 219-228.

[49] GAO Z F, ZHOU Z P, QIAN M S, et al. Active fault tolerant control scheme for satellite attitude system subject to actuator time-varying faults[J]. IET Control Theory & Applications, 2017, 12(3): 405-412.

[50] ZHANG K, JIANG B, SHI P, et al. Distributed fault estimation design of interconnected systems with external disturbances[J]. IET Control Theory & Applications, 2019, 13(3): 377-386.

[51] LI B, QIN K, XIAO B, et al. Finite-time extended state observer based fault tolerant output feedback control for attitude stabilization[J]. ISA transactions, 2019, 91: 11-20.

[52] 胡海峰. 液体火箭发动机智能故障诊断的研究现状[J]. 航天控制, 2023, 41(1): 3-14.

[53] 刘晓东, 马飞, 张玉, 等. 基于 BP 神经网络的模型参考自适应姿态控制[J]. 航天控制, 2019, 37(6): 3-7.

[54] 殷谦, 张金容. 液体火箭发动机故障模式及分析[J]. 推进技术, 1997(1): 22-25.

[55] 张惠军. 液体火箭发动机故障检测与诊断技术综述[J]. 火箭推进, 2004(5): 40-45.

[56] 秦晓成. 航天器姿态控制系统智能故障诊断研究[D]. 沈阳: 沈阳理工大学, 2020.

[57] GARCIA D F, PEREZ A E, MONCAYO H, et al. Spacecraft heath monitoring using a biomimetic fault diagnosis scheme[J]. Journal of Aerospace Information Systems, 2018, 15(7): 396-413.

[58] BROWN D L, WEILER D, FLANARY R. Orion GN&C fault management system verification: Scope and methodology[C]. AAS Guidance and Control Conference, Breckenridge, USA, 2016: 1-12.

[59] SUO M L, TAO L F, ZHU B L, et al. Soft decision-making based on decision-theoretic rough set and Takagi-Sugeno fuzzy model with application to the autonomous fault diagnosis of satellite power system[J]. Aerospace Science and Technology, 2020, 106: 106108.

[60] CHA J, HA C, KO S, et al. Application of fault factor method to fault detection and diagnosis for space shuttle main engine[J]. Acta Astronautica, 2016, 126: 517-527.

[61] OMRAN E A, MURTADA W A. Efficient anomaly classification for spacecraft reaction wheels[J]. Neural Computing and Applications, 2019, 31(7): 2741-2747.

[62] IBRAHIM S K, AHMED A, ZEIDAN M A E, et al. Machine learning techniques for satellite fault diagnosis[J]. Ain Shams Engineering Journal, 2020, 11(1): 45-56.

[63] 艾绍洁, 宋佳, 王鹏程. 载人航天器自主故障诊断与预测技术研究进展综述[J]. 无人系统技术, 2023, 6(1): 26-42.

[64] LI W J, CHENG D Y, LIU X G, et al. On-orbit service (OOS) of spacecraft: A review of engineering developments[J]. Progress in Aerospace Sciences, 2019, 108: 32-120.

[65] JORGENSEN G, BAINS E. SRMS history, evolution and lessons learned[C]. AIAA SPACE 2011 Conference & Exposition, Long Beach, USA, 2011: 7277.

[66] WANG Y, CHEN H Y, ZHANG S W, et al. Automated camera-exposure control for robust localization in varying illumination environments[J]. Autonomous Robots, 2022, 46(4): 515-534.

[67] GUO C L, LI C Y, GUO J C, et al. Zero-reference deep curve estimation for low-light image enhancement[C]. 2020 IEEE/CVF Conference on Computer Vision and Pattern Recognition, Seattle, USA, 2020: 1780-1789.

[68] VENATOR M, EL HIMER Y, AKLANOGLU S, et al. Self-supervised learning of domain-invariant local features for robust visual localization under challenging conditions[J]. IEEE Robotics and Automation Letters, 2021, 6(2): 2753-2760.

[69] FIALA M. Designing highly reliable fiducial markers[J]. IEEE Transactions on Pattern Analysis and Machine Intelligence, 2009, 32(7): 1317-1324.

[70] 孟光, 韩亮亮, 张崇峰. 空间机器人研究进展及技术挑战[J]. 航空学报, 2021, 42(1): 8-32.

[71] 戴振东, 彭福军. 空间机器人的研究与仿壁虎机器人关键技术[J]. 科学通报, 2015, 60(32): 3114-3124.

[72] 王思远, 唐玲, 王耀兵, 等. 一种腿臂融合四足机器人设计与分析[J]. 北京航空航天大学学报, 2017, 43(10): 2099-2108.

[73] 赵亮亮, 李雪皑, 赵京东, 等. 面向航天器自主维护的空间机器人发展战略研究[J]. 中国工程科学, 2024, 26(1): 149-159.

智能技术在航天器新型结构中的应用

随着科技的不断进步和航天技术的快速发展，航天器新型结构设计和优化成为航天工程领域中一个重要的研究方向。传统的航天器结构设计方法虽能满足工程需求，但往往存在结构质量过大、刚度不足、振动问题等局限性。为了克服这些挑战，智能技术在航天器新型结构设计中得到广泛应用。通过集成智能材料、传感技术、自适应控制算法，以及先进的计算机模拟与数据分析技术，航天器能够在太空的严酷环境中持久运行，并且在自我监测、自我维护和环境互动等方面展现出革命性的改进。本章将介绍智能技术在航天器新型结构中的几种应用，包括智能蒙皮、可变形航天器、变结构航天器和空间软体机器人，主要对每种应用的基本原理和设计方法、关键技术以及其在空间环境中的应用进行阐述。

7.1 智 能 蒙 皮

随着材料力学和智能控制领域的技术突破，智能材料出现在了人们的视野中。智能材料是能感知环境变化，并能实时改变自身性能参数的复合材料或材料的复合，具有常规材料所不具备的探测、处理、执行的能力，能够实现特定的目的。智能蒙皮技术是智能材料的一个重要应用方面，该技术不仅可以快速灵活地实现飞行器的滚转、俯仰和偏航等动作，还有可能替代传统的刚性操作面工作方式，从而引起飞行器宏观气动控制技术的突破性变革。

7.1.1 智能蒙皮的原理和设计

智能蒙皮技术是 1985 年由美国空军提出的一种亟待研究的关键技术，该技术将先进的传感、驱动等传感器件以及微处理器等功能器件与飞行器主体蒙皮结构集成为一个整体，使得结构不仅具有承受载荷的能力，而且还具有感知、采集、处理、存储、通信和控制等多种功能[1]，能够在线监测应变、损伤、温度、压力、声音、光波等，还能够主动做出反应，从而使蒙皮结构本身具有自检测、自监控、自校正、自适应以及记忆、思维、判断和反应等功能。

智能蒙皮天线技术也称为可承载共形天线技术，是智能蒙皮技术的一个具体应用。智能蒙皮天线技术是将与机身共形的天线或天线阵列集成到飞机的蒙皮中，使之与飞机成为一个整体。蒙皮内部集成的天线与飞机机体表面结构无缝隙、光滑地融合在一起，其既是飞机的结构件，同时也起到智能电子设备的作用，与传统机载蒙皮天线相比，性能有了全方位的提升。美国国家航空航天局(NASA)在 F/A-18 垂尾的顶端安装了一个用于空空和空地通信的智能蒙皮天线结构，并进行了飞行测试。飞行测试结果显示，在低频段，与传统刀形天线相比，该天线的通信信噪比提高了 15~25dB，相当于通信范围扩大了 5 倍，并获得了更对称的辐射方向图，飞机的质量减轻了 113.4~453.6kg[2]。此外，美国国家航空航天局还将热膜式流速传感器安装在 NASA G-Ⅲ型飞机上，通过实际飞行测量，发现热膜式流速传感器在流速和分离点辨析方面作用明显。

为了满足智能蒙皮天线结构的力学性能和电性能需求，研究人员将微带阵列天线嵌入蜂窝夹层结构中，使得蒙皮结构不仅可以承载机身，同时也能够进行微波通信，既兼顾了机体的强度和稳定性，也实现了无缝集成的通信功能。智能蒙皮天线单元的基本结构如图 7-1 所示。智能蒙皮天线单元的结构由外向内依次为飞机外蒙皮、封面、辐射元件、介质板、夹芯层、承载面板、吸收层和吸收盘。天线的外表面为飞机外蒙皮，起到保护天线内部电子元器件的作用。外蒙皮制作材料一般选择玻璃纤维增强塑料(GFRP)或石英纤维增强复合材料(QFRP)等电磁波透过性好的材料，防止外蒙皮吸收天线发出的电磁波。辐射元件即为天线，可以是圆形、矩形和螺旋形等。介质板材料选用聚四氟乙烯板、环氧板等。夹芯层选用介电性能优异的低密度纸蜂窝或泡沫板材，如 Nomex 蜂窝或丙烯酸泡沫板，为天线提供良好的剪切强度和压缩强度。承载面板承受天线面板的轴向载荷，一般选用碳纤维增强树脂基复合材料制备而成。天线在发射电磁波时，可能会对战斗机内部电子元件造成损害，故天线单元结构中设置吸收层，用于吸收来自天线方向的电磁辐射。吸收盘用于放置吸收层，不起承载作用。在实际应用中，设计人员可以根据需要对智能蒙皮天线结构进行相应的调整，以满足特定要求。

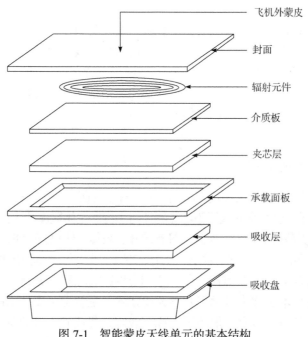

图 7-1　智能蒙皮天线单元的基本结构

　　由于智能蒙皮天线在未来机载、车载、舰载和星载装备平台中具有广泛的应用前景，故大量的研究人员开始对智能蒙皮天线的设计方法展开研究。何庆强[3]于 2018 年提出了一种智能蒙皮天线的分布式设计总体方法，采用结构功能一体化天线设计技术，实现了一种智能蒙皮天线子阵单元的设计。智能蒙皮天线分布式布局如图 7-2 所示。

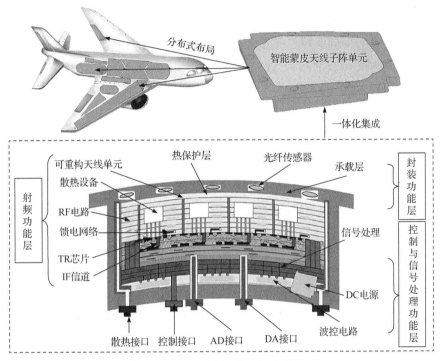

图 7-2　智能蒙皮天线分布式布局[3]

　　智能蒙皮天线分布式设计的理念是将形状各异、功能多样的宽带/超宽带智能蒙皮天线子阵单元均匀地部署在飞行器表面，取代传统飞行器上众多独立功能的天线孔径，通过高度综合化天线射频前端和集中式处理终端的功能，构建出兼具多类任务管理，实现雷达探测、导航识别、电子侦察、电子干扰、遥测遥感等功能的智能化天馈系统。智能蒙皮天线子阵单元由射频功能层、控制与信号处理功能层和封装功能层构成，如图 7-2 所示，每个智能蒙皮天线子阵单元可通过控制射频功能层的可重构天线单元和 TR 芯片，实现子阵单元的电磁辐射/散射可重构，同时通过控制波控电路实现子阵单元的波束自适应。

　　飞行器不同位置的子阵单元均具有独立的功能，可独立控制，也可与其他子阵单元联合工作，实现分布式多孔径智能协同探测。在这种分布式设计的布局下，飞行器的视场角更宽，能够瞬时进行大范围搜索以消除视野盲区。同时，智能蒙皮天线子阵单元在飞行器表面大范围地分布可以很好地覆盖飞行器的外部特征，有利于飞行器的隐身。

7.1.2　智能蒙皮的关键技术

　　智能蒙皮的设计与应用涉及多个关键技术的集成。通过蒙皮衬底材料的选择、隐埋传感器技术和热控制技术的运用，智能蒙皮能够实现对外界环境和内部状态的感知和反应，从而实现航天器的精确变形和适应。这种综合系统的设计和实现不仅提高了航天器的灵活性、适应性和可靠性，还为未来航天探索的深入发展提供了重要支持。

1. 蒙皮衬底材料

随着复合材料相关研究有所进展，智能结构与智能蒙皮被相继提出。质量轻、高强度的复合材料成为智能蒙皮主体材料的主要候选材料[4]。例如，碳/环氧树脂复合材料是目前应用非常成熟的一种材料，其拉伸强度超过铝合金，同时质量较铝合金可以减轻20%~40%，其制品已被普遍用于火箭、人造卫星和飞机等。随着未来的飞行器速度和持续飞行时间的提高，飞行器表面温度会急剧升高，此时碳/环氧树脂复合材料就相形见绌，故耐高温、低介电复合材料成为科学家研究的对象，也是蒙皮衬底材料的首选。热塑材料作为聚合物复合材料，在近年来得到了广泛关注，该材料耐热温度超过400℃，强硬而脆性小，较容易接收光纤埋入，但其制造困难，产量较低。

2. 隐埋传感器技术

如果说先进的复合材料是智能蒙皮的基础，那么把传感器和传感器阵列集成到蒙皮内则是发展智能蒙皮迈出的第一步。智能蒙皮传感器根据设计要求首先要使其具有兼容性，光纤传感器埋入复合材料后，要能对构件和蒙皮起到监视作用，对飞行器内部结构的各种物理变化(应变、温度等)敏感；其次是其与周围材料的黏合度要非常好，以保证其光传输仅对周围的变化发生反应；最后对于航天器而言，其智能蒙皮传感器相较于陆地智能传感器，需要具备更高强度的力度性能和抗辐射等特殊要求。

3. 热控制技术

热控制对航天器的正常运行至关重要。智能蒙皮采用主动制冷方式，用一种简便的制冷剂向自生热量提供足够制冷能力。特征之一是制冷管道周围的一系列单个传感器失效时有重组能力，而这种共用制冷方式将使阵列或电子系统在结构上具有独立性。此外，考虑到热辐射是空间散热的唯一手段，近年来有研究人员提出了一种金属-绝缘体-半导体(MIS)结构的近场辐射辅助智能蒙皮[5]，该蒙皮涂覆在航天器散热器表面，可在较大范围内精确调节散热热流密度，在不同热环境下均能实现对航天器有效的热控制，该项研究工作作为航天器主动热控智能蒙皮设计开辟了一条新的途径。

4. 其他技术

智能蒙皮是一项极其复杂的系统工程，除材料科学、结构动力学、半导体技术、阵列天线技术、微波技术、复合材料技术与制造工艺外，还有超导材料、高温材料、光电子技术、神经网络、仿生学、分布控制、并行处理等尖端技术。随着智能蒙皮技术学科的不断发展，其在系统设计、科学技术等多个方面扮演的角色越来越重要。

7.1.3　智能蒙皮在航天器中的应用和优势

随着材料科学和信息技术的发展，智能蒙皮技术的应用领域不断扩大，目前主要的研究方向是在航天器上的应用。在航天器的外壳内植入智能结构，包括探测元件、微处理控制系统和驱动元件，可用于监视、预警、隐身和通信等。智能蒙皮之所以受到各国高度重视，是因为其具有如下的优点和潜在应用。

1. 简化航天器设计方案

智能蒙皮是把专用处理机和局部处理机靠近各传感器的阵列就近埋置，用光纤数据总线和波分复用等大容量传输技术连接，这样大大节省了普通电缆连接和信息集中处理时所占据的空间；将体积较小的半导体集成电路、微波集成电路、光电子集成电路多芯片组件(MCM)采用先进的封装技术埋进其内，省去了大量导线、电缆和电路屏蔽线，节省了航天器内部空间，减轻航天器质量，大大简化了航天器的设计方案。

2. 提高航天器的可靠性

智能蒙皮就像人体的皮肤一样，将传感器和各种芯片等装置永久地封存在其内部，形成其神经网络，可以让传感器"感觉"到航天器的温度、应力、辐射等变化参数，通过光导纤维传输给航天器的控制中心。控制中心通过这些信息能够及时发现潜在的危险和问题，以便更快地做出反应和采取措施。智能蒙皮通过实时监测和响应环境变化，可以帮助航天器更好地适应复杂的太空环境。此外，智能蒙皮还可以具备自我修复的能力，即当蒙皮部分受损时，可以自动进行修复，减少了航天器面对外部环境和飞行过程中可能遭遇的损坏和故障。

3. 有利于航天器的隐身

智能蒙皮在航天器上的应用使得航天器表面附加器件减少，这在一定程度上降低了其被发现的概率。将智能蒙皮装配到航天器的大部分区域，可以大面积地覆盖航天器的外部特征信息，避开作为太空中目标的跟踪、识别和抓捕。

4. 提高航天器的可用性

天线、传感器和数据总线内置于航天器蒙皮内，如果需要新的传感器和天线，航天器不必返场改装。蒙皮内置的天线和传感器不是某设备专用的，而是由中央处理器分配的，从而提高航天器整体的可靠性[6]。即使出现故障或损伤，内置的冗余传感器、可重构天线和数据总线仍能保证航天器继续工作，而其性能只有轻微的降低。智能蒙皮通过自我诊断和维修能力，可以减少或消除对外部检测和维修操作的需求，从而降低维护和操作成本。某些智能蒙皮设计可以较好地管理航天器表面的太阳辐射吸收，或者在太阳能电池板上实现自优化，以最大化能源的收集和利用。

智能蒙皮可以应用于航天器中以提高航天器的适应性、安全性和有效性。然而，在航天领域的实际应用中，智能蒙皮还面临着多方面的挑战和困难。首先，太空环境极其恶劣，包括极端的温度变化、无防护的紫外线、宇宙辐射、微流星体的冲击等，智能蒙皮需经过专门设计，以耐受这些条件而不损害其性能；其次，航天器对质量和体积有严格限制，智能蒙皮系统必须轻量且紧凑，以不显著增加载荷；最后，在地球条件下测试和验证智能蒙皮技术的有效性相当复杂，这是因为需要模拟太空环境的许多方面，包括微重力和极端的温度波动等。解决这些挑战需要跨学科的合作，包括材料科学、电子工程、机械工程、计算机科学和航天工程等领域的专家共同努力。随着研究的深入和技术的成熟，人们有望克服这些难题，让智能蒙皮技术在未来的航天器中得到有效应用。

7.2　可变形航天器

在探索浩瀚的宇宙时，人类始终在寻求更高效、更灵活的技术手段。传统的航天器设计虽然稳定可靠，但在面对复杂多变的太空环境和任务需求时，其功能和效率常常受到限制。相比之下，可变形航天器能够通过自身结构的变形适应不同的环境条件和任务需求。可变形技术的发展与应用能显著提高航天器的空间使用效率和任务执行灵活性，同时也有助于增强任务的安全性。因此，加强这一领域的研究，对推动相关科技发展和实现未来太空活动的可持续性具有重要意义。

7.2.1　可变形航天器的原理和设计

可变形航天器(morphing spacecraft)主要指的是能够在其任务执行过程中改变形状的航天器。这种变形主要是通过机械结构的调整来实现，如折叠、展开、伸缩等方式，其设计侧重于通过形态的改变来适应不同的环境条件或完成特定的任务。通俗地讲，可变形航天器通过对其某个结构部件的变形获得了相应的性能调整，并未改变航天器的整体构型配置。下面对可变形航天器的结构可变性基本原理及其设计方法进行介绍。

结构可变性是可变形航天器设计中的核心原则，它允许航天器在任务执行过程中改变自己的物理形态以适应不同的环境和任务需求，即航天器能够在保持整体机械和功能完整性的同时，通过内部或外部结构的动态调整来优化性能。结构可变性不仅增强了航天器的多功能性和适应性，还可能显著提高任务效率和安全性。该特性为航天器设计带来了许多优点，同时也引入了一些技术和操作上的挑战。

结构可变性使得航天器能够通过改变形态来适应多种不同的任务，如科研观测、资源采集、通信或维修等，有效增强了航天器的功能多样性，提高了其使用效率。同时提升了航天器的环境适应性，在不同的空间环境中，航天器可以根据当前的任务需求和资源状况来动态调整结构，优化其资源使用，有效延长其使用寿命，减少需要发送新航天器的频率。结构可变性允许航天器在发射时采用紧凑形态，以减小所需的发射体积，实现发射配置的优化，节省发射空间与能源消耗，有效降低发射成本。但可变形结构的设计需要复杂的工程技术，同时考虑到航天器处于极端空间环境中，对可变形结构和操作的可靠性提出了较高的技术要求。众所周知，随着系统结构复杂度的增加，其可靠性会进一步降低，可变形航天器的每一个可移动或可变形的部分都会成为潜在的故障点，特别是在涉及多个动态部件和连接点的设计中，其故障发生的可能性进一步增加。虽然理论上结构可变性允许在轨维护，但实际上这种操作极为复杂且失败风险高，尤其是在远离地球的深空探测任务中，对其维护和修理的难度更大。此外，研发和部署具有结构可变性的航天器需要较高的初期技术和财务投入，特别是在技术还未成熟的阶段，其成本同样是需要着重考虑的问题。

可变形航天器涉及多个层面的技术创新和工程实践,旨在根据任务需求设计得到能够改变其物理结构的航天器,同时确保航天器在极端的太空环境中保持功能完整性与操作可靠性。以下是设计可变形航天器的几个关键步骤和方法:

(1) 需求分析和概念设计。在设计航天器初期需要明确航天器的目标任务,包括其将要执行的操作、预期的环境条件和所需的功能。这一阶段是确定航天器需要哪些可变形功能的基础。在完成任务需求评估后,要根据明确的任务需求,开发初步的设计概念,包括航天器的基本形态,明确哪些部分需要可变形能力以及这些变形如何实现目标功能,同时对可变形能力设计相应的技术指标,以便后续的设计与分析。

(2) 详细设计与模拟。根据先前确定的技术指标,详细设计航天器的可变形机械结构,确保所有可移动或可变形的部件都能在预期的环境中正常工作。机构的变形通常涉及复杂的机械系统设计,包括铰链、滑轨、伸缩机构等,需要选取合适的机械结构,实现特定的变形需求。除了上述的刚性机械连接机构,形状记忆合金、高弹性复合材料或其他智能材料也常应用于实现机构的变形,因此也可以选择适合的材料来构造航天器中需要变形的部分,较好地应用柔性/可变形材料的结构和材料特性能够进一步发挥可变形结构的优势。在设计完成后,使用计算机模拟来测试航天器设计的各个方面,包括结构强度、热管理、能源效率和变形机制的可靠性,确保设计的原理可行性与工程可实现性,以及后续的制作成功率。

(3) 原型制造和地面测试。制造航天器的原型,用于测试设计的实际表现,可以是全尺寸或根据等比例缩小的模型样机。在微重力水池或气浮台上模拟太空失重环境,对原型进行全面测试,验证其结构可变性、耐久性和功能性,在航天器发射前帮助识别设计中的问题并进行必要的调整和改进。

(4) 控制系统开发。根据设计的结构和任务需求,开发用于控制航天器变形的软件和硬件,包括精确的传感器网络和执行器系统,以及高级的控制算法,以确保航天器可以在各种条件下安全可靠地变形。控制系统开发完成后,将其与航天器的其他系统集成,并进行综合测试,确保所有系统协同工作,没有互相冲突或干扰。

(5) 在轨验证与调整。将航天器发射到预定轨道,并执行在轨部署操作,在实际太空环境中进行展开、伸展等变形操作,验证航天器的各个可变形部分的可行性与功能,通过实际操作数据反馈,进一步优化控制算法和结构设计。

通过上述方法,能够完整地进行可变形航天器的设计,确保其在完成复杂任务和适应多变环境中的高度灵活性和可靠性。对可变形航天器的开发不仅是一项技术挑战,也是未来太空探索与利用的关键进步。

7.2.2 可变形航天器的关键技术

可变形航天器的设计和运行依赖于一系列复杂的技术集成,从先进材料科学到精密机械设计,再到复杂的控制系统、能源管理策略和结构与环境适应性,各个部分共同支撑着可变形航天器的可靠运行。

1. 材料科学

形状记忆合金和电活性聚合物(electroactive polymers，EAPs)材料是两种典型的智能材料，它们可以响应外部刺激(如温度变化或电场)进行形状的改变。形状记忆合金在预定的温度下能够恢复到原先编程的形状，非常适合用于自动部署结构，如太阳能板和天线。电活性聚合物材料(如压电材料)则可以利用电压控制其形变，适用于需要精确控制的微小变形部件。

高性能复合材料通常包括碳纤维增强塑料和玻璃纤维增强塑料等，它们在实现轻量化的同时具有极高的结构强度和刚性，同时也具备足够的环境适应性能，如抵抗极端温度和辐射等恶劣条件。使用这些材料可以有效减少航天器的结构质量，降低驱动器负担，提高航天器的载荷能力。

2. 机械设计

常见的伸缩机构设计中包括活动铰链、滑轨系统和可伸缩支架等刚性结构，这些都是实现可变形结构的常用机械元件。为了面对太空中的恶劣环境条件，这些机械部件必须设计得既可靠又能在无润滑和低温条件下运行，这对机械部件的材料和设计都提出了很高的要求。为了提高航天器的在轨维护效率并降低其总体运营成本，需要在设计时考虑其可靠性与可更换性，如模块化设计，便于快速更换或升级航天器中易损坏部件(活动机构)。因此，提高设计的标准化是该技术的关键，需要在生产中确保不同时间或不同制造批次的组件具有相同的生产标准。

3. 控制系统

可变形航天器的自动控制系统集成了先进的机器人技术，这些系统包括精密的传感器和执行器(传感器用于实时监测结构状态和环境条件，执行器负责实际的结构调整)，它们必须能够在高辐射和极端温差的环境下稳定工作。控制系统中运用的算法可以根据传感器数据实时调整执行器动作，优化航天器的配置和性能。这些算法需要具有高度的可靠性和容错能力，以确保在关键时刻做出正确反应。

4. 能源管理策略

在可变形航天器中，能源管理系统需要能够根据航天器的不同配置动态调整能源分配和优化能源使用，以尽可能地实现能源供给策略调整或优化能源分配至关键系统，提高航天器在轨寿命。通过优化设计和智能控制策略，可以提升航天器在不同形态下的能源效率；通过采用高效的能源转换设备和优化的热管理系统，可以减少能源浪费损耗。

5. 结构与环境适应性

开发能够自动响应外部环境变化的结构技术，允许航天器在感知到特定的环境条件(如温度极变或高辐射水平)时，自动调整其结构来最小化损害或优化性能，确保在轨服务的安全性。在航天器发射入轨前，所有的设计方案都需要在地面进行完整且细致的环境测试，包括真空、低温、高辐射和机械负载等，以确保设计在实际运行中的可靠性和安全性，保证任务的顺利完成。

以上关键技术的发展和应用确保可变形航天器能够在执行多样化任务时具有必要的结构可变性和高度的操作可靠性，从而开拓航天器的新用途并提高其整体任务效率，对各个关键技术的集成应用同样是现有研究中的重点和难点。

7.2.3 应用前景和发展趋势

可变形航天器主要由其上搭载的可变形部件提供变形能力，目前可展开天线和太阳帆是现代航天技术中两大代表性可变形技术的应用实例。此外，可变形散热器也是目前研究的热点，通过提供灵活的配置和部署能力，航天器能够在太空中执行更加复杂和多样化的任务，同时有效节省航天器所需的发射空间。

1. 可展开天线

可展开天线主要用于通信和数据传输任务，特别是在深空探测和地球观测领域。这些天线在航天器发射时通常被折叠或卷起，以减少发射时的体积和质量，一旦航天器到达预定轨道或位置，天线即可展开以实现其功能。可展开天线通常由薄膜材料、金属网或合成材料制成，这些材料能够在保持足够强度的同时实现轻量化。在到达目标轨道后，通常使用机械臂推展、自重展开(在微重力环境下)或使用形状记忆合金等智能材料实现自动展开。

可展开天线有三种状态：发射阶段的紧凑状态、部署阶段的不稳定状态和工作阶段的稳定部署状态。通常可展开天线可被分为三种不同的类型[7]：网状天线、充气天线和实心表面天线。网状天线是最常见的可展开天线类型，其反射表面由针织轻质金属网组成。虽然网状网络是不连续的，但它可以反射高达约 40GHz 的射频(RF)波。可展开的网状天线有多种配置，这些配置在支持网状网络的方式上有所不同。最常见的天线设计是倒置的伞形，其弯曲的肋条从轮毂发出，网状物悬挂在肋条之间。伞式设计很普遍，目前正在开发可以实现更高表面精度的新概念。最重要的是，可展开网状天线概念包括径向肋型、箍型、张力框架载体型、回弹天线和电缆加固受电天线。充气天线提供最小的封装尺寸和最低的质量。它由一种薄的柔性材料制成，在发射前折叠，然后通过充气展开。反射器结构就像一个圆形抛物面垫，正面透明，背面反光。它由沿边缘的充气圆环加固。充气天线的主要缺点是难以实现反射面的高形状精度。实心表面天线[8]的结构如图 7-3 所示。对于实心表面天线，通常选择固体材料，这是因为它们的反射面具有较高的表面精度，并且工作频率可以超过 40GHz。由于机械复杂性和运载火箭尺寸的限制，可展开的高精度反射器的直径限制在约 10 米。

图 7-3 实心表面天线的结构

2. 太阳帆

太阳帆是一种利用太阳光压作为推进力的航天器技术。它们由极薄的反射材料制成，能够捕捉来自太阳的光子，通过光子的动量转移产生微弱但持续的推力。虽然每个光子的动量非常小，但大面积的帆可以捕捉足够多的光子，从而产生足够的推进力驱使航天器飞行，因此对其折叠和展开的结构设计进行了诸多研究。第一艘使用该技术的航天器是由日本宇宙航空研究开发机构(JAXA)在 2010 年发射的"伊卡洛斯"(interplanetary kite-craft accelerated by radiation of the sun，IKAROS)号探测器。

太阳帆通常由帆面、帆骨架和控制系统组成。帆面通常由 Mylar 或 Kapton 这样的超薄聚酯薄膜材料制成。这些材料不仅质量轻，而且具有良好的耐环境性能，能够反射太阳光，从而最大化动量转移。帆骨架用于提供结构支持，帮助展开帆面并保持其形状。帆骨架可以由轻质的合金材料，如铝或碳纤维制成。控制系统用于调整帆面的角度和方向，确保光压力能够在正确的方向上作用，从而控制航天器的轨道和速度。

3. 可变形散热器

可变形散热器是可变形航天器技术中一个重要的创新点，它允许航天器根据热负载需求和外部环境条件动态调整散热表面的大小和形状。这种技术提升了航天器在极端和变化多端的太空环境中的热管理能力，是航天器设计中关于效率和适应性的重大突破。

可变形散热器通常由多个可伸缩或可展开的面板组成，这些面板可以根据热管理需求扩展或收缩。面板材料通常选择具有高热导率的金属或合金，如铝或铜，以及高反射性的涂层以最小化辐射热损失。基于热辐射原理，通过辐射方式将航天器的热量传递到温度较低的外部空间中。在需要增加散热效率时，散热面板会展开，增大散热面积，当热负荷减少时，面板可以收缩，减少航天器表面的热辐射损失。目前，基于形状记忆合金的被动可变形散热器得到了广泛的研究[9-10]，散热器工作原理如图 7-4 所示，采用形状记忆合金材料的温度变形特性来被动地重新配置散热器形状，从而使散热率适应不断变化的航天器热控制要求，无需外部电源、控制或传感仪器，具有广阔的研究前景。

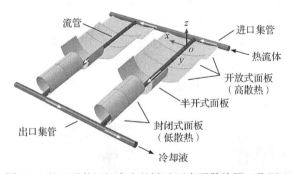

图 7-4　基于形状记忆合金的被动可变形散热器工作原理

随着材料科学和机械工程的进一步发展，预计这些可变形技术将在未来的航天任务中发挥更加重要的角色。未来可变形航天器的发展趋向于材料技术的进步和集成智能化控制两个方面。研究并开发更轻、更耐环境侵蚀的材料，以提高可变形机构的可靠性和使用寿命。将更多功能整合集成到相同的功能模块中，以减少系统的复杂性和总体质量，进行更高度的集成和智能化控制。

7.3　变结构航天器

在人类的太空探索历程中，传统航天器通常在设计时固定其结构和功能，以适应特定的任务。这种设计虽然在技术成熟度和可靠性方面有优势，但在面对未预见的环境变化或任务需求扩展时，往往缺乏足够的灵活性。随着技术的进步和探索目标的深入，传统的航天器设计已逐渐显露出局限性。面对复杂多变的外太空环境和多样化的探索任务，如何提升航天器的适应性、灵活性和可持续性成为研究的重点。变结构航天器通过引入可变形、可展开或模块化的设计，允许在任务执行过程中调整其结构和功能布局，提高了其任务适应性和有效寿命，作为一种革新的设计理念，其研究和应用将加速太空探索技术的标准化和规范制定，推动全球太空活动的共同进步。

7.3.1　变结构航天器的原理和设计

变结构航天器(reconfigurable spacecraft)指的是能够在任务中通过内部或外部模块的重新配置来改变其结构的航天器，这种调整通常涉及模块之间的物理重新连接或配置，使航天器能够根据任务需求进行复杂的结构重组。通俗地讲，变结构航天器通过对其模块的重新配置改变了航天器整体系统的构型，和先前结构有着明显的变化。下面对变结构航天器的基本原理及其设计方法进行介绍。

变结构航天器的研究依据模块化设计进行展开。模块化设计指的是将航天器构造成多个独立的、功能特定的单元或模块，每个模块都能完成特定的任务，如导航、通信、能源供应或科研探测。这种设计允许航天器根据不同的任务需求快速替换或升级各个模块，从而提供了更好的适应性和维护效率。模块化设计的研究分为功能划分、接口标准化和在轨组装与维修三个阶段。

首先，将变结构航天器划分为多个功能性模块。常见的功能性模块有推进模块、能源模块、生命支持模块、科研与观测模块和通信模块。其中推进模块包括发动机、燃料储存和推力控制系统；能源模块通常包含太阳能板、电池和能源管理系统；生命支持模块适用于载人任务，包括氧气、水循环系统和废物处理设施；科研与观测模块用于装载各类科学仪器和数据收集设备；通信模块包含天线和其他通信设备，确保航天器与地面或其他航天器之间的通信。

其次，接口标准化是模块化设计成功的关键，它保证了不同模块之间可以快速、可靠地连接与分离。接口设计通常包括机械接口设计、电气接口设计和软件接口设计三个方面。提供物理连接的机械接口在确保航天器运行过程中稳定性和安全性的同时，满足操作可行性并降低其控制难度，包括快速锁定机制和密封接口等，以防太空环境对航天器内部的影响；电气接口用于确保电力和数据传输的连续性，具有一定的电磁干扰防范性和容错性，确保在关键时刻不会出现连接故障，包括电源插口和数据端口等；软件接口用于确保模块之间的软件交互，需要有标准化的数据格式和通信协议，允许不同模块间的软件系统能够相互操作和数据共享。

最后，对于长期或远距离的太空任务，如火星探测任务和太空站运营等，模块化设计还需要考虑在轨组装与维修的需求。使用机器人技术在轨道上进行模块的组装和维修，尽可能实现在轨自动化装配，减少对人工操作和地面操作的依赖，提高安全性和效率，如使用机械臂的操作来移动和安装模块或进行细致的修复工作。

模块化设计为变结构航天器提供了前所未有的灵活性和效率。通过将航天器分解为多个功能独立的模块，不仅可以根据任务需要快速重组航天器结构，还大大简化了维护和升级过程，延长了航天器的使用寿命并减少了总体任务成本。随着航天技术的进步和更多深空探测任务的实施，模块化设计将继续发挥其重要作用。

变结构航天器的设计方法涉及高度复杂的交叉学科技术和工程流程，旨在创建一个能够根据特定任务需求和环境条件调整其结构的航天器系统。这种设计允许航天器更好地适应不断变化的环境和任务需求，增强其功能灵活性和效率，同时还能在任务执行中提供成本效益和在轨维护的便利。以下是变结构航天器设计过程的详细描述。

(1) 需求分析与初步设计。首先需要考虑航天器在轨任务的具体目标和需求。这包括：任务类型(如通信、地球观测、科学实验、深空探测、货物运输等)、预期的环境条件(如温度范围、辐射水平、微重力环境等)、必需的功能和性能指标(如机动性、稳定性、载荷能力等)、项目预算和时间规划等。基于这些需求，开发初步的设计方案，包括选择航天器的基本架构(模块化设计)，确定必要的技术路线，以及可能的结构配置。在此阶段，重要的是进行概念验证，使用计算机模拟和小规模实验来进行技术评估，测试设计理念的可行性。

(2) 系统设计与开发。在确认了初步设计后，下一步需要进行详细的结构设计。首先，将航天器分为多个模块，如推进模块、能源模块、生命支持模块等，每个模块设计为完成某个特定功能，确定各个模块的详细参数，如尺寸、质量、接口类型等；其次，开发用于连接各个模块的标准化机械接口和电子接口，确保模块之间可以快速且安全地连接或分离，以支持模块的更换和重组；再次，根据任务目标设计需要动态调整的结构部分，如可展开的太阳能板、天线和科学仪器支架；最后，选择适合不同环境条件和功能作用的材料，包括高强度轻质合金，智能材料，如形状记忆合金、电活性聚合物材料等，以及专为极端温度和辐射条件优化的复合材料制作相应的模块部件，确保航天器的功能可靠性。

(3) 控制与自动化系统设计。设计集成控制系统来管理航天器的动态结构变化，包括传感器网络、执行器模块、控制算法和自动化管理四个部分。集成传感器网络以监控航天器的状态和外部环境；选择或开发适合的执行器，以实现结构的可靠动态调整；开发高级控制算法，以自动调节结构变化，保证航天器在各种操作条件下的性能和安全；使用自动化系统测试模块化接口和动态结构的功能，确保它们在不同环境条件下的可靠性。同时开发远程监控系统，允许地面控制中心监视航天器状态，必要时远程调整或发送指令进行结构修改。

(4) 测试与验证。在航天器组装完成后，需要进行一系列测试以验证其性能和耐久性，包括环境模拟测试、功能测试和在轨操作测试。在地面进行全面的环境模拟测试，包括极端温度、真空、辐射、振动等，以验证航天器的设计在发射过程中和实际太空条件下的稳定性和可靠性；测试航天器的所有功能，确保模块化组件和动态结构能在预定的环境下正确工作；在轨道上进行操作测试，验证控制系统和结构调整机制的实际表现，确保它们满足设计规格和任务需求。

(5) 运行与维护。规划航天器在轨运行期间的维护策略，包括定期检查、故障诊断和模块更换。实时监控航天器的状态和性能数据，根据反馈信息调整维护计划和未来的设计改进。开发快速诊断问题和执行修复任务的能力，同时可以使用机器人自动化技术或宇航员人工进行现场维护。

通过上述设计和开发流程，变结构航天器能够实现高度的任务适应性和操作灵活性，确保航天器圆满完成任务的同时，具备适应未来潜在的挑战和需求的能力，进而推动太空探索技术的发展。

7.3.2　变结构航天器的关键技术

变结构航天器的设计和运行是一个复杂的综合系统，涉及多个关键技术的集成，包括模块化技术、高度集成的控制系统、动态能源管理以及环境适应性和故障维修。在这多个关键技术的共同支持下，变结构航天器可以实现设计目标并完成各种空间任务。

1. 模块化技术

模块化设计首先依据航天器的功能作用，将其划分为多个独立模块，包括推进模块、能源模块、生命支持模块、科学仪器模块和通信模块等，每个模块都设计为在完成其特定功能的同时，可以与其他模块协同工作。各个模块之间通过标准化的接口进行连接，这些接口包括物理接口(快速锁定机制等)、电接口(供电和信号传输)和数据接口(满足数据交换和通信协议兼容性)，需要满足机械强度、密封性、易于操作等多方面的要求。标准化接口确保了模块之间可以快速、安全地连接和断开，同时降低了设计和生产的复杂性。此外，自动化装配技术在航天器的模块化设计中也起着至关重要的作用。在轨道上使用机器人或自动化设备进行模块的组装、维护和可能的更换，能够有效减少宇航员的外出任务风险，提高航天器在极端环境下的操作安全和效率。

2. 高度集成的控制系统

由于太空中极端且多变的环境因素，控制系统必须能适应极端温差、高辐射和微重力等条件。开发先进的控制算法负责协调和优化航天器结构的动态变化，响应环境变化或任务指令，确保结构变化执行的准确性和安全性，这对环境感知技术、数据处理与通信和各模块同步协作均提出了较高的技术要求。此外，可能的传感器失效和执行器故障也为控制系统的冗余容错能力和可靠性带来了不小的挑战。

3. 动态能源管理

随着航天器结构的改变，能源需求也会变化。动态能源管理系统能够根据航天器的当前配置和操作状态优化能源分配，如在展开额外太阳能板以提高能量收集效率时进行调整。此外，开发高效的能源存储解决方案，如改进的电池技术和超级电容器，以支持在不同结构配置下的能源需求也是至关重要的。

4. 环境适应性和故障维修

设计用于抵御外部环境影响(如宇宙射线、微陨石和极端温差)的防护结构和材料，能够有效提高航天器的在轨寿命，同时得益于模块化设计带来的优势，变结构航天器具有优秀的在轨维修便利性。此外，研发能够在损伤后自动修复的结构和材料，在长期任务中减少维护需求，这对于未来的太空探索具有重要的实践意义。

7.3.3　应用前景和发展趋势

随着太空任务的复杂度日益增加，从国际空间站的建设到深空探测任务的规划，模块化航天器展现了其无可比拟的优势。这种设计不仅提高了航天器的可维护性和可扩展性，还大幅降低了成本并提高了任务的灵活性。

1. 小平台模块化航天器

iBOSS 模块化航天器[11]是柏林工业大学、卡尔斯鲁厄理工学院信息技术研究中心(FZI Karlsruhe)和亚琛工业大学的研究员在一个联合项目的框架内开发的一个模块化和可重构卫星的概念，旨在将传统卫星总线分解为用于在轨卫星服务的单一标准化和智能构建模块。在每个构建模块内部容纳相关的子系统组件。iBOSS 使用标准化构建模块来集成实现模块化卫星或空间平台。考虑到基本要求，如高灵活性、轻量化设计等，与传统空间系统相比，新设计具有重大优势：①具有在轨可维护性，从而延长寿命；②通过标准化设计降低生产成本；③通过标准化接口实现整个卫星的高度可变。到目前为止，已经证明了所有接口和结构部件的必要技术发展。下一步将开发出具有代表性且功能更加齐全的构建模块。

细胞卫星集成技术试验(exCITe)[12]，也称为载荷试验床计划(PTB1)，是美国国防高级研究计划局(DARPA)验证 Satlets 卫星技术的空间计划。DARPA 的 exCITe 任务旨在演示使用 Satlets 在载荷(如一个传感器)周围组成一个特定的卫星总线平台，从而实现像生物细胞系统一样构建卫星总线平台的能力。细胞化扩展方案可以分为两类：①对于单一功能的 Satlet，每一个 Satlet 包含单一个体卫星子系统，多个单元集成，从而增加性能(如空间分布的微小作用飞轮结合实现总体的力矩控制)。需要不同的 Satlet 类型完成一个空间飞行器等效系统。②对于系统 Satlet，每一个 Satlet 构成一个完整独立的系统，包含处理器、太阳能电池、姿控传感器与执行器等。随着数量的增加，这些集成起来的独立的 Satlet 系统可以连续地增强性能。

立方星在轨自动组装(OAAN)项目[13]由 NASA 的兰利研究中心和康奈尔大学合作研发，演示交会对接自动控制算法、低能可重构磁对接技术和基于普通差分 GPS(CDGPS)的紧凑轻巧低廉高精相对导航技术。

ARReST 项目[14]是英国萨里大学空间中心和美国加州理工大学合作，开展基于立方星的自主望远镜在轨组装研究，旨在演示先进的磁锁技术用于小卫星对接大型合成孔径，以及 LIDAR 系统实现制导、导航与控制。

2. 大平台模块化航天器

NASA 资助商业公司开发"多功能空间机器人精密制造与装配系统",又名"建筑师"技术平台[15],以实现在轨自行制造并组装航天器系统,从根本上改变航天器制造的方法,打破发射限制,降低成本与风险。

ROSE[16]是由 NASA 戈达德太空飞行中心 SSCO(Satellite Servicing Capabilities Office)提出的一种低成本航天器概念,力求在 MMS(magnetospheric multiscale)成功的基础上使用先进的商业航天技术以满足项目长期开展的需要。由于预算限制,ROSE 定性为高性能、中型任务航天器。在可接受的成本下,SSCO 旨在提升 NASA 论证先进仪器技术并获取较高科学价值的能力。同时,ROSE 中的高性能模块锁紧机制也可以拓展和应用到其他模块化航天器。同样,在 ROSE 模块接口单元中一些电子元件可由商业元件替代,应用于高成本、高可靠性的航天器中。ROSE 整星示意图如图 7-5 所示。

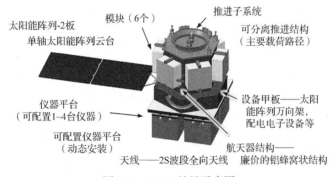

图 7-5 ROSE 整星示意图

国际空间站(ISS)是模块化设计的典型例子,由美国、俄罗斯、欧洲、日本和加拿大等多个国家和地区合作建造。ISS 由多个模块组成,包括生命模块、实验室模块和供能模块等,这些模块在地球上独立制造后被送入太空并组装在一起。模块化设计使 ISS 能够随时间增加新的模块或替换旧的模块,以适应不断变化的科研需求和技术进步。

中国空间站(China Space Station,CSS)同样采用模块化设计,包括天和核心舱、梦天实验舱、问天实验舱、载人飞船(已经命名的"神舟"号飞船)和货运飞船(天舟系列飞船)五个模块组成。各飞行器既是独立的飞行器,具备独立的飞行能力,又可以与核心舱组合成多种形态的空间组合体,在核心舱统一调度下协同工作,完成空间站承担的各项任务。天宫空间站的模块化结构允许逐步建设和扩展,计划在未来引入更多的模块以支持更广泛的科学实验和技术验证。

变结构航天器能够在任务执行过程中调整自身的结构,这不仅增加了航天器的适应性,还提高了其在复杂任务中的效能,具有广泛的应用前景:

(1) 多功能任务执行。变结构航天器可以针对不同的任务需求调整其结构,使同一航天器能够执行多种任务,如从科学观测任务转换为通信任务或地球监测任务等,大大提高了航天器的使用效率和成本效益。

(2) 深空探索。随着人类探索更远的太空，如火星和其他行星的探测，变结构航天器能够根据长途旅行中遇到的不同环境和任务需求进行结构调整，如自适应调整太阳能板以最大化能源收集，或改变推进系统的配置以适应不同飞行阶段，这在深空探索中将会发挥出其巨大的潜力。

(3) 在轨服务与维修。变结构航天器的模块化和标准化设计使得其具有较好的更换组装特性，此外还可以在轨道上进行自我修复或结构重组，这对于在轨服务和维修尤为重要。

未来的变结构航天器将配备更先进的自主控制系统，这些系统能够在无地面干预的情况下，根据环境变化和任务需求自动调整航天器的结构。这将依赖于机器学习和人工智能技术的进步，使航天器能更智能地响应外部条件。智能材料和纳米技术的发展将极大地推动变结构航天器的性能。新型材料，如形状记忆合金和电活性聚合物材料将更加轻便、耐用和适应性强，能在更广泛的环境条件下工作。复合材料的发展与进步也将使得航天器的环境适应性能大幅提升。此外，模块化设计将继续是变结构航天器发展的一个重要趋势。通过标准化模块和接口，航天器的组装、维护和升级将更加灵活和经济，同时这也促进了国际合作和资源共享。

7.4 空间软体机器人

随着智能材料、柔性驱动与传感、多材料 3D 打印、微纳米加工技术的发展，软体机器人成为国际学术界的热点。基于柔性材料的仿生软体机器人具备柔顺性与大变形能力，可高效、安全地与非结构化环境和自然界生物进行交互，在医疗康复、特种作业等领域有着诸多应用。21 世纪以来，人类航天活动呈爆发式增长，随着越来越多的航天器被发射入轨，各类空间任务涌现。传统刚性机器人在执行空间任务时，需要具备复杂的结构和控制系统才能实现与目标间的柔顺接触，在控制时难以保持稳定。软体机器人的出现，使空间中的柔性操作变得简单，为空间中的操作任务带来了更多的可能性。

7.4.1 空间软体机器人的原理和设计

软体机器人一般指由软体材料制造而成的机器人，它以仿生学为研究基础，模仿自然界中动物的运动方式，实现各种应用功能，其具有无限多自由度和连续变形能力[17]，可在大范围内任意改变自身形状和尺寸。软体材料是一种能够在受力作用下发生形变的材料，具有类似生物组织的柔性特性。软体机器人利用软体材料来构建机身和运动部件，从而实现类似软体动物的柔性和适应性。软体机器人的运动主要依靠软体材料的形变和柔性结构的变化来实现。通过改变软体机器人的形态和结构，可以实现不同的运动方式，包括爬行、蜷曲、蠕动、游动、跳跃、翻滚和攀爬等运动。

软体机器人最为核心和基本的关键技术就是软体驱动器。软体驱动器的开发是软体机器人研究最为核心的任务，它主要负责驱动或控制软体机器人系统。基于气体驱动的软体驱动器主要利用高压气体使驱动器空腔结构发生收缩或膨胀变形，从而达到使驱动器运动的目的。相比于其他驱动方式的软体驱动器，气动软体驱动器易于设计和制备，仅在气压作用下即可实现伸缩、弯曲、扭转等多种类型的运动，更加灵活且更具安全性，这促进了其在软体机器人、人机交互和特殊环境下的应用。

气动软体驱动器主要通过高压气体使空腔膨胀变形，并利用结构在几何上的不对称或在材料上的各向异性将膨胀变形转换为伸缩、弯曲、扭转等运动。一直以来，气动软体驱动器受到了众多学者的广泛关注与研究，不同结构形式的气动软体驱动器相继出现，且其表现出的运动特性也都各有特点。以下将介绍几种比较典型的气动软体驱动器的结构设计。

1. 纤维增强型气动软体驱动器

纤维增强型气动软体驱动器是通过在弹性腔体上套上或置入纤维、织物或其他类纤维结构使得驱动器的力学特性呈现各向异性。当驱动器内部气压增大时，经过设计的纤维结构便会约束弹性腔体产生各向异性膨胀变形，从而实现特定形式的变形运动。

基于袖套式纤维约束结构的纤维增强型气动软体驱动器主要由可膨胀弹性内腔、袖套式编织约束结构和连接结构组成[18]，且编织约束结构与弹性腔体通过端部连接结构相互固定。根据袖套式编织约束结构的不同约束形式，驱动器能够实现某一确定方向上的伸缩、弯曲、缠绕、扭转等多种运动。编织结构主要可分为梭织结构和针织结构两类。梭织结构由经线和纬线垂直交织而成，形成格子状的结构，而针织结构是由线圈不断串套联结而成的，如图 7-6 所示。

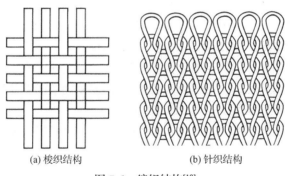

(a) 梭织结构　　　　　　　(b) 针织结构

图 7-6　编织结构[18]

由于纤维丝束的约束，梭织织物在经纬方向基本没有延展性，但是通过经纬纤维角度错动，能够在某一非经纬方向产生收缩或伸展变形，并且同时会在与其垂直的方向产生相反的变形，利用这种约束性能能够将弹性腔体的膨胀运动转化为驱动器的定向运动。McKibben 型气动人工肌肉是最早提出且比较典型的一种梭织型气动软体驱动器，如图 7-7(a)所示，通入高压气体驱动时，弹性腔体在纤维编织网的限制下发生径向膨胀变形，同时在长度方向上产生直线或弯曲运动。在 McKibben 型气动人工肌肉研究基础上，哈尔滨工业大学管清华等与马里兰大学 Werely 等提出了一种新的改进结构，如图 7-7(b)所示，改进后的驱动器能够沿轴向进行伸缩，也可以实现弯曲和扭转运动。

与基于编织结构的驱动器不同，基于嵌入式纤维增强结构的气动软体驱动器将纤维等增强结构嵌入到弹性体中固定，其排布方式不受编织结构限制，具有更高的灵活性。嵌入式纤维增强结构使用一组或者多组纤维通过缠绕的方式排布在软体空腔外表面，并

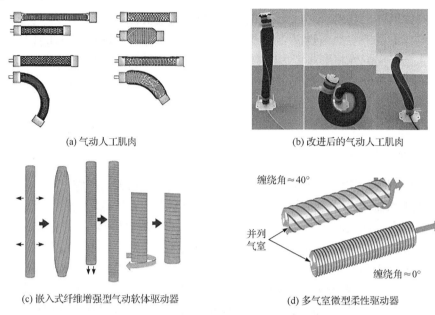

(a) 气动人工肌肉   (b) 改进后的气动人工肌肉

(c) 嵌入式纤维增强型气动软体驱动器   (d) 多气室微型柔性驱动器

图 7-7　典型纤维增强型气动软体驱动器[19]

通过浇筑硅胶等柔性基体，使纤维与驱动器组合为一个整体。通过改变纤维线的布设方式，驱动器能够实现轴向伸缩、扭转、弯曲等运动。如图 7-7(c)所示，哈佛大学 Walsh 团队将纤维以螺旋的方式嵌入到软体空腔中，实现了气动软体驱动器的膨胀、伸缩和扭转运动。驱动器通过不同的纤维升角，实现伸长或扭转运动，并通过控制内部气室的压力实现弯曲或扭曲变形。在 20 世纪 80 年代，日本 Toshiba 公司开发了一款基于纤维增强结构的多气室微型柔性驱动器[20]，如图 7-7(d)所示，该驱动器能够通过不同的纤维缠绕角度，实现伸长或者扭转运动，并通过独立控制 3 个气室的内部压力实现弯曲或者扭曲变形。目前，纤维增强型气动软体驱动器在仿生机器人、可穿戴康复机器人等领域得到了应用。

2. 弹性腔室型气动软体驱动器

弹性腔室型气动软体驱动器的运动主要取决于驱动器弹性材料在空间上的非对称分布和材料弹性模量的非均匀分布形式，通过结构上的非对称性实现在气压作用下的定向膨胀。无论是驱动器自身的非对称几何结构，还是驱动器内部局部非对称的织物、塑料、橡胶等，都可以产生约束作用，促使驱动器运动。由于其自身所具有的非对称性，该类驱动器的运动形式以弯曲运动居多。

直通式的柱状弹性腔室驱动器是出现较早的一种弹性腔室型气动软体驱动器，该类驱动器通过多个并列或串列的弹性腔室结构驱动器能够实现多自由度的运动。哈佛大学 Whitesides 团队制作出了一种软体触手[21]，如图 7-8(a)所示，该触手由 3 个沿中心轴线对称分布的弹性腔室驱动单元串联组成，可在三维空间内抓取物体。受到自然界中章鱼触手的启发，北京航空航天大学文力教授等联合美国哈佛大学设计了一款仿章鱼触手软体驱动器[22]，如图 7-8(b)所示，该驱动器的弹性腔室与真空吸盘结合，可以灵活地抓取各种形状和材质的物体。单纯的柱状气室结构在内部压力的作用下会有显著的径向膨胀变形，这会影响到驱动器的做功效率和最大工作压力。

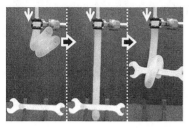

(a) 柱形弹性腔室气动软体驱动器

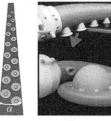
(b) 仿章鱼触手软体驱动器

图 7-8　典型弹性腔室型气动软体驱动器

与纤维增强型气动软体驱动器不同，弹性腔室型气动软体驱动器的载荷传递和气压承载主要还是依靠驱动器的弹性体部分，驱动器内部的织物、纤维等仅限于提供约束作用，无法增强驱动器本身的承载能力、驱动力等，故该类驱动器的工作气压、承载能力、驱动力等相对较低。但弹性腔室型气动软体驱动器的驱动结构主要由低硬度、高延展率的橡胶类材料制成，其结构柔顺性较好，适合一些对驱动力要求不高，但对灵活性和柔顺性要求较高的场景，如可穿戴运动康复装置等。

3. 波纹结构型气动软体驱动器

波纹结构型气动软体驱动器通常为具有波纹状结构的薄壳结构，波纹状结构不仅在沿波纹脊谷的平行方向上具有较大刚度，而且在波纹起伏的方向上也保持相当的柔性。驱动器上的波纹设计沿周向分布，并在轴向上形成起伏，这使其在轴向上具备良好的伸缩性能，同时在径向上也能提供一定的刚度，以抑制径向膨胀。借助波纹结构的刚度特性，在驱动器上设计波纹状结构可以控制驱动器壳体在不同方向上的刚度，从而在内部气压的作用下实现一定的定向膨胀。

韩国中央大学 Kwanghyun 等研制了一种波纹结构型气动软体驱动器，如图 7-9(a)所示，该驱动器具有高变形率和高负载等优点，对比典型的 McKibben 型气动人工肌肉，其收缩比增加了 183%，负载力增加了 37.1%。美国加利福尼亚大学 Tolley 等制作了一种波

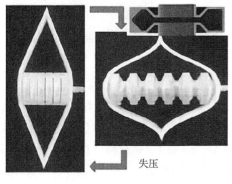
(a) 波纹结构型气动软体驱动器

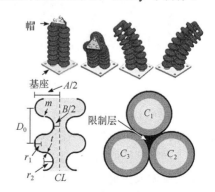
(b) 由三个波纹管构成的波纹结构型
气动软体驱动器

图 7-9　典型波纹结构型气动软体驱动器[19]

纹结构型气动软体驱动器，如图 7-9(b)所示，该驱动器由三个波纹管构成，可以实现多向弯曲。

波纹结构型气动软体驱动器在制造时采用弹性模量较高的材料，与一般的柔性气动软体驱动器相比，其能够传递更大的载荷，具有更高的承载能力和驱动力。此外，驱动器的波纹结构使得驱动器在承受负压时，沿波纹脊谷的平行方向不易屈曲，而沿波纹起伏的方向容易收缩，因此可以被负压驱动反向变形。波纹结构型气动软体驱动器变形比较集中，驱动效率较高，且在腔体结构承受较小弹性应变的情况下也可产生大范围的运动。因此，波纹结构型气动软体驱动器在软体机械臂和大载荷的柔性抓取领域具有较大的应用前景。

4. 折叠/褶皱型气动软体驱动器

折叠/褶皱型气动软体驱动器是一种基于折叠或褶皱结构设计的气动驱动装置。折叠或者褶皱结构在折叠或者展开时具有极高的形变率，故得到研究者的广泛关注，并被引入到软体驱动器的设计中。折叠/褶皱型气动软体驱动器的柔性气室通常能够按照一定的形式被折叠或者压缩，当对驱动器施加气压时，被折叠或者压缩的柔性气腔会在气压的作用下展开，并产生一定形式的膨胀运动。折叠/褶皱结构的设计形式极大程度上决定了驱动器的运动形式、变形能力和其他的驱动特性。

在 2012 年，哈佛大学 Whitesides 课题组基于折纸工艺制作了一种气动软体驱动器[23]，如图 7-10(a)所示，驱动器利用纸张或织物等无拉伸特性材料来增强硅胶基体，在驱动气压的作用下，可以实现轴向的伸缩运动。受鹈鹕鳗启发，韩国首尔国立大学 Kim 课题组提出了一种拥有高形变率的双模变形折纸驱动器[24]，如图 7-10(b)所示，通过折叠变形和弹性腔室两种变形模式，其最大变形率高达 1300%。

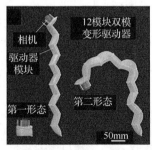

(a) 基于折纸工艺的气动软体驱动器   (b) 双模变形折纸驱动器

图 7-10 典型折叠/褶皱型气动软体驱动器

折叠/褶皱结构在展开或者收缩过程中材料的弹性变形范围相对较小，因此驱动器柔性腔体的材料不仅可以使用一般的橡胶类材料，还可以选择弹性模量较高，延伸性较差，但是具有一定柔韧性的材料，甚至不可伸展但易弯曲的薄膜材料。因此，折叠/褶皱型气动软体驱动器大大拓宽了软体驱动器可用材料的范围和制作工艺的选择。折叠/褶皱型气动软体驱动器因其具有的高形变率，在各个领域都有广泛的应用前景。然而，该种结构的驱动器难免会遇到应力集中的问题，缩短了驱动器使用寿命。因此，在制作时需要选用合适的材料，或者对驱动器结构进行优化，尽可能地减小应力集中问题对此类驱动器的影响。

5. 负压屈曲型气动软体驱动器

负压屈曲型气动软体驱动器是一种利用真空负压驱动的软体驱动装置，通过其自身的结构设计能够在内外压差的作用下发生定向的屈曲性收缩折叠，从而实现定向驱动的功能。真空负压驱动的气动软体驱动器能够通过较为简单的结构设计，实现驱动状态下复杂多样的折叠形式。

哈佛大学 Whitesides 团队于 2015 年提出了一种基于弹性梁可逆屈曲的软体驱动器，在负压驱动下，驱动器中间实心区域将顺时针旋转[25]，如图 7-11(a)所示。浙江大学邹俊教授团队设计并制作了一种软体真空扭转驱动器模块，如图 7-11(b)所示，该驱动器在负压驱动下会在特定区域发生屈曲变形，产生伸缩与扭转的复合运动。

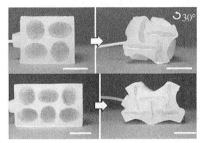 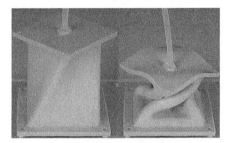

(a) 基于弹性梁可逆屈曲的软体驱动器 　　　　(b) 软体真空扭转驱动器模块

图 7-11　典型负压屈曲型气动软体驱动器[19]

由于负压屈曲型气动软体驱动器在驱动过程不会产生体积膨胀的现象，所以大大降低了对运动空间的要求，使用起来更加灵活紧凑。负压屈曲型气动软体驱动器在工作过程中伴随着收缩变形，其工作环境较为紧凑，故可被用于需要较大承载能力且结构紧凑的场景，如微型手术设备、可穿戴外骨骼和深海操作臂等场景。

7.4.2 空间软体机器人的驱动类型

驱动器是机器人的关键部件，用于驱动和控制机器人的运动。刚性机器人的驱动器大多是电机、舵机等，可控性较强且控制精度较高，在工业中有着广泛应用，但其缺乏安全性和环境适应性。对于柔顺性强的仿生软体机器人来说，需要具备同自然界中生物体肌肉相似的软体驱动器。目前软体驱动器可以根据驱动形式分为三类：流体驱动、形状记忆材料驱动和电驱动。

1. 流体驱动

流体驱动是指在机器人内部充入流体，通过改变内部压力，实现对机器人的驱动和控制。流体驱动是目前最常见的驱动方式之一，包括气压驱动和液压驱动。采用流体驱动的驱动器一般由极易变形的弹性体材料结合塑料、织物等其他柔软的材料制作，具有优良的柔顺性、高度的灵活性和安全的人机交互性。在驱动器内部设有流体通道，给驱动器通入流体后，驱动器内部受压导致发生形变和产生作用力。

　　最早的仿生软体驱动器是 McKibben 于 20 世纪 50 年代提出的气动人工肌肉，如图 7-12(a)所示，该驱动器由内层弹性体材料制成的气囊、纺织网和两端的密封结构组成，通入压缩气体时，内层气囊会沿径向膨胀，带动整个驱动器沿轴向收缩并产生轴向拉力。另一种比较典型的流体驱动器是流体弹性体驱动器，这种驱动器一般在结构上是不对称的，或者由几种变形能力不同的材料制作。当给驱动器内部加压时，压力分布的不均匀性会导致驱动器发生弯曲、扭转等运动。图 7-12(b)所示的气动网格型驱动器是当前应用较广的流体驱动器，该驱动器由变形能力强的驱动层和变形能力弱的应变限制层组成，弹性体层内设有网格形气腔。当充入气体时，气腔发生膨胀带动驱动器向应变限制层一侧弯曲。

动画

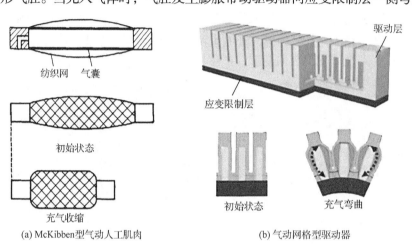

(a) McKibben型气动人工肌肉　　　　　(b) 气动网格型驱动器

图 7-12　流体驱动器

　　北京航空航天大学文力教授课题组与德国 Festo 公司联合研制了仿生软体章鱼触手抓持器，如图 7-13(a)所示，该机器人模仿了章鱼抓捕时的缠绕与吸附动作，能够安全、稳定地对多种不同尺寸、不同姿态、不同形状的物体进行抓持。哈佛大学 Wood 教授课题组将气动网格型软体驱动器和纤维增强型软体驱动器集成在水下刚性机械臂上，用于采集水下易损生物的样本，最终成功在浅海无损采集珊瑚样本，如图 7-13(b)所示。

(a) 仿章鱼触手抓持器　　　　　　(b) 水下软体抓持器

图 7-13　流体驱动的软体机器人

　　基于流体驱动的软体机器人具有结构简单、安全性高、成本低和功率密度高等优点，在医疗、仿生等领域具有广阔的应用前景。但流体驱动受辅助系统的限制，需要空气、液体流通的管道，驱动设备体积大[26]，且对密封性要求高。

2. 形状记忆材料驱动

形状记忆材料是一种常用的软体机器人驱动材料，可以用于制作软体驱动器。形状记忆材料包括形状记忆合金(SMA)和形状记忆聚合物(SMP)。SMA 一般由两种以上的金属元素构成，其记忆效应源于热弹性马氏体相变。利用 SMA 进行驱动的原理如图 7-14(a)所示，在低温马氏体状态下使 SMA 产生形变。等到重新加热时，它又会恢复原本的形状，以此产生位移和力。SMP 的驱动原理同 SMA 类似，然而相比 SMA，SMP 有更大的弹性变形能力，如图 7-14(b)所示。

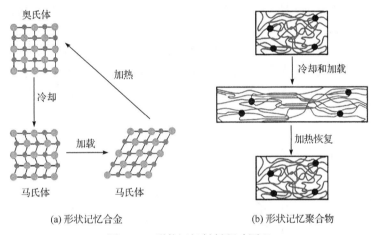

(a) 形状记忆合金　　　　　　(b) 形状记忆聚合物

图 7-14　形状记忆材料驱动原理

美国塔夫茨大学的 Trimmer 研究小组开发了一种模仿毛毛虫爬行的机器人"GoQBot"，如图 7-15(a)所示。该机器人采用镍钛 SMA 丝制成弹簧，嵌入到硅胶躯体的通道内，形成其前驱肌和后驱肌。通过控制 SMA 丝的伸长和收缩，使机器人实现向前爬行运动。此外，该机器人还能迅速蜷缩成一个"Q"形，以 0.5m/s 的速度进行滚动。Ge 等利用立体光刻技术设计了一种热驱动的形状记忆聚合物微夹持器，如图 7-15(b)所示。打印形状为闭合状态(打开状态)的夹持器经过编程后转变为打开状态(闭合状态)，加热后触发抓取(释放)功能。

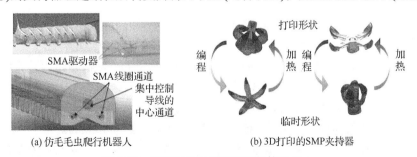

(a) 仿毛毛虫爬行机器人　　　　　　(b) 3D打印的SMP夹持器

图 7-15　形状记忆材料驱动的软体机器人

SMA 具有质量轻、功率密度高、驱动力大的优点，但其温度难以控制，驱动频率低。

与 SMA 相比，SMP 弹性变形更高，成本更低且易于制造。使用 SMP 驱动器的主要挑战是机械强度低、恢复应力低、恢复响应时间长和循环寿命短。可采用增强填料改善机械性能、提高恢复应力，但填料的添加会使形状控制变得更为复杂。

3. 电驱动

还有一类软体驱动器采用电驱动，比较典型的是电活性聚合物(EAP)驱动器。EAP 是一类能够在电场刺激作用下产生弯曲、伸缩等大幅度变形的新型高分子材料。与形状记忆材料相比，EAP 有更强的变形能力，在软体中的使用也更加广泛。根据作用机理的不同，可以将 EAP 分为电子型 EAP 和离子型 EAP 两大类[27]。电子型 EAP 能够在电场的作用下直接产生力和位移，把电能转化成为机械能，其驱动电压高达千伏级。离子型 EAP 一般由电解液和两个电极组成，通过化学反应间接地把电能转化为机械能，其在较低电压下就可以发生变形。

介电弹性体(DE)驱动器是最常见的电子型 EAP 驱动器之一，如图 7-16(a)所示，其能在直流电的作用下改变自身的体积和形状，响应速度很快，但是容易发生击穿导致失效。离子聚合物-金属复合材料(IPMC)驱动器是典型的离子型 EAP 驱动器，其驱动原理如图 7-16(b)所示，当通电后，电解液中的阴阳离子在电场作用下产生定向移动，使得溶液产生了浓度梯度，从而导致驱动器发生变形。相比于 DE 驱动器，IPMC 驱动器可以在较低电压下产生位移和弯曲，转化效率比较高。

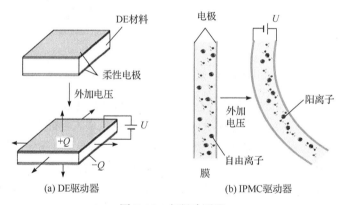

图 7-16　电驱动原理

浙江大学李铁风等使用介电高弹体薄膜开发了一种高性能的软体仿生机器鱼，如图 7-17(a)所示，在该机器鱼中部，预拉伸的 DE 薄膜在交流电压的作用下能够实现舒张和收缩，带动硅胶框架运动，从而推动鱼鳍摆动以实现前行。该机器鱼内置高压电源，能够达到 6.4cm/s 的游动速度，且拥有较长的续航时间。弗吉尼亚大学仿生工程实验室研制了一款 IPMC 驱动的仿生蝠鲼机器鱼，如图 7-17(b)所示，该机器鱼通过两侧的 4 根 IPMC 鳍条驱动胸鳍，体长 80mm，翼展 180mm，最大游动速度为 4.2mm/s。

电驱动技术提供了一种具有大变形和快速响应的驱动策略，易实现软体机器人的微小型化，在医疗和工业领域有着广泛应用。但电驱动模式下的软体机器人仍存在工作环境受限、制备成本高等缺点。

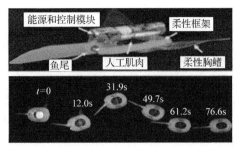

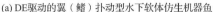

(a) DE驱动的翼（鳍）扑动型水下软体仿生机器鱼　(b) IPMC驱动的仿生蝠鲼机器鱼

图 7-17　电驱动的软体机器人

表 7-1 是典型驱动方式对比[28]。在现有的软体驱动器中，流体驱动的驱动器具有功率密度大、负载能力强等优点，但其对气密性要求高，并且需要笨重的压力源等外部装置，其中负压驱动的驱动器很难应用于空间的真空环境。形状记忆材料驱动器体积小、成本低，但响应速度慢，在加热和冷却过程中还存在能量耗散，在空气稀薄的空间环境中需要考虑散热问题。电驱动的软体驱动器响应速度快、安装简单、收缩比大，但由于需要高压电，可能存在安全问题，比较适用于无人操作的空间任务。

表 7-1　典型驱动方式对比

驱动方式	流体驱动	形状记忆材料驱动	电驱动
驱动力	较大	较小	较小
响应速度	较快	慢	较快
质量	气源较重	轻	较轻
安全性	好	较好	差
空间适用性	负压驱动很难 应用于空间环境	需要考虑 散热问题	比较适用于 空间环境

7.4.3　空间软体机器人在空间环境中的应用

软体机器人具有结构柔软、形状适应性强、质量轻等优点，在使用过程中具有天然的低风险性，特别适宜在空间无人状态下使用。软体机器人的潜在应用[29]包括：

(1) 目标自适应抓捕。采用软体机器人对空间碎片、废弃卫星等空间目标进行捕获，可大幅降低对目标测量精度的要求，减小捕获过程中的冲击载荷，满足操作安全性的要求。

(2) 狭窄空间操作。在航天器内部设备维护、空间站舱内操作等任务中，存在操作空间狭小、设备干涉较多等约束条件，这极易导致设备损坏。采用软体机器人可以平滑地与复杂空间结构相互作用，降低操作过程中产生擦伤或碰撞的风险。

(3) 空间探索。地球以外的环境通常不规则且充满挑战，软体机器人的灵活性和适应性使它们能够在月球、火星或其他星球的崎岖地表上有效地移动，可以穿越狭窄的空间或爬上崎岖的地形。

(4) 空间设施远距离搬运。太空中只存在微弱重力环境，机器人在执行搬运任务时，一般只需克服惯性力即可，因此，使用大尺寸软体机器人进行物体长距离搬运，在成本和效率上均具有较大优势。

    软体机器人结构和运动形式的特殊性为其在空间中的应用带来了很大优势。然而空间环境是十分复杂的，研究用于空间操作的软体机器人将面临多项技术挑战。首先，空间真空环境导致负压驱动的软体驱动器和阻塞机构等软体变刚度机构无法应用，需要考虑静电驱动等其他的驱动形式；其次，在空气稀薄的空间环境中需要考虑软体机器人的散热问题，同时一些温控的软体机器人响应速度也可能会受影响；再次，空间环境存在强辐射，对软体机器人的制作材料提出了更高要求；最后，空间操作任务复杂多变，空间碎片的抓捕移除、航天器的在轨维护、空间结构的在轨装配等任务都需要精细化操作，这要求软体机器人有更强的感知能力和更高的控制精度，需要将柔性传感技术与智能控制算法相结合以提高操作能力。

习　题

7.1 试简述智能蒙皮的设计与应用涉及哪些关键技术，其中关于传感器设计方面需要满足哪些要求。

7.2 试简述可变形航天器的基本原理，并给出设计可变形航天器的具体步骤。

7.3 试简述变结构航天器具有哪些应用前景，并说明对于变结构航天器的研究是围绕哪种设计方法展开的。

7.4 试简述空间软体机器人是如何实现运动的，其与刚性机器人对比具有哪些优势。

7.5 试简述空间软体机器人具有哪几种驱动方式，并分析各类驱动方式的优劣势。

7.6 试简述空间软体机器人具有哪些潜在应用，并讨论其在太空中应用时可能面临的挑战。

参 考 文 献

[1] 汪玉, 邱雷, 黄永安. 面向飞行器结构健康监测智能蒙皮的柔性传感器网络综述[J]. 航空制造技术, 2020, 63(15): 60-69, 80.

[2] 吴波, 谈腾. 机载智能蒙皮天线技术的研究进展[J]. 军民两用技术与产品, 2018(7): 55-58, 61.

[3] 何庆强. 智能蒙皮天线分布式设计研究[J]. 现代电子技术, 2018, 41(17): 123-127.

[4] 马奎, 李大宗. 智能蒙皮的研究现状[J]. 河北农机, 2013(2): 77-80.

[5] XU D Y, ZHAO J M, LIU L H. Near-field radiation assisted smart skin for spacecraft thermal control[J]. International Journal of Thermal Sciences, 2021, 165: 1-10.

[6] 王智, 周建军. 智能蒙皮技术的发展现状及其军事运用[J]. 国防技术基础, 2006(5): 24-27.

[7] LI T J, LIU Y C. Deployment analysis and control of deployable space antenna[J]. Aerospace Science and Technology, 2012, 18(1): 42-47.

[8] CUI Q F, LI M, PENG Z L, et al. Configuration optimization and surface accuracy investigation of solid surface deployable reflector[C]. Theory, Methodology, Tools and Applications for Modeling and Simulation of Complex Systems, Beijing, China, 2016: 672-684.

[9] BERTAGNE C L, COGNATA T J, SHETH R B, et al. Testing and analysis of a morphing radiator concept for thermal control of crewed space vehicles[J]. Applied Thermal Engineering, 2017, 124: 986-1002.

[10] BERTAGNE C, WALGREN P, ERICKSON L, et al. Coupled behavior of shape memory alloy-based morphing spacecraft radiators: Experimental assessment and analysis[J]. Smart Materials and Structures, 2018, 27(6): 065006.

[11] WEISE J, BRIEB K, ADOMEIT A, et al. An intelligent building blocks concept for on-orbit-satellite servicing[C]. Proceedings of the International Symposium on Artificial Intelligence, Robotics and Automation in Space, Turin, Italy, 2012: 4-6.

[12] MELROY P, HILL L, FOWLER E E, et al. DARPA phoenix satlets: Progress towards satellite cellularization[C]. AIAA SPACE 2015 Conference and Exposition, Pasadena, USA, 2015: 4487.

[13] MURCHISON L S, MARTINEZ A, PETRO A. On-Orbit autonomous assembly from nanosatellites[C]. Small Satellite Conference, Logan, USA, 2015: 1-2.

[14] UNDERWOOD C, PELLEGRINO S, LAPPAS V J, et al. Using CubeSat/micro-satellite technology to demonstrate the autonomous assembly of a reconfigurable space telescope(AAReST)[J]. Acta Astronautica, 2015, 114: 112-122.

[15] PATANE S, JOYCE E R, SNYDER M P, et al. Archinaut: In-space manufacturing and assembly for next-generation space habitats[C]. AIAA SPACE and Astronautics Forum and Exposition, Orlando, USA, 2017: 5227.

[16] ROSSETTI D, KEER B, PANEK J, et al. Spacecraft modularity for serviceable spacecraft[C]. AIAA SPACE 2015 Conference and Exposition, Pasadena, USA, 2015: 1-12.

[17] 董效, 冯显英. 软体机器人研究现状及展望[J]. 现代制造技术与装备, 2022, 58(9): 70-73, 85.

[18] 管清华, 孙健, 刘彦菊, 等. 气动软体机器人发展现状与趋势[J]. 中国科学: 技术科学, 2020, 50(7): 897-934.

[19] 肖伟, 胡国良, 肖毅华, 等. 气动软体致动器研究综述[J]. 机械科学与技术, 2024: 2-15.

[20] SUZUMORI K, LIKURA S, TANAKA H. Flexible microactuator for miniature robots[C]. IEEE Micro Electro Mechanical Systems, Nara, Japan, 1991: 204-209.

[21] MARTINEZ R V, BRANCH J L, FISH C R, et al. Robotic tentacles with three-dimensional mobility based on flexible elastomers[J]. Advanced Materials, 2013, 25(2): 205-212.

[22] XIE Z, DOMEL A G, AN N, et al. Octopus arm-inspired tapered soft actuators with suckers for improved grasping[J]. Soft Robotics, 2020, 7(5): 639-648.

[23] MARTINEZ R V, FISH C R, CHEN X, et al. Elastomeric origami: Programmable paper-elastomer composites as pneumatic actuators[J]. Advanced Functional Materials, 2012, 22(7): 1376-1384.

[24] KIM W, BYUN J, KIM J, et al. Bioinspired dual-morphing stretchable origami[J]. Science Robotics, 2019, 4(36): 3493.

[25] YANG D, MOSADEGH B, AINLA A, et al. Buckling of elastomeric beams enables actuation of soft machines[J]. Advanced Materials, 2015, 27(41): 6323-6327.

[26] 雷静, 葛正浩, 覃兴蒙, 等. 软体机器人驱动方式与制造工艺研究进展[J]. 微纳电子技术, 2022, 59(6): 505-515, 599.

[27] 王延杰, 赵鑫, 王建峰, 等. 软体机器人驱动技术研究进展[J]. 液压与气动, 2022, 46(12): 1-11.

[28] 岳晓奎, 王勇越, 朱明珠, 等. 面向空间操作的软体机器人: 驱动、建模和感知[J]. 宇航学报, 2023, 44(4): 644-656.

[29] 王耀兵. 空间机器人[M]. 北京: 北京理工大学出版社, 2018.